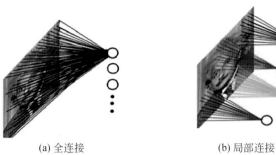

(a) 全连接   (b) 局部连接

图 3-4 　全连接和局部连接的对比

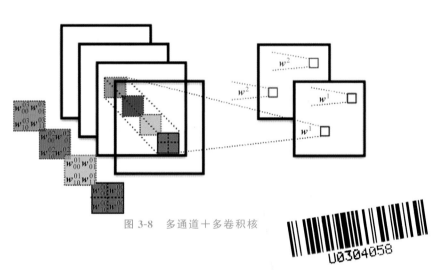

图 3-8 　多通道＋多卷积核

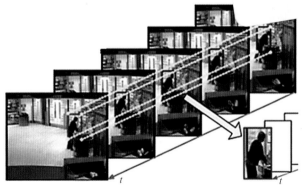

图 3-9 　3D 卷积

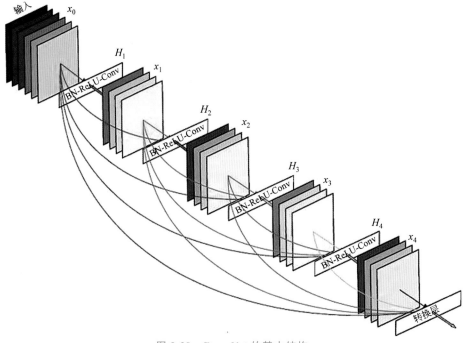

图 3-29　DenseNet 的基本结构

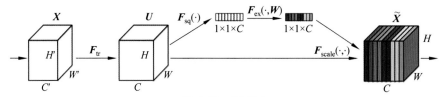

图 3-30　SE-Net

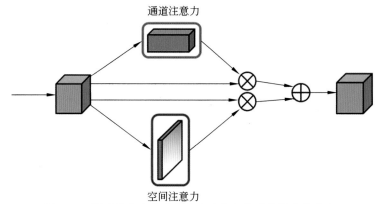

图 5-10　通道注意力和空间注意力并行构成的混合注意力

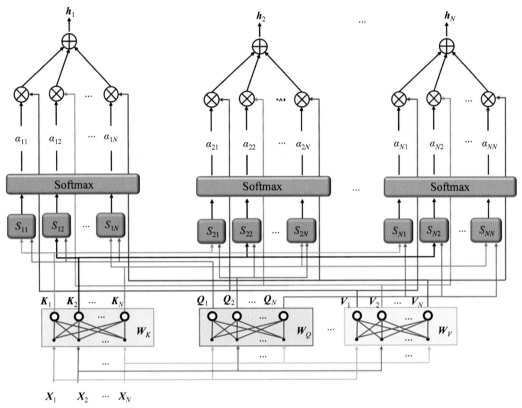

图 5-12　全输入自注意力机制的计算过程

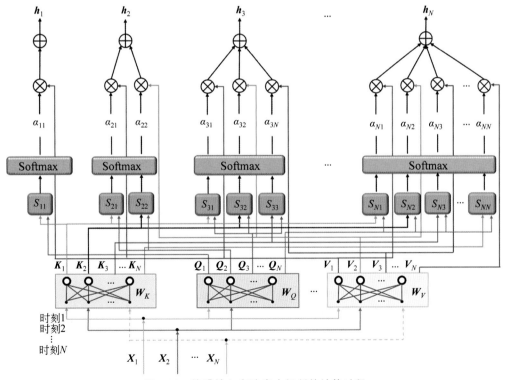

图 5-13　掩膜输入自注意力机制的计算过程

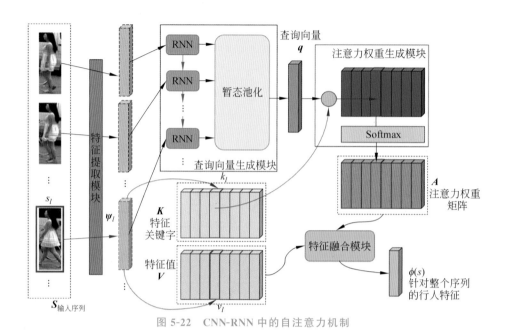

图 5-22　CNN-RNN 中的自注意力机制

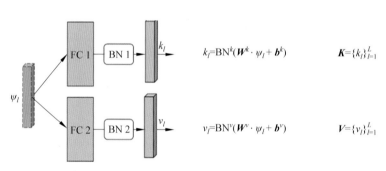

$$k_l = \mathrm{BN}^k(\boldsymbol{W}^k \cdot \psi_l + \boldsymbol{b}^k) \qquad \boldsymbol{K} = \{k_l\}_{l=1}^{L}$$

$$v_l = \mathrm{BN}^v(\boldsymbol{W}^v \cdot \psi_l + \boldsymbol{b}^v) \qquad \boldsymbol{V} = \{v_l\}_{l=1}^{L}$$

(a) $\boldsymbol{K}$ 和 $\boldsymbol{V}$ 的生成

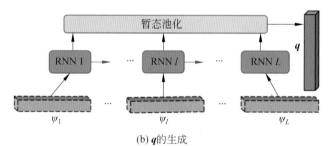

(b) $\boldsymbol{q}$ 的生成

图 5-23　时间注意力的实现过程

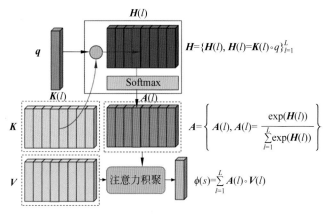

$$H=\{H(l), H(l)=K(l)\circ q\}_{l=1}^{L}$$

$$A=\left\{A(l), A(l)=\frac{\exp(H(l))}{\sum_{l=1}^{L}\exp(H(l))}\right\}$$

$$\phi(s)=\sum_{l=1}^{L}A(l)\circ V(l)$$

(c) 注意力权重的生成与时间注意力机制的实现

图 5-23 （续）

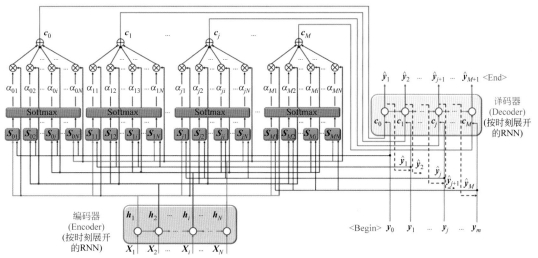

图 5-24 使用 RNN 实现的 Encoder-Decoder 框架中的互注意力的计算过程

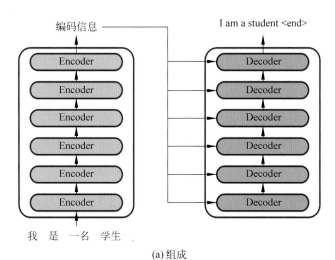

(a) 组成

图 6-1 Transformer 概貌

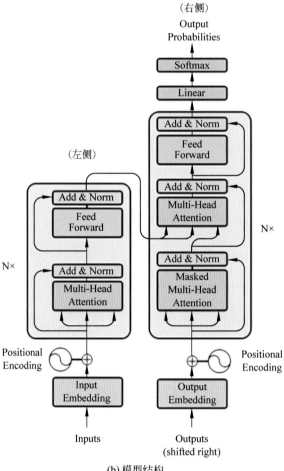

（b）模型结构

图 6-1 （续）

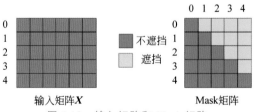

输入矩阵 X Mask矩阵

图 6-13　输入矩阵和 Mask 矩阵

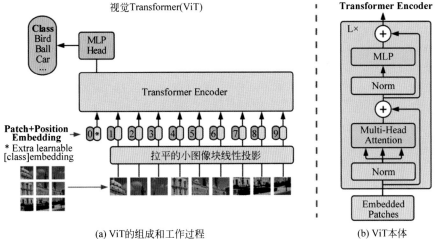

(a) ViT的组成和工作过程

(b) ViT本体

图 6-23　视觉 Transformer(ViT)结构

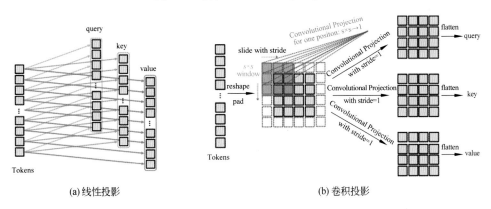

(a)线性投影

(b)卷积投影

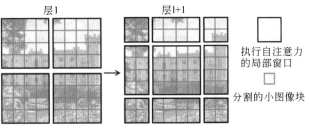

(c)降采样卷积投影

图 6-27　CvT 的卷积投影

层1　　　　　　层l+1

执行自注意力
的局部窗口

分割的小图像块

图 6-32　S-T 中计算自注意力的移动窗口法

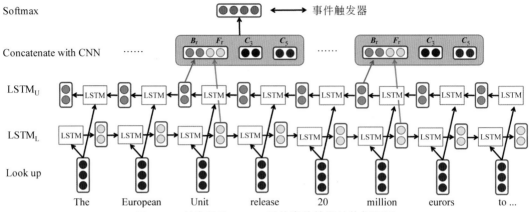

图 7-18　触发词为 release 时的事件抽取结构框架图

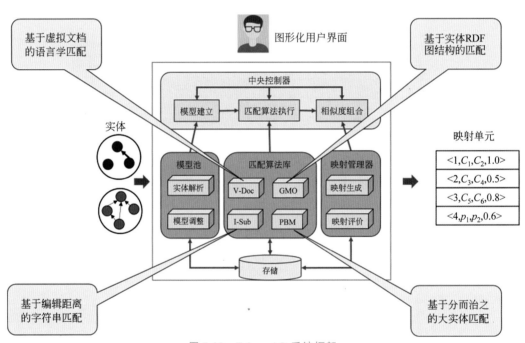

图 7-29　Falcon-AO 系统框架

负样本对集合

$R=\{r_1, r_2,\cdots,r_p\}=\{(x_i, x_j): y_i \neq y_j\}$

分块谓语

$p=\{p_1, p_2, \cdots, p_t\}$

$B=\{b_1, b_2,\cdots,b_p\}=\{(x_i, x_j): y_i = y_j\}$

正样本对集合

图 7-32　训练 Blocking

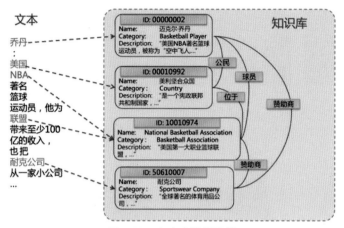

图 7-37　文本中识别实例

图 9-3　由 VAE 模型生成的人脸

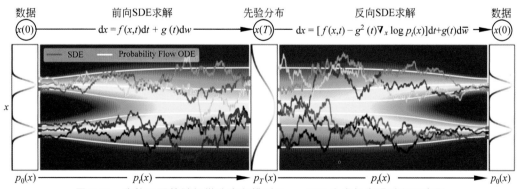

图 9-12　分数匹配的随机微分方程模型 Score SDE 生成与去噪过程示意图

图 9-13　AI 绘制的图像

(a) 参考图　　　　　(b) 参考权重0.4　　　　　(c) 参考权重0.3　　　　　(d) 参考权重0.2

图 9-17　提示词为"使用计算机的人"在参考图不同权重下的生成结果

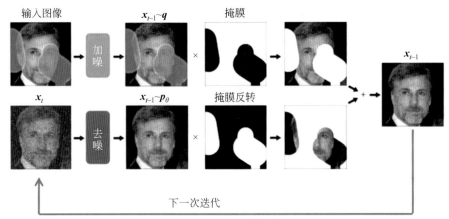

图 9-18　RePaint 的框架图

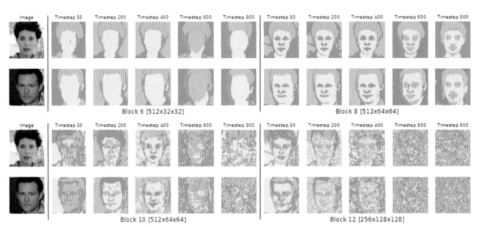

图 9-19　聚类类别为 5 时的扩散语义分割效果

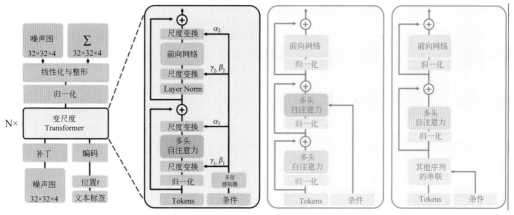

图 9-21 Sora 模型框架

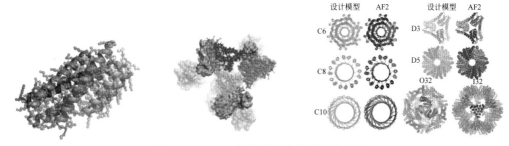

图 9-22 DDPM 架构下生成的蛋白质分子

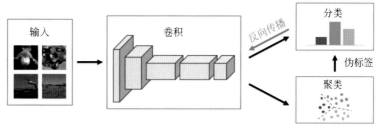

图 10-5 Deep Clustering 网络结构图

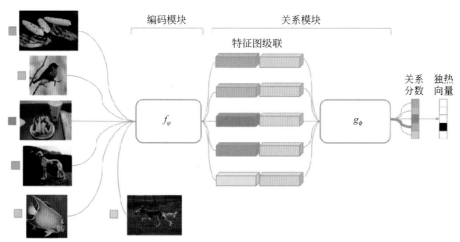

图 10-21 5-Way-1-Shot 的小样本学习关系网络

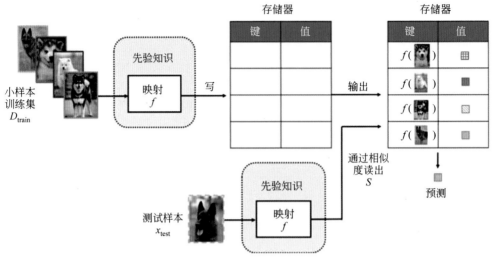

图 10-22　基于外部存储的小样本学习

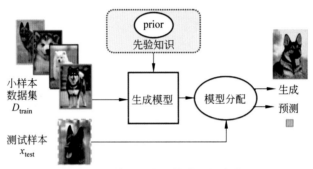

图 10-23　基于生成建模的小样本学习

Algorithm 1 Model-Agnostic Meta-Learning

Require: $p(\mathcal{T})$: distribution over tasks
Require: α, β: step size hyperparameters
1: randomly initialize θ
2: **while** not done **do**
3:    Sample batch of tasks $\mathcal{T}_i \sim p(\mathcal{T})$
4:    **for all** $\mathcal{T}_i$ **do**
5:      Evaluate $\nabla_\theta \mathcal{L}_{\mathcal{T}_i}(f_\theta)$ with respect to K examples
6:      Compute adapted parameters with gradient descent: $\theta'_i = \theta - \alpha \nabla_\theta \mathcal{L}_{\mathcal{T}_i}(f_\theta)$
7:    **end for**
8:    Update $\theta \leftarrow \theta - \beta \nabla_\theta \sum_{\mathcal{T}_i \sim p(\mathcal{T})} \mathcal{L}_{\mathcal{T}_i}(f_{\theta'_i})$
9: **end while**

where
θ'_i is the suggested model updates from task$_{\mathcal{T}_i}$
θ is our final model updates.

图 10-24　MAML 的双层训练结构和算法

21世纪人工智能创新与应用丛书

人工智能技术基础

王科俊　卢桂萍　张恩　方宇杰　张连波　编著

清华大学出版社

北京

内 容 简 介

人工智能在人类社会各领域得到广泛应用,已成为社会进步的核心技术。本书全面介绍当前人工智能技术的基础理论和方法,包括深度神经网络、知识图谱、图神经网络、生成式人工智能和机器学习方法5部分内容。重点介绍深度神经网络基本原理、卷积神经网络、循环神经网络、注意力机制和Transformer,介绍知识图谱、图神经网络和生成式人工智能的基本理论与方法,最后简要介绍弱监督、自监督、迁移学习、深度强化学习、元学习和小样本学习、持续学习等机器学习方法,还介绍了大语言模型中的机器学习方法。

本书是作者总结近年来的教学和科研成果,结合国内外人工智能技术领域最新成果编写而成的。全书内容体系新颖,具有先进性、系统性和实用性。本书可作为高等学校人工智能技术课程的教材,也可供相关专业的工程技术人员参考。

图书在版编目(CIP)数据

人工智能技术基础/王科俊等编著. —北京:清华大学出版社,2024.5
(21世纪人工智能创新与应用丛书)
ISBN 978-7-302-66420-8

Ⅰ.①人… Ⅱ.①王… Ⅲ.①人工智能-高等学校-教材 Ⅳ.①TP18

中国国家版本馆CIP数据核字(2024)第109758号

责任编辑:张 玥
封面设计:常雪影
责任校对:刘惠林
责任印制:丛怀宇

出版发行:清华大学出版社
    网 址:https://www.tup.com.cn,https://www.wqxuetang.com
    地 址:北京清华大学学研大厦A座   邮 编:100084
    社 总 机:010-83470000   邮 购:010-62786544
    投稿与读者服务:010-62776969,c-service@tup.tsinghua.edu.cn
    质量反馈:010-62772015,zhiliang@tup.tsinghua.edu.cn
    课件下载:https://www.tup.com.cn,010-83470236
印 装 者:三河市铭诚印务有限公司
经 销:全国新华书店
开 本:185mm×260mm 印 张:15.75 插 页:6 字 数:400千字
版 次:2024年7月第1版   印 次:2024年7月第1次印刷
定 价:55.00元

产品编号:102593-01

前　言
PREFACE

自1943年第一个人工神经元模型提出以来,人工智能经历了三起两落。2016年,以AlphaGo(阿尔法狗)为标志,人类失守了"围棋"这一被视为最后智力堡垒的棋类游戏。人工智能开始逐步升温,成为政府、产业界、科研机构以及消费市场竞相追逐的对象。在各国人工智能战略和资本市场的推波助澜下,人工智能的企业、产品和服务层出不穷,在研发可以提高生产力和经济效益的各种人工智能应用(所谓的"弱人工智能")上取得了极大进步。2022年以来,生成式人工智能发展日益强大,OpenAI的DALL-E2、Stability AI的Stable Diffusion生成模型和ChatGPT(基于Transformer)横空出世,对人类智力提出了强有力的挑战。Stable Diffusion模型可以根据文字描述直接创作出具有惊人视觉效果的图像,在艺术创业比赛中击败人类艺术家,正在颠覆人类创造艺术的方式。ChatGPT可以根据上下文生成通过图灵测试的文本,编写时妙笔生花,广征博引,恣肆汪洋,令人类写手黯然失色。在日常生活工作中,绝大多数模式化文章都可以用ChatGPT自动生成,其文章质量超过了人类的平均水平。ChatGPT在邮件撰写、视频脚本编写、文本翻译、代码编写等任务上的强大表现不比人类差,埃隆·马斯克声称感受到了AI的"危险"。使其被称为像AlphaGo一样轰动的事件,是人工智能"奇点"(有望超越人类的"强人工智能")来临的初显。微软联合创始人比尔·盖茨判断,ChatGPT的历史意义重大,不亚于PC或互联网的诞生。尽管我们无法描述人工智能技术在未来几十年会形成什么样的具体形态,但可以确定的是,人工智能技术的发展一定会给人类带来革命性的变化,并且这个变化一定会远超人类过去千年所发生的变化。

2017年7月,国务院正式发布《新一代人工智能发展规划》,将我国人工智能技术与产业的发展上升为国家重大发展战略。2018年4月,为贯彻落实该规划,教育部印发了《高等学校人工智能创新行动计划》,明确提出了设立人工智能专业、推动人工智能领域一级学科建设、建立人工智能学院以及完善人工智能领域人才培养体系等重要任务。培养人工智能人才已成为科技发展、产业进步的重要任务。

人工智能技术的进步呼唤更多的高层次人工智能人才,人工智能技术的应用也需要更多的人了解和熟悉人工智能的理论与方法。

正是在这样的大背景下,我们编写了本书。不求全面、系统、详尽地讲述有关人工智能技术的各种理论方法,而是追求简单描述当前人工智能应用中常用的基础理论与方法,且通俗易懂。通过本书的学习,希望读者可以了解人工智能技术常见应用的基本原理,设计实现人工智能的简单应用项目。

本书在对人工智能作简单介绍的基础上,重点讲述有关深度神经网络的基本原理、卷积神经网络、循环神经网络、注意力机制和Transformer,介绍知识图谱、图神经网络和生成式人工智能的基本理论与方法,最后简要介绍弱监督、自监督、迁移学习、深度强化学习、元学习和小样本学习、持续学习等机器学习方法,还介绍了大语言模型中的机器学习方法。

王科俊主持统筹了本书的编写,王科俊、卢桂萍对全书书稿作了全面的修改和审阅。本书第1章、第2章由王科俊编写,第3章、第4章由张恩编写,第5章、第6章由王科俊、卢桂萍编写,第7章由卢桂萍编写,第8章由张连波编写,第9章由方宇杰编写,第10章由王科俊、张连波和方宇杰编写。

卢桂萍、方宇杰、张连波、杨会战和曹宇制作了本书的PPT。

本书是集体智慧的成果,在此对为本书的编写和出版作出贡献的人员表示衷心的感谢,对本书编写过程中引用和讲述的理论方法及应用成果的提出者和贡献者表示衷心的感谢,没有你们的成果,就没有本书的源泉。

编者　王科俊

2024 年 3 月

目 录
CONTENTS

第 1 章

人工智能简介

自从计算机面世以来,人们一直在思考如何让计算机变得更加智能。而在这个过程中,人工智能的概念被提出。那么,到底什么才是人工智能,人工智能是怎样发展的,人工智能又可以做些什么呢?

本章主要介绍人工智能的历史与未来,以及人工智能的方法与应用,以利于人工智能技术的学习。

1.1 人工智能的定义及发展历史

1.1.1 人工智能的定义

人工智能(Artificial Intelligence,AI)是研究用计算机对人类的智能进行模拟和扩展的一门技术科学。其目的是让机器能用与人类相似的智能对信息进行处理和加工。

人工智能,一直以来都有很多不同的定义。早在 1956 年,McCarthy 在达特茅斯会议上提出:人工智能就是让机器的行为看起来像是人所表现出的智能行为一样的技术。20 世纪 70 年代,美国麻省理工学院的 Winston 教授认为"人工智能就是研究如何使计算机去做过去只有人才能做的智能工作"。这些定义表明人工智能技术所要做的是研究并模拟人类大脑的运行规律、产生智能行为的理论方法,并用其设计具有类似人类智能的人工系统的技术,以使人造的智能系统能够完成过去只有靠人的智力才可以完成的工作。

从本质上讲,对人工智能更确切的定义应该是指由人制造出来的机器或软件、硬件系统所表现出来的智能,产生和实现这种人造智能的理论和方法就是人工智能。

1.1.2 人工智能的发展历史

人工智能技术经历了三起两落的发展历程,已成为人类社会发展的核心技术。

1. 人工智能的诞生

1943 年,心理学家 McCulloch 和数理学家 Pitts 提出第一个神经元计算模型 M-P 模型。1949 年,心理学家 Hebb 通过对大脑神经细胞、学习和条件反射的观察研究,提出了改变神经元连接强度(突触的)Hebb 规则。1950 年,Minsky 与 Edmund 一起,建造了世界上第一个人工神经网络(Artificial Neural Networks,ANN)模拟器,名为 Snare。这被认为是对人工智能研究最早的尝试。

1950 年,被称为"计算机之父"的 Turing 提出了图灵测试:假如一台机器能够与人类开展对话，但是人类却无法辨别它是机器还是人，就可以认为这台机器具有智能。也是在这一年，Turing 大胆地预言了人工智能的可行性。

2. 第一次高峰

1956 年的达特茅斯会议被认为是人工智能发展的第一次高峰，"人工智能"这个术语也是这一年由 McCarthy 提出。这次会议之后，人工智能迎来了它的第一次热潮。此后十多年里，计算机被广泛应用于解决代数、几何等数学领域和英语等自然语言领域的问题。1957年，Rosenblatt 提出的感知机（Perceptron）模型把神经网络从纯理论探讨付诸工程实践，掀起了神经网络研究的第一次高潮。这些成果也让很多研究学者看到了人工智能发展的美好未来。很多学者不禁畅想，在短短几十年后，计算机就可能做到人类能做到的一切。

3. 第一次低谷

20 世纪 70 年代，人工智能进入了一段艰难的发展时期。由于当时的科研人员对于人工智能的难度预估不足，效果远未达到预期，直接导致与美国国防高级研究计划署的合作计划失败。雪上加霜的是，社会舆论也对人工智能产生较差的影响，间接导致很多研究经费转向其他领域。

当时，人工智能主要面临三方面的技术瓶颈：第一，计算机性能严重不足，导致很多程序根本无法应用。第二，问题逐渐变得复杂，早期人工智能程序主要针对特定的问题，复杂性一般较低，但是一旦问题多元化，程序立刻就无法解决了。没有隐层的感知机模型只能解决简单的"与""或"问题，不能解决"异或"问题，只能进行线性分类，不能进行非线性分类；而含有隐层的多层感知机如何训练，理论上并未解决。第三，数据量的不足，当时信息采集技术尚未取得突破，没有足够大的数据库，也无法支撑深度神经网络的训练，训练集的不足使得机器很难智能化。

4. 再次崛起

1980 年，卡内基—梅隆大学设计的名为 XCON 的"专家系统"，利用人类专家的知识与解决问题的方法来处理对应领域的问题。知识工程理论方法的提出使机器可以根据某个领域多个专家的知识与经验，对问题进行推理与判断，从而模仿专家进行决策的过程，解决该领域的复杂问题。基于这一思想，欧、美、日等提出了"第五代计算机"研究计划。

1982 年，物理学家 Hopfield 将能量函数引入神经网络研究，提出了具有联想记忆能力优化问题求解能力的 Hopfield 网络。1986 年，Rumelhart、McClelland 和 Hinton 等提出的误差反向传播（Back Propagation，BP）算法有效解决了含有隐层的多层神经网络的训练问题，在国际范围内再度掀起了人工神经网络的热潮。

专家系统的出现和 BP 算法的提出，直接造就了 20 世纪 80 年代人工智能的再次崛起。

5. 第二次低谷

1987 年，苹果公司和 IBM 公司生产的台式机性能都可以超过 Lisp Machines 等厂商生产的通用计算机。20 世纪 90 年代，含有更多隐层的深度神经网络由于训练存在的梯度消失问题难以解决，而浅层神经网络的信息表达能力有限，使人工神经网络研究并没有展示出人们期望的能力，从而导致人工智能的发展进入了第二次低谷。

6. 重新崛起并稳步发展至今

2006 年，Hinton 通过无监督逐层预训练加有监督微调的方法搭建包含多个隐层的深度可信网络（由多层玻尔兹曼机组成），大大提高了神经网络的性能，并提出了"深度学习"的术语,使人工智能的发展取得了突破性进展。也正是如此,2006 年成为人工智能再次转折的一个重要起点。2012 年,在解决 ImageNet 挑战方面取得的巨大突破,被广泛认为是深度学习革命的开始。

2016—2017 年,AlphaGo 战胜李世石,人工智能引起社会各界的广泛重视,这也让人工智能的热度达到了一个空前的高度。2018 年,由于 Hinton、LeCun 和 Bengjio 在神经网络研究中的突出贡献,共同获得了图灵奖;同年,谷歌 AI 团队新发布的 BERT 模型,在机器阅读理解顶级水平测试 SQuAD 1.1 中表现出惊人的成绩,随之而来的大型语言模型的研究逐渐成为热点。

2022 年 11 月 30 日,大型语言模型 ChatGPT 横空出世,其所生成的文章、编出的程序都超越了普通人的水平。ChatGPT 在邮件撰写、视频脚本编写、文本翻译、代码编写等任务上的强大表现不比人类差,使其被称为像 AlphaGo 一样轰动的事件,是人工智能"奇点"(2014 年,美国未来学家 Kurzweil 预测 2045 年是人工智能超越人类智能的奇点)来临的初显。

2016 年以来,人工智能已从学术界走向产业界,人工智能产业发展迅速,已成为科技革命的先锋、未来科技竞争的高峰。

1.2 人工智能方法

人工智能诞生以来,出现了许多人工智能方法,如基于逻辑思维的传统 AI 和基于模拟人脑形象思维的 ANN。2006 年,人工智能再次崛起以来,人工智能技术主要有人工神经网络、知识图谱、图神经网络、生成式人工智能和机器学习。2018 年以来,以神经网络为基础的生成式人工智能已成为人工智能的核心技术。

人工神经网络是通过模拟人的大脑神经元组成神经网络,进而产生具有类似人的智能的人工智能技术。人工神经网络从最初的神经元和以神经元为基础组成单层神经网络(感知机),发展出了含有隐层的仅有前向连接的多层神经网络、含有反向连接的循环神经网络、包含注意力机制的深层神经网络和循环神经网络以及由自注意力机制和前向神经网络组成的 Transformer。

神经网络本质上是模拟人脑神经网络,进而产生智能的数学模型,从结构模拟走硬件路线研究思路形成了类脑研究这一学派,从利用计算机模拟走软件仿真研究思路形成了 2021 年以来火热的大模型(过亿参数的神经网络模型)研究。2022 年底,大模型已在许多方面展现出超越了普通人的智力水平。

深度神经网络由于包含很多隐层,且采用机器学习方法进行训练,所以自 2006 年 Hinton 提出深度学习的术语后,许多人将其称为深度学习方法。

知识图谱是 2012 年谷歌公司在传统的知识工程技术上提出的用图模型表示知识、实现知识推理的技术。知识图谱技术给出一种全新的信息检索模式,为解决信息检索问题提供了新的思路。本质上,知识图谱是一种揭示实体(事物)之间关系的语义网络,可以对现实世界的事物及其相互关系进行形式化描述。现在的知识图谱已被用来泛指各种大规模的知识库,可以在已有的知识库、百科全书和互联网的基础上通过知识获取、知识融合和知识验证进行构建。知识图谱已成为互联网上的搜索引擎、产品推介的核心技术,在企业产品生产过程管理、物流管理和人力资源管理方面有广泛的应用前景。

用图模型描述事物之间的关系是一种常用的数学方法,例如互联网、社会网络、电力网络都可以用节点和边组成的拓扑图来表示。将图模型与神经网络技术相结合形成的图神经网络,2018 年以来成为人工智能的研究热点,已提出了图卷积神经网络、图循环神经网络、图注意力网络和时空图神经网络等图神经网络技术。世界上所有事物之间的关系,也就是网络拓扑结构,都可以用图模型来描述,如果能够把描述这些事物的数据收集、融合起来,并利用图神经网络处理这些复杂的拓扑数据,将使人工智能能够在更多的领域得到应用。

尽管图神经网络的研究历史并不长,但已在社交网络、推荐系统、物理系统、化学分子预测、动作识别、表情识别等许多领域得到实际应用。

生成式人工智能是 2022 年底以来再次使人工智能引起世界轰动,甚至使部分人以为人工智能就要战胜人类的人工智能技术。生成式人工智能方法的基础模型包括变分自编码器;生成对抗网络(Generative Adversarial Network,GAN);流模型和扩散模型。以 Transformer 中的编码器、译码器或 Transformer 整体为基础的大模型在文字生成文字方面已经取得了超越普通人的成绩,以生成对抗网络和扩散模型为基础的文字生成图像、图像生成图像和视频方面的成果也已达到以假乱真甚至超越人类艺术家的水平。将图像生成模型、视觉生成模型与语言生成模型相结合在 2023 年已经成为生成式人工智能的发展趋势。

机器学习本质上是研究模仿人类学习的方法,是确定模型参数的优化方法。早期主要研究如何让机器实现基于逻辑的归纳学习和演绎学习。后期一些学者把机器学习的概念扩大化,将任何涉及从数据中发现规律、提取特征,实现对新的输入数据与行为进行智能的处理与预测技术,即实现分类、聚类、降维和回归的技术都归为机器学习技术。这样原本独立的模式识别技术和数理统计中的回归分析等都被置于机器学习中,甚至把深度神经网络也纳入其中,称为深度学习。

机器学习方法大致可分为 3 种,即有监督学习(Supervised Learning)、无监督学习(Unsupervised Learning)和强化学习(Reinforcement Learning)。有监督学习是指用来学习或训练的数据由输入数据和对应期望类别的标签或期望输出两部分组成,类似有教师教的学习方式,因此又被称为有教师学习,常用于解决分类和预测问题。无监督学习是指可利用的学习或训练的数据仅有输入没有期望类别或输出数据,类似从输入数据中发现规律或提取特征的自学方法,因此也被称为无教师学习,常用于解决聚类问题。强化学习本质上也是无监督学习,所用的数据也是没有期望类别或输出的数据,但它通过评价机构来确定学习效果,常用于控制与决策的问题中。

有监督的学习方法主要采用传统优化理论中基于梯度的最速下降法实现模型参数优化,无监督学习最典型的是统计理论中的 K 均值算法。近 20 年来,人们还提出利用已知分布信息训练好的模型训练未知分布信息的迁移学习方法;利用具有编—译码的自编码器结构;利用无监督数据采用有监督训练方法的自监督学习方法(2006 年 Hinton 提出的深度可信网络就采用了这种方式逐层预训练,Transformer 的本质是自编码器结构,也是采用这种方法训练的,以 Transformer 中译码器结构为基础的大语言模型 GPT 所采用的自回归预训练方法本质上也是自监督学习方法)和利用数据本身特性的判别式自监督学习的对比学习方法;利用已有经验的元学习和持续学习。

1.3　人工智能的应用

人工智能的应用范围很广,包括医疗、交通、金融、物流、教育、家居、制造,甚至玩具、游戏、音乐等诸多领域。下面对人工智能的应用进行简要介绍。

1. 医疗

人工智能的优势,就在于它能够在极短时间之内查阅海量数据。它能够精确定位关注的领域。

近年来,人们对于肌萎缩侧索硬化,也就是"渐冻症"的研究取得了突破性进展。而这一研究就是由巴罗神经学研究所和 IBM 公司人工智能计算系统"沃森"共同完成的。

"沃森"是一个运用了人工智能的计算系统,能够查阅数千项研究成果,并找出与肌萎缩侧索硬化(ALS)有关的基因。这给了 ALS 研究者们新的启发,为药物靶点、ALS 治疗方法的发展提供了便利。

人工智能在医疗领域还有一项极富前景的应用,那就是预测药物的疗效。例如,癌症患者通常会服用相同的药物,人们通过检测病人的反应了解药物的效果。而人工智能可以根据数据预测哪一种特定的药物对病人最有效,为病人提供高度个性化的治疗方案,节省宝贵的时间与金钱。

2. 交通

人工智能运用在智慧交通上可以在很大程度上缓解交通拥堵。这几年,虽然无人驾驶车辆导致的交通事故常常登上新闻头条,但是,人工智能在这一领域的运用,最终能够在很大程度上降低道路上的伤亡人数。斯坦福大学的一则报告显示,自动驾驶汽车不仅能减少因交通事故导致的人员伤亡,还能改变人们的生活方式:在通勤途中,人们可以把更多的时间用于工作、娱乐;关于居住的地点,人们可以有更多的选择。其报告还指出,"自动驾驶汽车也将愈发舒适,人们的认知负担越来越少,共享交通的发展——这些因素可能会影响人们对于生活地点的选择"。

3. 金融

人工智能的产生和发展,不仅促进了金融机构服务的主动性、智慧性,有效提升了金融服务效率,而且提高了金融机构的风险管控能力,给金融产业的创新发展带来积极影响。人工智能在金融领域的应用主要包括智能获客、身份识别、大数据风控、智能投顾、智能客服、金融云等,该行业也是人工智能渗透最早、最全面的行业。未来人工智能将持续带动金融行业的智能应用升级和效率提升。

4. 物流

物流行业通过利用智能搜索、推理规划、计算机视觉以及智能机器人等技术,在运输、仓储、配送装卸等流程上进行了自动化改造,能够基本实现无人操作。比如利用大数据对商品进行智能配送规划,优化配置物流供给、需求匹配、物流资源等。目前物流行业的大部分人力分布在"最后一公里"的配送环节。

5. 教育

通过图像识别,可以进行机器批改试卷、识题、答题等;通过语音识别可以纠正、改进发音;利用人工智能大语言模型可以进行在线答疑解惑、修改文章、编写程序等。AI 和教育的结合在一定程度上可以改善教育行业师资分布不均衡、费用高昂等问题,从工具层面给师生提供更有效率的教育和学习方式,但还不能对教育内容产生较多实质性的影响。

6. 家居

智能家居主要是基于物联网技术,通过智能硬件、软件系统、云计算平台构成一套完整的家居生态圈。用户可以进行远程控制设备,设备间可以互联互通,并进行自我学习等,以整体提高家居环境的安全性、节能性、便捷性等。值得一提的是,近两年,随着智能语音技术的发展,智能音箱成为一个爆发点。智能音箱不仅是音响产品,同时涵盖了内容服务、互联网服务及语音交互功能的智能化产品,不仅具备 WiFi 连接功能,提供音乐、有声读物等内容服务及信息查询、网购等互联网服务,还能与智能家居连接,实现场景化智能家居控制。

7. 制造

智能制造,是在基于互联网的物联网意义上实现的包括企业与社会在内的全过程的制造,把"智能工厂""智能生产"和"智能物流"进一步扩展到"智能消费""智能服务"等全过程的智能化中。人工智能在制造业的应用主要有 3 方面:首先是智能装备,包括自动识别设备、人机交互系统、工业机器人以及数控机床等具体设备。其次是智能工厂,包括智能设计、智能生产、智能管理以及集成优化等具体内容。最后是智能服务,包括大规模个性化定制、远程运维以及预测性维护等具体服务模式。虽然目前人工智能的解决方案尚不能完全满足制造业的要求,但作为一项通用性技术,人工智能与制造业融合是大势所趋。

1.4 人工智能的未来

人工智能已经改变了人们的生活方式,也让人类不禁思考:未来,人工智能又会是什么样子的呢?未来的人工智能又将怎样改变人们的生活呢?

1.4.1 近期发展目标

从短期来看,人工智能未来的发展主要是解决以下几个问题。

1. 可信人工智能

2022 年,生成式人工智能取得的突破性成果,使人工智能在文本语言理解、绘画和图像生成方面初步展现出超越普通人类智能的能力,有人认为通用人工智能的实现已经出现曙光。

生成式人工智能的成果带给人类惊喜的同时,也带来由于训练集语料不足而使生成结果虚假不实,生成虚假论文,生成的不实结果用于诈骗而引发社会问题等,因此,如何使人工智能技术产生的结果可信、可靠,已经成为人工智能发展迫切需要解决的问题。可信人工智能的研究迫在眉睫,也是人工智能近期甚至是长期的发展目标。

2. 在虚拟环境下训练人工智能

近几年,机器人硬件发展得越来越好了,人们可以花几千元人民币买到手掌大小、配备高清摄像头的无人机。但是,为什么普通人周围没有被各式各样的机械助手包围呢?

如果要让机器人完成特定的任务,就需要针对专门的任务进行编程。通过不断试错来学习完成特定工作,但是这个进程比较缓慢,在实际环境中进行训练很难且不切实际。

一个比较可行的方法是构造虚拟环境,让机器人在虚拟世界中进行训练,再将训练获得的模型参数下载到实体机器人的身体中。

2016 年 10 月,谷歌发布了一批令人愉悦的实验室结果,虚拟训练的机械手臂学会了捡起多种物体,包括胶带分配器、玩具和梳子。

自动驾驶汽车企业也纷纷在模拟街道上部署虚拟汽车,从而减少在实地交通和道路环境中测试所需的时间和资金。

2022 年以来,将大型语言模型与机器人相结合,在虚拟环境中进行训练已成发展趋势,通过语言模型指挥虚拟机器人在虚拟环境中进行寻觅,完成各种任务。

在未来,如果能利用虚拟环境训练测试人工智能系统,将大大加快人工智能技术的应用,人工智能的发展速度也将会产生飞跃。

1.4.2　人工智能的未来

如果望向更加遥远的未来,强人工智能时代也有可能到来。

弱人工智能是擅长于单方面的人工智能,也就是现在人工智能发展所处的阶段。例如,战胜象棋世界冠军的人工智能 AlphaGo 只会下棋,不会识字,能够识别人脸的人工智能也不会知道你在想什么。

强人工智能则是人类级别的人工智能,在各方面都能和人类比肩,甚至超越人的人工智能,人类能做的一切脑力活动它都可以做。它不会再有局限性,它将拥有宽泛的心理能力,能够思考、计划、解决问题、具有抽象思维、理解复杂理念、快速学习或是从经验中学习等。但是,创造强人工智能比弱人工智能难得多,近年来大模型的发展和生成式人工智能的进步,已为强人工智能的实现带来了曙光。

人工智能的发展必然像人类自身智能的发展一样,会越来越快,达到一定程度后会飞跃式地进步。人工智能从一无所有发展到现在用了将近 80 年的时间,而从弱人工智能发展到强人工智能或许再用几年,甚至几十年才能达到。到了强人工智能时代,人工智能的发展速度会变得更快,超级人工智能时代或许也会来临,人工智能将不仅能做到一切人类能做的事情,甚至人类完全无法想象的事情它也能做到。那时,人们的生活又会是怎样的呢?或许,我们也将会是那个时代的见证人与缔造者。

1.5　小结

本章从人工智能的定义和发展历史出发,对人工智能技术包含的方法、应用领域和未来进行了简单系统的介绍,使读者能够对人工智能技术有一个全面的了解,为后续章节学习具体内容和方法奠定基础。

思考与练习

1. 什么是人工智能?试从学科和能力两方面加以考虑。
2. 在人工智能的发展过程中,有哪些思想起了重要作用?
3. 人工智能研究包括哪些内容?这些内容的重要性如何?

第 2 章

神经网络基础

人的大脑中有近 860 亿个神经元,每个神经元都与其他 $10^3 \sim 10^5$ 个神经元相连,组成巨大的、复杂的神经网络系统,支配人的行为和思想活动。受到大脑神经系统的启发,人工智能的研究人员通过建立神经网络的数学模型来近似模拟大脑的神经系统,这类数学模型称为"人工神经网络"。

含有多隐层的深度神经网络已成为当今人工智能的核心技术。在许多任务中,例如听觉、视觉和自然语言理解上,该网络已取得重大突破,达到甚至超越普通人的水平,解决了人工智能应用中的很多疑难问题。

本章从生物神经网络出发,介绍人工神经网络的基本结构和训练神经网络的核心算法——误差反向传播算法以及训练神经网络的数据处理和常用技巧。

2.1 生物神经元与生物神经网络

人工神经网络主要通过对生物神经网络结构的抽象模拟,建立自主提取数据特征的神经网络模型。因此介绍人工神经网络之前,先介绍生物神经元与生物神经网络结构。

2.1.1 生物神经元

生物学家在 20 世纪初发现了生物神经元的结构,如图 2-1 所示。生物神经元(Biological Neuron)以细胞体为主体,由许多向周围延伸的不规则树枝状纤维构成的神经细胞组成。细胞体上生长的许多树状突起称为"树突",它是神经元对外界信号的输入端。细胞体外延伸出的一条管状纤维组织称为"轴突",它是神经元信号的输出端。各个神经元

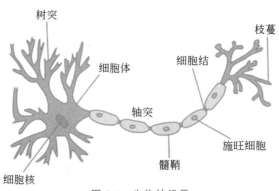

图 2-1　生物神经元

之间互相联系的特殊结构称为"突触",如图 2-2 所示。

生物神经元接收外界信号时有两种状态:兴奋状态和抑制状态。当神经元的输入端无信号或接收到的信号不强时,输出端并不会向外传递信息,神经元处于抑制状态;当神经元接收到外界信号,且信号强度超过一定阈值时,神经元就会被"激活",由抑制状态转为兴奋状态,该神经元会将信息通过突触传递给其他相连的神经元。

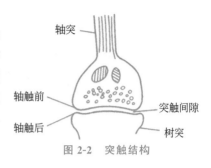

图 2-2 突触结构

2.1.2 生物神经网络

生物神经网络(Biological Neural Network)是由许多生物神经元互相连接,以拓扑结构形成的网络结构。在生物神经网络中,大脑的记忆主要源自无数神经元之间的突触联系。这些突触联系大部分是由生物出生后受到的外界刺激而生长起来的。外界刺激会不断地激活神经元,导致各个神经元之间的连接强度发生相应变化。正因为如此,大脑才有学习和存储信息的能力。

这种生物学上的奇妙设计也启发了人工智能研究者,人工神经网络就是对生物神经网络结构的一种抽象、简化和模拟。

2.2 人工神经元与人工神经网络

根据 2.1 节对生物神经网络的研究,神经元是神经网络的基本组成结构,模拟生物神经网络应首先模拟生物神经元。因此,下面首先介绍人工神经元。

2.2.1 人工神经元

人工神经元(Artificial Neuron)是组成人工神经网络的基本单元。1943 年,McCulloch 和 Pitts 根据生物神经元的基本特性提出了 MP 模型。该模型经过不断的改进,形成了目前广泛应用的人工神经元模型,其基本结构如图 2-3 所示。

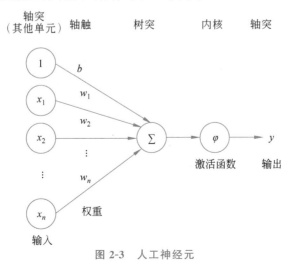

图 2-3 人工神经元

在人工神经网络中,人工神经元也被称为"处理单元"或"节点"。在这个模型中,人工神经元接收 n 个其他人工神经元传递过来的输入信号,它们通过节点间的权重连接进行传递,并加权求和,得到的结果会经过激活函数处理产生该人工神经元的最后输出。权重值越大,表示输入的信号越强,若权重值为负值,表示输入信号得到了抑制。人工神经元的输出会根据权重和激活函数的不同产生不同的结果。人工神经元的数学描述如下。

假设一个人工神经元接收 n 个输入 $x_1, x_2, \cdots, x_n$,用向量 $\boldsymbol{x} = [x_1, x_2, \cdots, x_n]$ 来表示这组输入,用 $z \in \mathbf{R}$ 表示一个人工神经元的输入信号 x 的加权和,则

$$z = \sum_{i=1}^{n} w_i x_i + b = \boldsymbol{w}^{\mathrm{T}} x + b \tag{2-1}$$

其中,$\boldsymbol{w} = [w_1, w_2, \cdots, w_n] \in \mathbf{R}^n$ 是 n 维向量,$b \in \mathbf{R}$ 是偏置。加权和 z 经过一个非线性函数 $\varphi(\cdot)$ 后,得到最终的输出 y,即

$$y = \varphi(z) \tag{2-2}$$

其中,非线性函数 $\varphi(\cdot)$ 为激活函数。

激活函数在神经网络中非常重要。下面介绍几种在神经网络中常用的激活函数。

2.2.2　激活函数

最初引入激活函数(Activation Function)的目的是反映生物神经元的抑制和兴奋两种状态。随着神经网络技术的进步,激活函数不再仅采用阶跃函数,而是发展出了 Sigmoid 函数和 ReLU 函数等多种形式,从而提高了人工神经网络的可训练性和非线性表示能力,使得人工神经网络在解决特征提取、分类和预测等诸多实际问题上取得非常好的效果。常用的激活函数有以下几种。

1. 阶跃函数和 Sigmoid 函数

最初的 MP 神经元与现在的人工神经元只是在激活函数上有所不同,其他方面的表示基本一致。MP 神经元的激活函数为阶跃函数,它将输入值映射为输出值"0"或"1"。但阶跃函数具有不连续、不光滑的缺点。为了解决这一缺点,人们提出了连续可微的 Sigmoid 函数,其定义为

$$\sigma(x) = \frac{1}{1 + \mathrm{e}^x} \tag{2-3}$$

Sigmoid 函数是一个在生物学中常见的 S 型函数,也称 S 型生长曲线。该函数的目的是将一个实数输入转换为 0～1 的输出,因此也称"挤压函数"。

2. Tanh 函数

Tanh 函数是 Sigmoid 函数的变形,定义为

$$\mathrm{Tanh}(x) = \frac{\mathrm{e}^x - \mathrm{e}^{-x}}{\mathrm{e}^x + \mathrm{e}^{-x}} \tag{2-4}$$

也可以写成

$$\mathrm{Tanh}(x) = 2\sigma(2x) - 1$$

如图 2-4 所示,Tanh 函数将输入的数据转换到 −1～1。

与 Sigmoid 函数相比,Tanh 函数的输出是零均值,可以节约模型的计算成本,且其导数为 0～1(Sigmoid 函数的导数为 0～0.25),有更快的训练收敛速度。但 Tanh 函数与

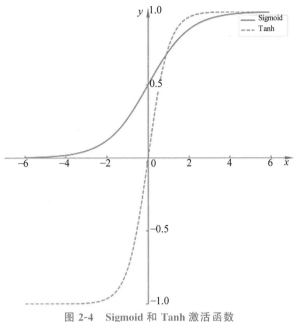

图 2-4 Sigmoid 和 Tanh 激活函数

Sigmoid 函数一样,都是中间近似线性,两端饱和(导数逼近 0),这会导致训练时出现梯度消失,使神经网络的训练不收敛。

3. ReLU 函数

为了尽可能减少梯度消失的情况发生,2010 年后,ReLU 函数被广泛使用,其具体形式如图 2-5 所示。定义为

$$\text{ReLU} = \max(0, x) \tag{2-5}$$

从公式(2-5)可以看出,ReLU 函数在 x 取值为负的情况下,函数输出值为 0,在其他情况下为线性函数。它的总体结构非常简单,与前两种激活函数相比,计算更加高效。在生物神经网络中,同时处于兴奋状态的人工神经元非常稀疏,而 ReLU 函数恰好具有良好的稀疏性,因此被认为是最贴近生物激活原理的激活函数。同时,与 Sigmoid 型函数两端饱和相比,ReLU 函数是部分线性的,这在一定程度上缓解了梯度消失的问题。

但 ReLU 函数使得所有小于 0 的输入信号都等于 0,这种做法导致更新参数之后,可能出现无法继续更新的情况。针对这个缺点,研究者们提出了 ReLU 函数的变体——Leaky ReLU 函数。

4. Leaky ReLU 函数

Leaky ReLU 函数的定义如下:

$$\text{LeakyReLU}(x) = \begin{cases} x, & x > 0 \\ \gamma x, & x \leqslant 0 \end{cases}$$
$$= \max(0, x) + \gamma \min(0, x) \tag{2-6}$$

其中,γ 是一个非常小的常数,通常 $\gamma = 0.01$,当 $\gamma < 1$ 时,Leaky ReLU 函数也可以写成

$$\text{LeakyReLU}(x) = \max(x, \gamma x) \tag{2-7}$$

ReLU 函数和 Leaky ReLU 函数的具体形式如图 2-5 所示。从图中可以直观地看出,加入了一个 γ 参数,使得 ReLU 函数的前半段不为 0,这样就可以避免梯度消失的问题。但

在实际操作中,Leaky ReLU 函数的效果相较于 ReLU 函数而言并不是特别突出,大多数情况下二者对模型的影响是一致的。

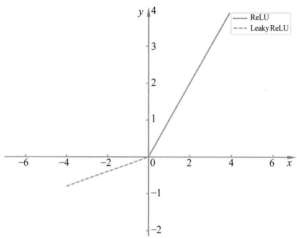

图 2-5　ReLU 函数和 Leaky ReLU 函数

5. GeLU

GeLU(高斯误差线性单元)是 2016 年提出的激活函数,当时并未引起重视。直到 2018 年之后,它在基于 Transformer 模型的大语言模型谷歌的 BERT 和 OpenAI 的 GPT-2(第 6 章)中被使用,才引起广泛关注。

GeLU 函数的近似表达式如下:

$$\text{GeLU}(x) = 0.5x\left(1 + \text{Tanh}\left(\sqrt{\frac{2}{\pi}}(x + 0.044715x^3)\right)\right) \tag{2-8}$$

显然,它是某些函数(比如双曲正切函数 Tanh)与近似数值的组合。图 2-6 是 GeLU 函数的曲线。GeLU 可以看作 Dropout 的思想和 ReLU 的结合,主要是为激活函数引入了随机性,使得模型训练过程更加鲁棒。GeLU 可以作为 ReLU 的一种平滑策略。

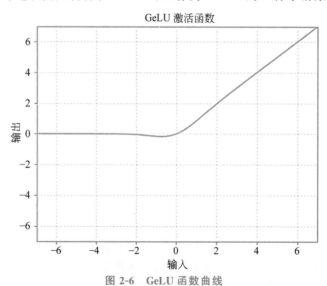

图 2-6　GeLU 函数曲线

2.2.3 人工神经网络

人工神经网络是由大量人工神经元按一定规则连接构建成的网络结构,是一种模仿生物神经网络行为特征、具有分布式并行信息处理能力的数学模型。

人工神经网络主要分为以下 3 种类型。

1. 前馈型网络

前馈神经网络是一种单向多层结构。其中每一层包含若干人工神经元,同一层的人工神经元之间没有互相连接,层间信息的传送只沿一个方向进行,是目前应用最广泛、发展最迅速的人工神经网络结构,其实际应用和理论研究都达到了很高的水平。典型的前馈网络包括全连接前向网络和卷积神经网络。

2. 反馈型网络

反馈型网络中的人工神经元不仅可以接收其他人工神经元的信号,同时也将自身的输出信号作为输入信号。与前馈型网络相比,反馈型网络中有反馈的节点具有记忆功能,在不同时刻反映不同的状态。典型的反馈网络包括循环递归网络、玻尔兹曼机等。

3. 自组织神经网络

自组织神经网络是通过自动寻找样本中的内在规律和本质属性,自组织、自适应地改变网络参数与结构的人工神经网络。前馈型和反馈型网络是在一定先验知识的条件下进行网络调整,而自组织网络中的输出节点与其邻域内的其他节点广泛相连,并互相激励,具备自主学习能力。

如图 2-7 所示,从左至右分别为前馈型网络、反馈型网络和自组织网络。

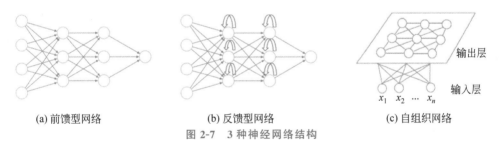

(a) 前馈型网络　　　　(b) 反馈型网络　　　　(c) 自组织网络

图 2-7　3 种神经网络结构

人工神经网络通过调整连接权值等参数得到最终的网络结构参数,调整权重的过程称为"学习"或"训练"。神经网络通常由成百上千的人工神经元组成,手工计算这些参数难以获得理想的效果。这时就需要训练神经网络的方法和训练技巧,2.4 节和 2.5 节将详细介绍。

2.3 前向神经网络

前向神经网络(Feedforward Neural Network,FNN)是最早提出的人工神经网络结构,是最常见和常用的前馈型网络,具有很强的拟合能力,常见的连续非线性函数都可以用前向神经网络来逼近。

前向神经网络中的神经元只与前一层的神经元相连,只接收上一层的输出,并输出给下一层的神经元,各层之间没有反馈。其中,第一层称为输入层,最后一层为输出层,中间为隐含层,简称隐层。隐层可以是一层,也可以是多层。按隐层层数,前向神经网络主要分为两种:单层前向网络和多层前向网络。单层前向网络的结构简单,但无法胜任复杂任务,因此在理论研究和实际应用中大多采用多层前向神经网络。

多层前向神经网络又称多层感知机(Multi-Layer Perceptron,MLP),由输入层、输出层和多个隐层组成,如图 2-8 所示。

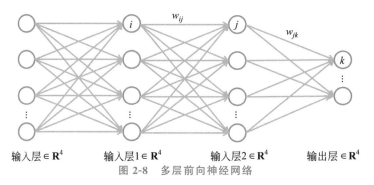

图 2-8　多层前向神经网络

假设第 $l-1$ 层有 P 个神经元,第 l 层中有 Q 个神经元,w_{ij} 为第 $l-1$ 层第 i 个神经元到第 l 层第 j 个神经元的权重,b_j 为第 l 层第 j 个神经元的偏置量,x_j 为第 l 层第 j 个神经元的激活函数输入值。$\varphi_j(\cdot)$ 表示第 j 个神经元的激活函数。则第 j 个人工神经元通过式(2-9)和式(2-10)进行信息传递。

在这里也可以用向量化的形式表达,记 $\boldsymbol{y}^{l-1}=(y_1,y_2,\cdots,y_P)^{\mathrm{T}}$ 为第 $l-1$ 层的输出,$\boldsymbol{b}^l=(b_1,b_2,\cdots,b_Q)^{\mathrm{T}}$ 为第 l 层的偏置量,$\boldsymbol{y}^l$ 表示第 l 层的输出。$\varphi^l(\cdot)$ 表示第 l 层人工神经元的激活函数,则对于第 l 层,有

$$\boldsymbol{x}^l = \boldsymbol{w}^{\mathrm{T}}\boldsymbol{y}^{l-1} + \boldsymbol{b}^l \tag{2-9}$$

$$\boldsymbol{y}^l = \varphi^l(\boldsymbol{x}^l) \tag{2-10}$$

从信息传递的方式来看,多层前向网络可以看作输入 X 到输出 Y 的映射函数:$\varphi(X)=Y$。评判一个模型的好坏,应判断这个模型是否与真实数据保持一致。因此,需要一个函数来量化模型预测和真实数据之间的差异,称为损失函数。对于已有的样本集 $\{X,Y\}$,如何更新网络参数,尽可能地降低损失呢? 通常使用反向传播算法来更新参数。

2.4　反向传播算法

反向传播(BP)算法,即误差反向传播(Error Back-Propagation),是用于训练人工神经网络的常见方法,最早由 Bryson 等在 1969 年提出。1974 年,Werbos 在哈佛大学的博士论文中也研究了该算法。Parker 在 1985 年发表的技术报告中也进行了论述。但是,直到1986 年,Rumelhart、Hinton 和 William 等在 *Nature* 上发表其研究成果,反向传播算法才得到人们的关注,并引发了一场人工神经网络研究在 20 世纪 80 年代的复兴运动。反向传播算法的核心是计算网络输出的损失函数对网络中神经元连接权和阈值的梯度,通过梯度下降法进行网络的训练。误差反向传播是通过链式法则完成的。

2.4.1　链式法则

链式法则是求复合函数导数的一个法则。设 f 和 g 为两个关于 x 可导的函数,则复合函数 $f(g(x))$ 的导数 $f'(g(x))$ 为

$$f'(g(x)) = f'(g(x))g'(x) \tag{2-11}$$

举一个例子,求函数 $f(x) = (x^2+1)^3$ 的导数。

设

$$g(x) = x^2 + 1 \tag{2-12}$$

$$h(g) = g^3 \rightarrow h(g(x)) = g(x)^3 \tag{2-13}$$

$$f(x) = h(g(x)) \tag{2-14}$$

$$f'(x) = h'(g(x))g'(x) = 3(g(x))^2(2x) = 3(x^2+1)^2(2x) = 6x(x^2+1)^2 \tag{2-15}$$

多元复合函数求导法则为

$$\frac{\mathrm{d}z}{\mathrm{d}t} = \frac{\partial z}{\partial x}\frac{\mathrm{d}x}{\mathrm{d}t} + \frac{\partial z}{\partial y}\frac{\mathrm{d}y}{\mathrm{d}t} \tag{2-16}$$

假设 $z = f(u,v)$,其中每一个自变量都是二元函数,即 $u = h(x,y)$,$v = g(x,y)$,这些函数都是可微的。因此,z 的偏导数为

$$\frac{\partial z}{\partial x} = \frac{\partial z}{\partial u}\frac{\partial u}{\partial x} + \frac{\partial z}{\partial v}\frac{\partial v}{\partial x} \tag{2-17}$$

$$\frac{\partial z}{\partial y} = \frac{\partial z}{\partial u}\frac{\partial u}{\partial y} + \frac{\partial z}{\partial v}\frac{\partial v}{\partial y} \tag{2-18}$$

如果将 $r = (u,v)$ 视为一个向量函数,可以用向量表示法把以上的公式写成 f 的梯度与 r 的偏导数的数量积

$$\frac{\partial f}{\partial x} = \nabla f \cdot \frac{\partial r}{\partial x} \tag{2-19}$$

一般来说,对于从向量到向量的函数,求导法则为

$$\frac{\partial(z_1, z_2, \cdots, z_m)}{\partial(x_1, x_2, \cdots, x_p)} = \frac{\partial(z_1, z_2, \cdots, z_m)}{\partial(y_1, y_2, \cdots, y_n)}\frac{\partial(y_1, y_2, \cdots, y_n)}{\partial(x_1, x_2, \cdots, x_p)} \tag{2-20}$$

2.4.2　梯度下降法

从高等数学可知,最简单、最常用地确定一个函数(数学模型)中参数的优化算法就是梯度下降法,即通过迭代的方法来寻找损失函数的最小值,即

$$\theta_{t+1} = \theta_t - \eta\frac{\partial E}{\partial \theta} \tag{2-21}$$

其中,θ_t 表示第 n 次迭代时的参数;η 为搜索步长,一般称为学习率(Learning Rate);E 为损失函数。

2.4.3　反向传播算法

为了便于描述反向传播算法,以含有 2 个隐层的 4 层前向神经网络为例,给出如下几个符号的含义。

(1) n 表示第 n 次迭代。

（2）第 1 个隐层有 P 个节点,第 2 个隐层有 Q 个节点,输出层有 C 个人工神经元。

（3）i、j、k 表示网络中不同层的各个人工神经元,其中,i 表示第 1 个隐层的第 i 个人工神经元,j 表示第 2 个隐层的第 j 个人工神经元,k 表示输出层中第 k 个人工神经元。

（4）$w_{ij}(n)$、$w_{jk}(n)$ 分别表示第 n 次迭代时从第 i 个人工神经元的输出到第 j 个人工神经元的权重,第 j 个人工神经元的输出到第 k 个人工神经元的权重。

（5）b_j 表示第 j 个人工神经元的偏置。为了方便计算,令 $w_{0j}(n)=b_j$。

（6）$x_j(n)$ 表示第 n 次迭代时第 j 个人工神经元的激活函数输入值 $x_j(n)=\sum\limits_{i=0}^{P} w_{ij}(n) y_i(n)$。

（7）$\varphi_j(\cdot)$ 表示第 j 个人工神经元的非线性激活函数。

（8）$y_j(n)$ 表示第 n 次迭代时第 j 个人工神经元的输出,$y_j(n)=\varphi(x_j(n))$。

（9）$d_j(n)$ 表示第 n 次迭代时第 j 个人工神经元的期望输出。

（10）$e_j(n)$ 表示第 n 次迭代时第 j 个人工神经元的输出误差,$e_j(n)=d_j(n)-y_j(n)$。

（11）$E(n)$ 表示第 n 次迭代时的总误差(损失函数)。

（12）η 表示学习率。

误差反向传播算法的具体流程如图 2-9 所示。下面就逐个样本的学习方式推导 BP 算法。

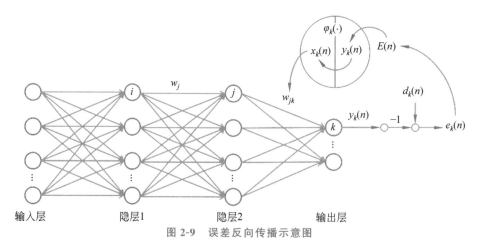

图 2-9　误差反向传播示意图

在反向传播过程中,第 n 次迭代、第 k 个人工神经元的期望输出为 $d_k(n)$,那么该节点的输出误差为

$$e_k(n)=d_k(n)-y_k(n) \tag{2-22}$$

在这里,损失函数采用平方误差损失,则所有节点的总平方误差为

$$E(n)=\frac{1}{2}\sum_{k\in C}e_k^2(n) \tag{2-23}$$

神经网络学习的目的,就是要通过学习使得实际输出与期望输出的差距尽可能小,也就是说平方误差均值 E 就是要学习的目标函数,需要通过学习使得 E 达到最小,从而更新参数。

取广义误差为

$$\delta_k(n) = -\frac{\partial E(n)}{\partial x_k(n)} \tag{2-24}$$

误差项可以表示人工神经元对总误差的影响,也可以反映总误差对人工神经元的敏感程度。

根据梯度下降法,权重 w_{jk} 的修正值为

$$\Delta w_{jk}(n) = -\eta \frac{\partial E(n)}{\partial w_{jk}(n)} = -\eta \frac{\partial E(n)}{\partial x_k(n)} \frac{\partial x_k(n)}{\partial w_{jk}(n)} = \eta \delta_k(n) y_j(n) \tag{2-25}$$

下面分两种情况讨论。

(1) 对于输出层,第 j 个人工神经元到第 k 个人工神经元的权值 $w_{jk}(n)$ 的更新。根据链式法则,有

$$\frac{\partial E(n)}{\partial w_{jk}(n)} = \frac{\partial E(n)}{\partial e_k(n)} \frac{\partial e_k(n)}{\partial y_k(n)} \frac{\partial y_k(n)}{\partial x_k(n)} \frac{\partial x_k(n)}{\partial w_{jk}(n)} \tag{2-26}$$

又因为 $\frac{\partial E(n)}{\partial e_k(n)} = e_k(n)$,$\frac{\partial e_k(n)}{\partial y_k(n)} = -1$,$\frac{\partial y_k(n)}{\partial x_k(n)} = \varphi'(x_k(n))$,$\frac{\partial x_k(n)}{\partial w_{jk}(n)} = y_j(n)$,

将上述各式代入式(2-26),得

$$\frac{\partial E(n)}{\partial w_{jk}(n)} = \frac{\partial E(n)}{\partial x_k(n)} \frac{\partial x_k(n)}{\partial w_{jk}(n)} = -e_k(n)\varphi'(x_k(n))y_j(n) \tag{2-27}$$

由广义误差的定义式(2-24),得

$$\delta_k(n) = -\frac{\partial E(n)}{\partial x_k(n)} = e_k(n)\varphi'(x_k(n)) \tag{2-28}$$

代入式(2-27),得

$$\frac{\partial E(n)}{\partial w_{jk}(n)} = -\delta_k(n)y_j(n) \tag{2-29}$$

由式(2-25)的权重更新公式,权重 $w_{jk}(n)$ 的更新公式为

$$w_{jk}(n+1) \leftarrow w_{jk}(n) + \Delta w_{jk}(n) = w_{jk}(n) + \eta \delta_k(n) y_j(n) \tag{2-30}$$

其中,η 表示学习率。

(2) 对于隐层,第 j 个人工神经元的输出为

$$y_j(n) = \varphi(x_j(n)) \tag{2-31}$$

其中

$$x_j(n) = \sum_{i=0}^{P} w_{ij}(n)y_i(n) \tag{2-32}$$

则第 i 个人工神经元到第 j 个人工神经元的权重 $w_{ij}(n)$ 的更新,根据链式法则,有

$$\frac{\partial E(n)}{\partial w_{ij}(n)} = \frac{\partial E(n)}{\partial y_j(n)} \frac{\partial y_j(n)}{\partial x_j(n)} \frac{\partial x_j(n)}{\partial w_{ij}(n)} \tag{2-33}$$

而

$$\frac{\partial E(n)}{\partial y_j(n)} = \frac{\partial E(n)}{\partial e_k(n)} \frac{\partial e_k(n)}{\partial y_j(n)} = \sum_{k \in C} e_k(n) \frac{\partial e_k(n)}{\partial y_j(n)} = \sum_{k \in C} e_k(n) \frac{\partial e_k(n)}{\partial x_k(n)} \frac{\partial x_k(n)}{\partial y_j(n)} \tag{2-34}$$

因为

$$e_k(n) = d_k(n) - y_k(n) = d_k(n) - \varphi(x_k(n)), d_k(n) \text{ 为常数},$$

所以

$$\frac{\partial e_k(n)}{\partial x_k(n)} = -\varphi'(x_k(n)) \tag{2-35}$$

又因为 $x_k(n) = \sum\limits_{j=0}^{Q} w_{jk}(n) y_j(n)$，对 $y_j(n)$ 求导，得

$$\frac{\partial x_k(n)}{\partial y_j(n)} = w_{jk}(n) \tag{2-36}$$

进而将式(2-28)、式(2-35)和式(2-36)代入式(2-34)，可得

$$\frac{\partial E(n)}{\partial y_j(n)} = -\sum_{k \in C} e_k(n) \varphi'(x_k(n)) w_{jk}(n) = -\sum_{k \in C} \delta_k(n) w_{jk}(n) \tag{2-37}$$

又因为 $\dfrac{\delta y_j(n)}{\delta x_j(n)} = \varphi'(x_j(n))$，则第 j 个人工神经元的广义误差项 $\delta_j(n)$ 为

$$\delta_j(n) = -\frac{\partial E(n)}{\partial y_j(n)} \frac{\delta y_j(n)}{\delta x_j(n)} = \left(\sum_{k \in C} \delta_k(n) w_{jk}(n) \right) \varphi'(x_j(n)) \tag{2-38}$$

又因为 $\dfrac{\partial x_j(n)}{\partial w_{ij}(n)} = y_i(n)$，所以

$$\frac{\partial E(n)}{\partial w_{ij}} = -\left(\sum_{k \in C} \delta_k(n) w_{jk}(n) \right) \varphi'(x_j(n)) y_i(n) \tag{2-39}$$

则权重 $w_{ij}(n)$ 的更新公式为

$$w_{ij}(n+1) \leftarrow w_{ij}(n) + \Delta w_{ij}(n) = w_{ij}(n) + \eta \delta_j(n) y_i(n) \tag{2-40}$$

从式(2-38)可以看出，$\delta_j(n)$ 是该人工神经元激活函数的梯度与后一层误差项的加权和之积。也就是说，计算一个节点的误差项时，需先计算每个与其相连的下一层节点的误差项的权重和，即局部误差的计算是从后向前进行的，故这种算法称为误差反向传播算法。

传统的误差反向传播有两种实现方法。第一种方法为单样本修正法，即针对每一个送入网络的训练样本，通过网络前向传播计算得到网络输出与期望输出的误差来更新权重；第二种方法称为批量梯度下降法，即每一次迭代时使用所有样本进行梯度的更新。第一种方法针对每个样本都更新参数，计算量大，稳定性差；第二种方法每次更新参数时都需要遍历训练集中的所有样本，计算量比第一种方法小，稳定性更好。

误差反向传播算法是基于梯度下降的训练方法，必然存在收敛速度慢、易陷入局部极值的缺点，自它提出之后，研究人员给出了许多改进方法，主要是通过增加动量项和自适应调整学习率(步长)来提高稳定性和收敛速度。在数据量较小的 20 世纪 80～90 年代，这些改进措施和批量处理方式取得了更好的训练效果。进入 21 世纪，随着大数据时代的到来，数据集中的训练样本数量巨大，遍历整个训练集的时间成本很高，通过整批处理的方式更新参数极其消耗运算成本。为了追求更高的效率，研究者们又提出了将整批次分成小批次更新参数的随机梯度下降法。

2.4.4　反向传播算法的改进算法

1. 动量法(Momentum)

1986 年，Rumelhart 等提出 BP 算法时，就给出了通过增加一个"动量项"解决梯度下降法存在的收敛速度慢、易陷入局部极值问题的方法，即

$$w_{ij}(n+1) \leftarrow w_{ij}(n) + [\eta \delta_j(n) y_i(n) + \alpha \Delta w_{ij}(n-1)], \quad 0 < \alpha < 1 \tag{2-41}$$

更新量中的第一项是常规 BP 算法的修正量；第二项称为动量项。采用这种做法的主

要思想是通过在权值更新中引入稳定性来提高常规 BP 算法的速度;α 称为遗忘因子,通常在 0～1 取值,通常取接近 1 的较大值。

2. 自适应学习率法

在 BP 算法中,学习率 η 的作用在于控制权重更新的幅度,非常重要。学习率 η 越大,则网络收敛得越快。但学习率也并非越大越好,因为学习率取值过大有可能造成网络无法收敛。学习率 η 过小,虽然可以有效避免网络振荡或发散,却会导致训练网络时的收敛速度变慢。自 BP 算法提出以来,研究人员提出了许多改变学习率的方法,统称为自适应学习率法。自适应学习率法是通过自适应地改变网络中的学习率来控制梯度的下降速度,它可以有效改善传统 BP 算法的收敛特性。下面介绍几种常用的算法。

1) Adagrad 算法

在传统 BP 算法中,修正量 $\Delta\omega_{ij}(n)=\eta\delta_j(n)y_j(n)=\eta g(n)$,在 Adagrad 算法中,权重的更新公式为

$$w_{ij}(n+1) \leftarrow w_{ij}(n) + \frac{\eta}{\sqrt{\sum_{i=1}^{n} g^2(i) + \varepsilon}} g(n) \tag{2-42}$$

其中,ε 是为了避免分母为 0 的平滑参数,一般取 $10^{-8}\sim 10^{-4}$。

通过式(2-42)可知,学习率 η' 为 $\dfrac{\eta}{\sqrt{\sum_{i=1}^{n} g^2(i) + \varepsilon}}$,随着迭代次数的增加,学习率 η' 在不断减小,并且会受到每次计算出来的梯度影响。也就是说,对于梯度小的参数而言,学习率会相对较大,而对于梯度相对较大的参数,学习率会自适应地相对较小。

在 Adagrad 算法中,自适应学习率会随着迭代次数的增加而衰减,这种做法能让网络在初期保持较快的学习速度,且能够在后期以更小的学习率找到更优解。但同时,也有可能由于学习率的衰减而导致网络过早停止学习。下面的 RMSprop 算法则能够更好地避免这一难题。

2) RMSprop 算法

RMSprop 算法的权重更新公式为

$$w_{ij}(n+1) \leftarrow w_{ij}(n) + \frac{\eta}{\sqrt{c(n) + \varepsilon}} g(n) \tag{2-43}$$

其中,$c(n)=\alpha\times c(n-1)+(1-\alpha)g^2(n)$。

不同于 Adagrad 算法中对前面所有的梯度平方求和,RMSprop 算法加入了一个新的参数:衰减率 α,通过衰减率 α 使得梯度平方变小。采用滑动平均的方式,使越靠前面的梯度对自适应学习率的影响越小,让学习率在学习过程中适时发生变化。

3) Adam 算法

Adam 算法是一种综合型的学习方法,可以看成是 RMSprop 算法和动量法结合的学习方法,可以达到比 RMSprop 算法更好的效果。在实际训练中,一般将 Adam 作为默认算法。

3. 随机梯度下降法(SGD)

随机梯度下降法是梯度下降法的一个变形,是针对目前大数据量情况下有效训练神经

网络的一种 BP 算法的优化方法。与常规的梯度下降法不同的是,它要累积一个批次(Batch Size)的数据后再计算梯度,进行参数更新。采用随机梯度下降法可以降低运算时间,且在极大程度上避免了计算时容易陷入局部极值的问题。它不能保证每次梯度下降都是朝着真正的最小方向,但可以更容易地避免陷入局部极小点,因此也得到了广泛应用。

2.5　处理数据和训练模型的技巧

开始训练神经网络之前,良好的数据预处理和参数初始化能够使模型训练达到事半功倍的效果,一些训练模型的技巧也可以有效地加快模型的收敛速度。本节将介绍数据预处理、权重初始化以及其他训练技巧。

2.5.1　数据预处理——数据标准化

在通常情况下,样本数据具有多个属性,由于各属性数据的性质不同,量纲和数量级也会存在较大差异。直接使用这样的原始数据进行分析,最终的综合结果会突出数值较高的属性,削弱数值较低的属性。数据标准化可以使不同维度之间的特征在数值上具有一定的可比性,提高神经网络模型的准确性。因此,使用数据之前一般需要先将数据进行标准化处理。处理后的数据既可以提升模型的收敛速度,也可以提升模型的精度。下面主要介绍两种比较常用的数据标准化方法。

1. Z-Score 标准化

Z-Score 标准化是通过将每个样本数据减去所有样本的平均值来实现中心化,然后除以标准差进行数据归一化。Z-Score 标准化的转换函数如下:

$$x = \frac{x - \mu}{\sigma} \tag{2-44}$$

其中,μ 是所有样本数据的均值,σ 为所有样本数据的标准差。

Z-Score 标准化方法能使样本数据的均值为 0,标准差为 1,适用于标准化样本数据最大值和最小值未知的情况,或是有超出取值范围的离群数据的情况。该种归一化方式要求原始数据的分布可近似为高斯分布,否则归一化的效果可能会很差。

Z-Score 标准化对数据的影响如图 2-10 所示。(a)图为原始二维输入数据,(b)图为将原始数据中心化后的数据,(c)图为将中心化的数据归一化后的数据。从图中可以清晰地感受到数据标准化的作用。

2. 最小最大标准化

最小最大(min-max)标准化也称离差标准化,是对原始数据的线性变换,使结果落入[0,1],转换函数为

$$x = \frac{x - \min}{\max - \min} \tag{2-45}$$

其中,max 为样本数据的最大值,min 为最小值。如果要将数据映射到[−1,1],则可考虑作如下转换

$$x = \frac{x - \text{mean}}{\max - \min} \tag{2-46}$$

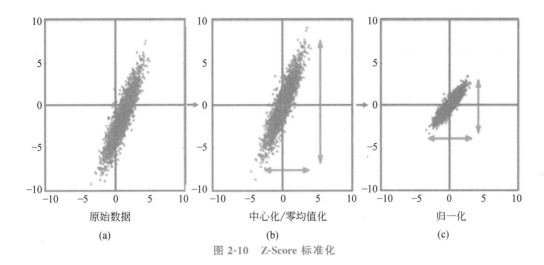

图 2-10　**Z-Score 标准化**

其中，mean 为样本数据的平均值。然而，这种方法的缺陷也较为明显，当有新数据加入时，可能会导致样本数据的最大、最小值发生变化，需要重新计算。那么在处理数据时，该如何判定采用哪种标准化方法呢？下面进行简要的分析概括。

（1）在分类、聚类问题中，需要使用距离来度量相似性时，Z-Score 标准化的效果更好。

（2）在不涉及距离度量、协方差计算，数据不符合正态分布时，可以使用第二种方法或其他标准化方法。

任何预处理策略（比如数据均值）都只能在训练集数据上进行计算，算法训练结束后再应用到验证集或者测试集上。

2.5.2　权重初始化

训练神经网络时，不仅要对数据进行预处理，提高数据质量，还需要对人工神经网络的参数进行初始化设置。

1. 随机数初始化

在理想状态下，我们希望权重的初始化既接近 0 又不能全等于 0。这是因为较大的权重会增加输出负担，导致梯度消失、收敛缓慢等情况。不全为 0 才能保证人工神经元经过反向传播反复迭代计算出不同的更新参数，保证模型的正常运行。随机数权重初始化的实现方法是生成符合标准正态分布的随机数，并适当缩小（乘以一个小于 1 的数）。公式如下所示。

$$w = 0.01 w_{randn} \tag{2-47}$$

其中，w_{randn} 为生成的符合标准正态分布的权重向量。随机数权重初始可以保证每个人工神经元的权重向量都被初始化为一个服从高斯分布的随机向量。当然也可以使用均匀分布生成的随机数，但是从实践结果来看，对结果的影响极小。这种初始化方法仅适用于小型网络，对于深层次网络，权重过小也会导致反向传播计算中梯度"信号"被削弱。

2. 校准方差

初始化策略还存在一个问题，就是网络输出分布的方差会随着输入数量的增加而增大，因此要尽可能使得输出分布与输入分布保持一致。下面介绍两种常用的方法。（注意，这里默认使用标准正态分布生成的 w_{randn}（$var(w_{randn})=1$）进行推导计算。）

1) 使权重满足 $\mathrm{var}(w)=\dfrac{1}{n}$

将人工神经元的权重向量初始化为

$$w=\frac{1}{\sqrt{n}}w_{\mathrm{randn}} \tag{2-48}$$

其中，n 是输入数据的数量，w_{randn} 是生成的符合标准正态分布的权重向量。此时权重向量的方差为

$$\mathrm{var}(w)=\mathrm{var}\left(\frac{1}{\sqrt{n}}w_{\mathrm{randn}}\right)=\frac{1}{n}\mathrm{var}(w_{\mathrm{randn}})=\frac{1}{n} \tag{2-49}$$

那么输出（送入激活函数运算前）的方差为

$$\begin{aligned}
\mathrm{var}(u)&=\mathrm{var}\left(\sum_i^n w_i x_i\right)=\sum_i^n \mathrm{var}(w_i x_i)\\
&=\sum_i^n ([E(w_i)]^2\mathrm{var}(x_i)+E\left[(x_i)\right]^2\mathrm{var}(w_i)+\mathrm{var}(x_i)\mathrm{var}(w_i))\\
&=\sum_i^n \mathrm{var}(x_i)\mathrm{var}(w_i)\\
&=(n\mathrm{var}(w))\mathrm{var}(x)\\
&=\mathrm{var}(x)
\end{aligned} \tag{2-50}$$

这样就保证了网络中输入和输出具有近似相同的分布，进而能够避免梯度消失现象，并提高收敛速度。

2) Xavier 初始化

前面的方法只考虑了使前向计算中输出分布与输入分布一致，并未考虑反向计算的输入输出分布。Xavier 初始化则同时考虑了前向计算和反向计算的输入输出分布，使输出和输入分布近似相同。初始化方法为使权重满足

$$\mathrm{var}(w)=\frac{2}{(n_{\mathrm{in}}+n_{\mathrm{out}})} \tag{2-51}$$

即令　$w=\sqrt{\dfrac{2}{n_{\mathrm{in}}+n_{\mathrm{out}}}}\,w_{\mathrm{randn}}$

其中，n_{in} 为输入人工神经元数量，n_{out} 为输出人工神经元数。这种初始化方法假设激活函数在 0 附近是线性函数（Tanh 激活函数在 0 附近可看作线性函数）的网络具有良好的效果。但与目前主流的 ReLU 函数（在 0 附近是非线性的）相结合，效果并不理想。

3) He 初始化

He 初始化就是针对 ReLU 函数提出的一种初始化方法。其原理同样也是使输出分布尽量与输入分布保持一致。因为 ReLU 函数的特点是输入为负时输出均为 0，所以经过 ReLU 函数后输出的方差为

$$\begin{aligned}
\mathrm{var}(y)&=\mathrm{var}\left(\sum_i^{n/2} w_i x_i\right)=\sum_i^{n/2}\mathrm{var}(w_i x_i)\\
&=\sum_i^{n/2}[E(w_i)]^2\mathrm{var}(x_i)+E\left[(x_i)\right]^2\mathrm{var}(w_i)+\mathrm{var}(x_i)\mathrm{var}(w_i)
\end{aligned}$$

$$= \sum_{i}^{n/2} \mathrm{var}(x_i) \mathrm{var}(w_i)$$

$$= \left(\frac{n}{2} \mathrm{var}(\boldsymbol{w}) \right) \mathrm{var}(\boldsymbol{x}) \tag{2-52}$$

所以 He 初始化就是使初始化权重满足

$$\mathrm{var}(\boldsymbol{w}) = \frac{2}{n} \tag{2-53}$$

即令

$$\boldsymbol{w} = \sqrt{\frac{2}{n}} \, \boldsymbol{w}_{\mathrm{randn}}$$

现在应用的神经网络中,隐层常使用 ReLU 函数作为激活函数,权重初始化常用 He 初始化方法。

3. 初始化偏置

对于偏置,通常都是初始化为 0,因为权重已经打破了数据的对称性。

4. 批量标准化

批量标准化在神经网络中非常流行,尤其是在卷积神经网络中。这种方法可以理解为在网络的每一层前都作了一次数据预处理,在一定程度缓解网络对参数初始化的依赖,同时加快了网络的收敛速度。通常批量标准化都应用在非线性层之前、全连接层之后,使用方差较小的参数分布即可。

2.5.3　防止过拟合的常用方法

通常情况下,无法获取无限的训练样本,并且训练样本往往是真实数据中的一个子集或者包含一定的噪声数据,不能很好地反映全部数据的真实分布。因此虽然训练好的模型在训练集上的错误率很低,但在未知数据上的错误率依然很高。这种情况称为过拟合(Overfitting)。

过拟合问题往往是由训练数据较少、噪声影响或模型能力强等原因造成的。下面简单介绍几种常用的防止过拟合方法。

1. 数据增强

解决过拟合最有效的方法就是尽可能地扩充数据集,但大幅度地增加数据是比较困难的。因此可以通过一定规则扩充数据,例如采用平移、翻转、缩放、切割等手段成倍扩充数据库。

2. 网络结构

过拟合主要是由数据太少以及模型太复杂两个原因造成的,可以通过调整网络结构,减少网络层数、人工神经元的个数来限制网络的拟合能力。

3. 训练时间

对于每个人工神经元而言,其激活函数在不同区间的性能是不同的。当网络权值较小时,人工神经元的激活函数工作在线性区,此时人工神经元的拟合能力较弱。在初始化网络时,一般都是初始为较小的权值。训练时间越长,部分网络权值可能越大。如果在合适的时间停止训练,就可以将网络的能力限制在一定范围内。

4. 正则化

正则化方法是指在进行目标函数或代价函数优化时,在目标函数或代价函数后面加上一个正则项,一般有 $L1$ 正则化与 $L2$ 正则化等。

5. Dropout

Dropout 方法由 Hinton 等提出,该方法在单个训练批次中将一半左右的隐层节点值设为 0,使得网络中的每个节点在每次训练时都与不同的节点相连,削弱人工神经元之间的依赖关系,从而达到防止过拟合的效果。

2.6　小结

本章从生物神经元与生物神经网络出发,介绍了人工神经元模型和以其为基础的人工神经网络的类型,并详细介绍了前向神经网络的基本结构,以及训练神经网络的误差反向传播算法的具体细节。在神经网络的训练方面,本章还介绍了处理数据和训练模型的技巧,帮助模型训练达到事半功倍的效果。

思考与练习

1. 什么是神经网络?请写出神经网络的基本结构。
2. 计算 ReLU 函数的导数,说明 ReLU 函数的死亡问题。
3. 编写计算机程序,分别使用梯度下降法、随机梯度下降法比较试验结果。
4. 为什么使用反向传播算法进行参数更新时,不直接初始化为 0?
5. 试述反向传播的基本学习算法。
6. 编写计算机程序,用动量法实现两层神经网络对 MNIST 手写数据集的识别。

第 3 章

卷积神经网络

卷积神经网络提出之前,计算机很难理解相机拍摄的图像内容。图像处理大多会采用一些传统的方法,比如提取边缘、纹理等特征,进而依据提取的特征进行下一步的处理,不仅费时且效率较低。

卷积神经网络(Convolutional Neural Networks,CNN)是一类包含卷积计算且具有深层结构的前馈神经网络。卷积神经网络的研究始于 20 世纪 80～90 年代,LeNet-5 是最早出现的卷积神经网络;2012 年,Alex Krizhevsky 等凭借 AlexNet 赢得了当年的视觉图像挑战赛冠军,震惊世界。自此之后,各类采用卷积神经网络的算法纷纷成为大规模视觉识别竞赛的优胜算法。如今,卷积神经网络已经成为计算机视觉领域最具有影响力的技术手段。

本章将在介绍卷积神经网络特性的基础上分别介绍卷积神经网络各个操作层的功能,进而深入浅出地对卷积神经网络进行介绍,最后介绍部分经典的卷积神经网络。

3.1 卷积神经网络的特性

卷积网络不同于第 2 章介绍的全连接的前向网络,它主要处理的是图像信息,因此充分考虑了图像具有的局部性、相同性和不变性的特点。

局部性,是指当需要从一张图片中获取某一特征时,该特征通常不是由整张图片决定的,而是仅由图片中的一些局部区域来决定,如图 3-1 所示,羊驼的头部只出现在图片的部分区域。

图 3-1　图片特征只体现在局部

相同性,是指对于不同的图片,如果它们具有相同特征,即使这些特征位于不同的位置,但是检测所做的操作是一样的。也就是说,对于同一个特征,可以利用一个检测模式去检测,如图 3-2 所示,虽然鸟的喙部位于不同的位置,但是可以用同一个检测模式去检测。

不变性,是指对于一张图片,在进行下采样后,图片的性质基本是保持不变的,改变的仅仅是图片的尺寸,如图 3-3 所示,在下采样操作前后,图片性质基本相同。

图 3-2　图片特征出现在不同位置　　　　图 3-3　下采样图片特征基本不变

　　卷积神经网络具有的局部连接、权值共享和不变性与图像的局部性、相同性和不变性相一致,特别适合处理与图像相关的任务,因此在计算机视觉领域发挥了重要作用。

3.1.1　局部连接

　　全连接神经网络中的每个神经元都与它前一层中的所有神经元相连,如果将图像的每一个像素看作一个神经元,使用全连接网络完成与图像相关的任务,无疑对计算机的存储和运算速度有着很高的要求,而且图像越大,要求越高。并且对于图像来说,每个像素和其周围像素的联系是相对比较紧密的,而和离得很远的像素的联系可能就比较小了。如果一个神经元和上一层所有的神经元相连,就相当于对于一个像素来说,把图像的所有像素都同等看待了,缺少了位置信息。而卷积神经网络采用局部连接的方法,每个神经元不再和上一层的所有神经元相连,而只和一小部分神经元相连,这样就减少了很多参数,加快了学习速度。图 3-4 展示了全连接和局部连接的对比。

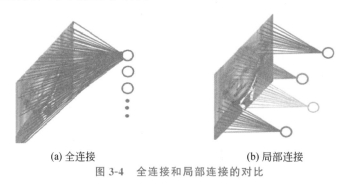

(a) 全连接　　　　　　　　　　　(b) 局部连接

图 3-4　全连接和局部连接的对比

3.1.2　权值共享

　　一般神经网络层与层之间的连接,是每个神经元与上一层的全部神经元相连,这些连接权重独立于其他神经元,所以假设上一层是 m 个神经元,当前层是 n 个神经元,那么共有 $m \times n$ 个连接,也就有 $m \times n$ 个权重。而在卷积神经网络中,给一张输入图片,通常的做法是用一个卷积核(类似图像处理中的滤波器,实质为针对一个小区域的一组连接权重)去扫描这张图,卷积核里面的数值,实质就是神经网络中不同层神经元之间的连接权。权值共享意味着每一个卷积核遍历整个图像的时候,卷积核的参数(连接权值)是固定不变的。比如有 3 个卷积核,每个卷积核都会扫描整个图像,在扫描的过程中,卷积核的参数值是固定不变的,即整个图像的所有元素都"共享"了相同的权值。

3.1.3 不变性

卷积神经网络中有一种重要的操作:池化操作(通常采用取最大值操作),它将前一层的一个小区域中所有像素值变成了下一层中的一个像素值。这就意味着即使图像经历了一个小的平移或旋转之后,依然会产生相同的特征,这使卷积神经网络对微小的平移和旋转具有不变性。在很多任务中,例如物体检测、语音识别等,都更希望得到具有平移和旋转不变性的特征,希望即使经过了平移和旋转,图像的标记仍然保持不变。

3.2 卷积神经网络结构和训练

卷积神经网络由卷积层、池化层和全连接层组成,其训练采用误差反向传播算法。

3.2.1 卷积层

卷积层是卷积神经网络的核心,完成的主要操作是利用卷积核对输入图像做卷积运算,以检测输入图片的局部特征。输入图像通常有 3 个维度,即长度×宽度×深度,其中深度代表了图像的通道数(Channel)。灰度图像的深度为 1,在 RGB 色彩模式下,图像的深度为 3,如图 3-5 所示,在对图像处理的过程中,处理的是图像的像素矩阵。

图 3-5 图像的像素矩阵

卷积,是在工程、信号等领域常见的名词。在统计学中,加权的滑动平均是一种卷积。在声学中,回声可以用源声与一个反映各种反射效应的函数的卷积表示。在信号处理中,任何一个线性系统的输出都可以通过将输入信号与系统函数(系统的冲激响应)做卷积获得。在物理学中,任何一个线性系统(符合叠加原理)都存在卷积。

卷积,简单地说,就是

$$输出=输入 * 系统$$

从数学的角度来说,卷积是两个变量在某范围内相乘后求和的结果。对于离散的系统来说,卷积的结果为

$$y(n) = \sum_{i=-\infty}^{\infty} x(i)h(n-i) = x(n) * h(n) \tag{3-1}$$

对于连续的系统来说,卷积的计算变为

$$y(t) = \int_{-\infty}^{\infty} x(p)h(t-p)\mathrm{d}p = x(t) * h(t) \tag{3-2}$$

其中,∗ 表示卷积。

1. 卷积核（Filter）

进行图像处理时，给定输入图像，输出图像中的每一个像素就是输入图像中一个小区域中像素的加权平均，其中权值由一个函数定义，这个函数即为卷积核。在卷积神经网络里，通常称为滤波器。它有以下几个特点。

（1）卷积核只关注局部特征，局部的程度取决于卷积核的大小，卷积核的大小也叫感受野，尺寸一般是奇数，这样它是按照中间的像素点中心对称的，像 3×3、5×5 等。

（2）卷积核的深度要和输入图片的通道数相同。当输入图片类型是灰度时，卷积核的深度为 1，类型为 RGB 时，深度为 3。

（3）一个卷积核在与输入图片的不同区域做卷积时，参数是固定不变的。放在卷积神经网络的框架中理解，就是对同一层网络中的神经元而言，它们的和是相同的，只是所连接的节点改变。在卷积神经网络里，叫作权值共享。

（4）在一个卷积层中，通常会有一整个集合的卷积核组（也称为滤波器组），每个卷积核组对应检测一种特征。然后生成相应的深度为 1 的特征图，将这些特征图在深度方向上层叠起来，就形成了卷积层的输出。图 3-6 展示了卷积核组个数与输出的特征图的深度之间的关系。

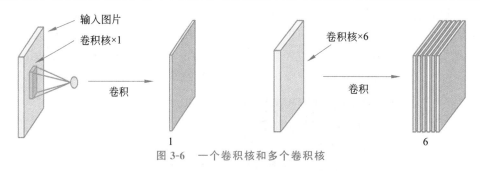

图 3-6　一个卷积核和多个卷积核

对于每一个卷积层的输入图片，它所有的像素单元都共享同一个卷积核；对于不同的输入图片，因为要检测的特征不同，所使用的卷积核便不同，即多核卷积。使用这种架构主要出于两种原因：一是因为在一组相似的图像中，局部像素块一般具有高度的相关性，采用多组卷积核能够在网络每一层的同一个位置上提取多种类型的特征；二是因为图像的局部统计具有位置无关性的特点，权值共享可以大大减少卷积神经网络的参数数量。

2. 步长（Stride）

步长即卷积核在原始图片上做卷积时每次滑动的像素点，步长不同，得到的输出结果也是不同的。如不加以说明，默认步长为 1。

3. 填充（Padding）

在卷积操作过程中，如果不对要进行卷积的图像（隐层的图像称为特征图）预先作填充处理，卷积后的图像会变小。卷积层越多，卷积后的特征图越小。而且输入特征图四个角的边缘像素只被计算一次，而中间像素则被卷积计算多次，意味着丢失图像角落信息。此外，实际应用中有时希望输入和输出在空间上的尺寸是一致的。因此，为了解决上述问题，对输入特征图进行边界填充，即填充像素。常用的边界填充方法包括零填充、边界复制、镜像、块复制，常用的是零填充。

如果在特征图边界多填充几圈零，或在其内部的行和列填充零，可将小特征图变为大特征图，被称为转置卷积或反卷积。如果在卷积核内部加入适当零填充的行和列，可以扩大卷积核对应特征图上的区域,被称为空洞卷积。反卷积和空洞卷积常用于图像语义分割。

4.几种在图像上的卷积过程

(1)单通道卷积。

当输入是灰度图像时,图像的通道数为1,在对应的卷积过程中,卷积核的深度也为1。对其做卷积操作,就是利用卷积核在图像上滑动,将图像点上的像素灰度值与对应的卷积核上的数值相乘,然后将所有相乘后的值相加,作为下一层特征图上像素的灰度值,并最终滑动完所有图像的过程。

比如输入一张黑白图片,其像素矩阵为 A,卷积核 B 的大小为 3×3,有

$$A = \begin{bmatrix} 1 & 2 & 2 & 4 & 3 \\ 1 & 3 & 4 & 3 & 1 \\ 2 & 2 & 1 & 3 & 4 \\ 2 & 1 & 2 & 4 & 2 \\ 3 & 2 & 2 & 1 & 1 \end{bmatrix}, \quad B = \begin{bmatrix} 1 & 2 & 3 \\ 1 & 1 & 1 \\ 1 & 2 & 1 \end{bmatrix}$$

当步长为1时:卷积时,卷积核进行如图3-7所示的滑动。

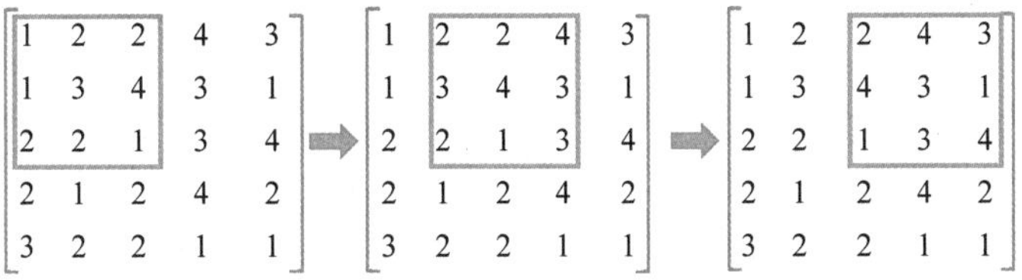

图 3-7 步长为1时,卷积核的滑动轨迹示例

对于在列的滑动和在行的滑动相同。以第一个为例,则可以得到卷积后的结果为

$$1 \times 1 + 2 \times 2 + 3 \times 2 + 1 \times 1 + 1 \times 3 + 1 \times 4 + 1 \times 2 + 2 \times 2 + 1 \times 1 = 26$$

当卷积核滑动完整个原始图片后,便可以得到一个 3×3 的输出矩阵 R

$$R = \begin{bmatrix} 26 & 35 & 38 \\ 30 & 35 & 33 \\ 23 & 27 & 32 \end{bmatrix}$$

当步长为2时,则由上可知,可以得到一个 2×2 的输出矩阵 C

$$C = \begin{bmatrix} 26 & 38 \\ 23 & 32 \end{bmatrix}$$

因此在做卷积之前,必须要确定步长。不同的步长会对应不同的输出结果。当有多个卷积核时,每个卷积核在图片上的卷积过程是一样的。

如果对其进行零填充,层数为1,则可得到矩阵 D

$$D = \begin{bmatrix} 0 & 0 & 0 & 0 & 0 & 0 & 0 \\ 0 & 1 & 2 & 2 & 4 & 3 & 0 \\ 0 & 1 & 3 & 4 & 3 & 1 & 0 \\ 0 & 2 & 2 & 1 & 3 & 4 & 0 \\ 0 & 2 & 1 & 2 & 4 & 2 & 0 \\ 0 & 3 & 2 & 2 & 1 & 1 & 0 \\ 0 & 0 & 0 & 0 & 0 & 0 & 0 \end{bmatrix}$$

当用一个 3×3 的卷积核,以步长为 1 对其进行卷积后,便可以得到一个 5×5 的输出结果。这不仅使得输出在空间上的尺寸和输入一致,也使得输入上每个像素点都被计算多次,减少了图像信息的丢失。

综上所述,可以得到输出特征图的尺寸的计算公式(3-3):

$$o = \frac{W - F + 2P}{S} + 1 \tag{3-3}$$

其中,W 是输入的尺寸,F 是卷积核的尺寸,P 是填充的层数,S 表示步长。当输入图片为正方形时,两个边的输出长度相同,当输入的长、宽不同时,分别用式(3-3)进行计算。

(2) 多通道卷积。

当输入图像为 RGB 三通道的彩色图像时,就要进行多通道卷积。多通道卷积的每个通道对应一个卷积核,如输入 3 个通道,则需要 3 个卷积核,多个通道对应的多个卷积核组成 1 个卷积核组,3 通道输入的深度为 3。如输入为 3 通道,输出要得到 10 个通道的特征图,则需要 10 个卷积核组,共计需要 3×10＝30 个卷积核。

如图 3-8 所示,输入有 4 个通道,同时有 2 个卷积核组 w^1 和 w^2。那么每个通道都会对应一个像素点矩阵,卷积核组的深度也要和输入的通道数相同,即为 4,也就是说,每个通道上都会对应一个二维平面上的卷积核,这 4 个二维平面卷积核上的参数是不一样的。实际卷积的时候,其实就是 4 个二维平面卷积核分别去卷积对应的 4 个通道,然后相加,再加上偏置 b,注意 b 对于这 4 个通道而言是共享的,所以 b 的个数是和最终特征图的个数相同。对于卷积核组 w^1,先在输入 4 个通道分别作卷积,再将 4 个通道的结果加起来,得到 w^1 的卷积输出;卷积核组 w^2 与其类似。所以对于某个卷积层,无论输入有多少个通道,输出通道数总是等于卷积核组的数量。

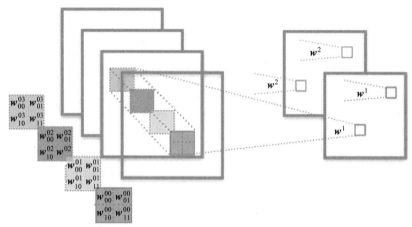

图 3-8　多通道＋多卷积核

(3) 3D 卷积。

前面介绍的卷积操作都是针对一张输入图片,所以也称为 2D 卷积。但是这种方法并没有考虑连续帧之间的运动信息,所以 3D 卷积应运而生。

如图 3-9 所示,3D 卷积是通过堆叠多个连续的帧组成四维张量,然后运用 3D 卷积核组在三个维度滑动,进行卷积操作。在该结构中,卷积层中的每一个特征图都会与上一层中多个邻近的连续帧相连,3D 卷积就是通过这种方式来捕捉运动信息。与 2D 卷积不同的是,输入图像增加了时间维度。在 2D 卷积时,卷积核尺寸为长度×宽度×深度,其深度与输入特征图的深度相同,而在 3D 卷积中,卷积核尺寸为长度×宽度×深度×时间。也就是说,3D 卷积中多了一个在时间维度上的移动。

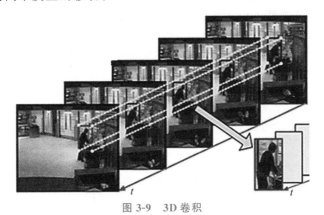

图 3-9　3D 卷积

尽管 3D 卷积可以处理连续帧之间的运动信息,但也带来了计算量和参数量大增的问题,同时还存在训练和应用时连续帧的长度必须固定且一致的问题。

（4）分组卷积。

原始卷积操作中每一个输出通道都与输入的每一个通道相连接,通道之间以稠密方式进行连接。而分组卷积中输入和输出的通道会被划分为多个组,每个组的输出通道只和对应组内的输入通道相连接,而与其他组的通道无关。这种分组(Split)的思想源于 2012 年的 AlexNet,由于它可以减少参数量和计算量,且可以进行分布式运算,提高计算效率,目前已被广泛应用。

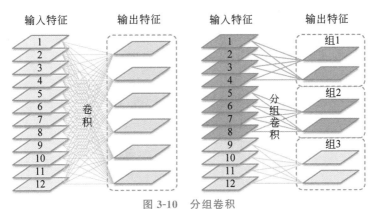

图 3-10　分组卷积

（5）混洗分组卷积。

分组卷积虽然计算高效,但它也存在问题,即每个滤波器分组仅对从前面层的固定部分向后传递的信息进行处理。在图 3-10 中,第 1 个分组仅处理第 1～4 个输入通道向后传递的信息;第 2 个分组仅处理第 5～8 个输入通道向后传递的信息;第 3 个分组仅处理第 9～12 个输入通道向后传递的信息。每个分组的滤波器组就仅限于学习一些特定通道的特征,阻碍了训练期间信息在通道组之间的流动,削弱了特征表示。为了克服这一问题,旷世研究院的研究人员提出了混洗分组卷积(Shuffled Grouped Convolution)。

通道混洗的思路就是混合来自不同滤波器组的信息。图 3-11 显示了应用 3 个滤波器组的第一个分组卷积 GConv1 后所得到的特征映射。将这些特征映射喂养到第二个分组卷积之前,先将每个组中的通道拆分为几个小组,然后再混合这些小组。经过这种混洗,再接着如常执行第二个分组卷积 GConv2。由于经过混洗的层中的信息已经被混合了,本质上是将特征映射层的不同小组喂养给了 GConv2 中的每个组。这样不仅信息可以在通道组间流动,特征表示也得到增强。

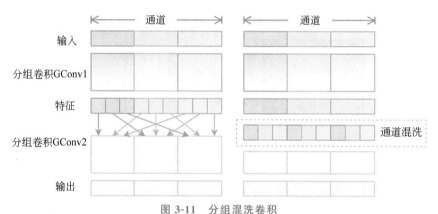

图 3-11　分组混洗卷积

3.2.2　池化层

在卷积神经网络中,通常会在卷积层之间周期性地插入一个池化层(Pooling),也称下采样层(Downsampling),它的作用有 3 个。

(1) 池化层具有特征不变性。也就是在图像处理中经常提到的特征的尺度不变性。池化操作改变的是图像的尺寸,比如,一张猫的图像被缩小了一半,我们还能认出这是一张猫的图像,这说明这张图像中仍保留着猫最重要的特征,我们一看就能判断图像中画的是一只猫,图像压缩时去掉的信息只是一些无关紧要的信息,而留下的信息则具有尺度不变性的特征,也是最能表达图像的特征。图 3-12 为池化操作前后输入输出的变化。

(2) 池化能够对特征进行降维。一幅图像包含的信息量是很大的,特征也很多,但是有些信息

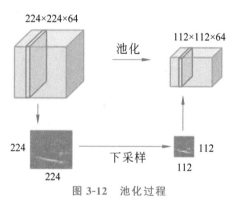

图 3-12　池化过程

对做图像任务没有太多用途,或者有重复,因此可以去除这类冗余信息,把最重要的特征抽取出来,这也是池化操作的作用。

(3) 加入池化层能在一定程度上防止过拟合,更方便优化。

和卷积层类似,池化层上也有滤波器,按照固定步长在池化层的输入图片(即卷积层的输出图片)上滑动,进行池化操作。不同的是,池化层上的滤波器更类似一个空间窗口,其上并没有数值。常用的池化操作有最大池化(Max-pooling)、平均池化(Mean-pooling)等。

以最大池化为例,假设输入的原始图片经过卷积层后,输出图像的像素矩阵如图 3-13

左侧 4×4 矩阵所示,滤波器的尺寸为 2×2,步长为 2,则池化后的结果如右侧 2×2 矩阵所示。

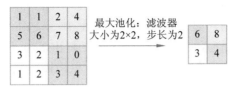

图 3-13　最大池化结果

平均池化与最大池化类似,不同的只是最大池化取的是最大值,而平均池化取的是平均值,这里不再赘述。

其实,在只考虑降维的条件下,下采样同样也可以达到目的。而采用池化的主要目的,是利用最大池化和平均池化,使特征提取拥有"平移和旋转不变性"。也就是说,即使在图像有了几个像素的位移的情况下,依然可以获得稳定的特征集合。

除了上面介绍的针对特征图局部区域进行池化的操作外,研究人员还提出了针对整个特征图进行的池化操作,称为全局池化,也分为全局最大值池化(Global Max-pooling,GMP)和全局平均池化(Global Average pooling,GAP)。

全局池化将一个特征图变为一个数值,GMP 提取特征图的最大值,GAP 融合特征图的所有特征,常将 GMP 和 GAP 的结果并接后用于通道注意力和空间注意力中,提高 CNN 的性能;将每张特征图的 GAP 结果并接,取代全连接层,可以大大减少网络的参数量,提高 CNN 的运行效率。

用 3D 卷积处理视频信息大大增加了 CNN 的参数量和计算量,且要求视频帧的长度必须固定,使其难以应用。为了解决这个问题,研究人员提出了时间池化的概念,要求在 CNN 中增加一个时间池化层,在时间池化层中先存储使用 2D 卷积和局部池化处理过的连续视频帧,每一帧得到一张特征图,然后对所有特征图按时间维度对应的像素做池化操作,即进行最大值池化或均值池化(可同时都做结果并接使用),得到融合了连续帧像素信息且消除了时间维度的常规特征图,用于后续处理。通过加入时间池化层,CNN 使用 2D 卷积可以直接处理连续的视频帧,解决了 3D 卷积的问题,这已成为使用 CNN 处理视频问题的常用手段,但所使用硬件设备必须有更大的内存。

3.2.3　全连接层

卷积层提取的是输入图片的局部特征,全连接层则是把提取到的局部特征重新排列为一维向量。全连接层将局部特征中的每一个点与输出向量中的每一个点都互相连接起来,并且让每个连接都具有独立的权值,所以称为全连接。

在卷积神经网络中,全连接层充当网络的分类器。如果说卷积层和池化层是将原始数据映射到隐层特征空间,全连接层则是经过卷积层和池化层操作后对结果进行总结,再次进行类似模板匹配的工作,抽象出全连接层神经元个数的特征存在的概率大小。

在卷积神经网络结构中,一般会包含若干全连接层。全连接层可以整合卷积层或者池化层中具有类别区分性的局部信息。为了提升卷积神经网络的网络性能,全连接层上会有激活函数对每个神经元进行优化,一般采用 ReLU 函数。最后一层全连接层的输出值被传递给一个输出,可以采用 Softmax 进行分类,该层也可称为 Softmax 层。

当输入一个三维张量,经过卷积层和池化层处理后,输出的也是一个三维张量,如果此时再经过一个全连接层,输出的则会是一个向量序列。其实可以理解为在全连接层上对输入做了一个卷积。当输入图片的维度为 $3 \times 3 \times 5$ 时,如图 3-14 所示,用一个 $3 \times 3 \times 5$ 的卷积核组对输入图片做卷积处理,对每个卷积核卷积的输出求和,就可以得到全连接层的一个神经元的输出。这个输出是一个值,因此,有多少个卷积核组,全连接层就会有多少个神经元的输出,组合在一起就可以得到全连接层的输出,也就是一个向量序列。

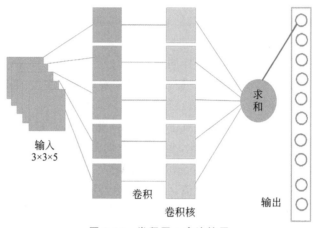

图 3-14　卷积层→全连接层

如果将特征图中的每个像素看作 1 个特征图,卷积核组中的卷积核大小取为 1×1,个数等于所有特征图中的像素总数,将特征图拉成矢量并串接起来,再对特征图进行卷积操作,其效果与全连接层的操作一致,所以全连接有时又称为 1×1 卷积。

当然,如果不将特征图拉成矢量,卷积核组中的卷积核个数等于特征图的数量,1×1 卷积起的是非线性变换、降维或升维(改变特征图的数量)作用。

全连接层把特征重新整合在一起,大大减少了特征位置对分类带来的影响。如图 3-15 所示,尽管猫在不同的位置,但输出的特征值是相同的。对于全连接层上的卷积核来说,不管特征位于图上的哪个位置,只要能检测到就行。

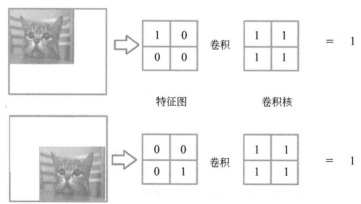

图 3-15　特征在图中的位置对全连接层的卷积核并无影响

举一个例子说明全连接层如何实现,以及多层全连接层是怎么连接的。现假设任务是
识别一张图片,如图 3-16 所示。

经过卷积、池化、激活等层,现已提取了图 3-17(a)所示的
局部特征,且已到达了第一层全连接层,并激活符合特征存在
的部分神经元,该连接层是一维的,而这个层的作用就是根据
提取到的局部特征进行相关组合,并输出到第二个全连接层
的某个神经元处,经过组合可以知道这是狗的头。现在往后
走一层到第二层全连接层,假设狗的身体的其他部位特征也
都被上述类似的操作提取和组合出来,则当找到这些特征时,

图 3-16 示例图片

相应神经元就被激活了,此时再将图 3-17(b)中的特征进行组合,并输出到输出层,经过
Softmax 函数进行分类,得出结论:这是只狗。

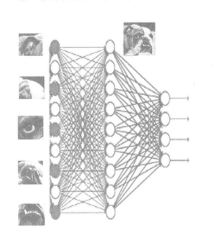

(a) 全连接层:识别出狗的头

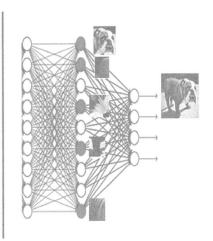

(b) 全连接层:识别其他特征,融合识别

图 3-17 全连接层识别狗的过程

Softmax 函数(Softmax$(i) = e^i / \Sigma e^i$,i 代表网络第 i 个输出神经元的输出,分母是全部
输出神经元的输出取指数后求和)常用于多分类过程中,它将人工神经网络模型的输出神经
元的输出映射到(0,1)(可将其看成属于相应类别的概率),从而实现多分类。

3.2.4 卷积神经网络的训练

卷积神经网络的训练直接采用第 2 章介绍的 BP 算法,只需注意各层神经元的连接关
系和共享特性。

卷积神经网络之所以在处理图像信息时取得好的效果,主要是所掌握的训练数据的量
非常大。训练它的 BP 算法通常采用随机梯度下降法,与常规的梯度下降法不同的是,要累
积一个批次的数据后再计算梯度,进行参数更新。由于梯度下降法的梯度会随着网络层数
的增加出现"梯度消失"或"梯度爆炸"问题(在循环神经网络中这种现象更严重,它们的介绍
在 4.2.3 节),在卷积神经网络中通常采用批正则化(Batch Normalization,BN)解决这个
问题。

BN 针对卷积网络的每个神经元,使数据在进入激活函数之前,沿着通道计算每个批次

的均值、方差,"强迫"数据保持均值为 0、方差为 1 的正态分布,避免发生梯度消失。BN 多用在全连接层或卷积操作之后、激活函数之前。图 3-18 给出了 BN 的计算过程和图示。BN 中的参数可在使用 BP 算法训练时确定。

输入: 一小批次 x 的值: $\beta = \{x_1, x_2, \cdots, x_m\}$;

被学习的参数: $\gamma,\ \beta$

输出: $\{y_i = BN_{\gamma},\ \beta(x_i)\}$

$$\mu_\beta \leftarrow \frac{1}{m}\sum_{i=1}^{m} x_i \qquad //计算小批次均值$$

$$\sigma_\beta^2 \leftarrow \frac{1}{m}\sum_{i=1}^{m}(x_i - \mu_\beta)^2 \qquad //计算小批次方差$$

$$\hat{x}_i \leftarrow \frac{x_i - \mu_\beta}{\sqrt{\sigma_\beta^2 + \epsilon}} \qquad //尺度变换和平移$$

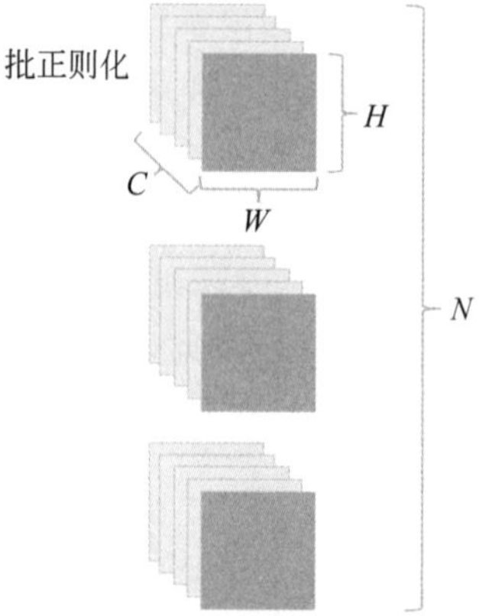

图 3-18　BN 的计算过程和图示

批正则化的优势与局限如下。

1)优势

(1)极大提升了训练速度,收敛过程大大加快。

(2)增加分类效果,一种解释是这是类似 Dropout 的一种防止过拟合的正则化表达方式,所以不用 Dropout 也能达到相当好的效果。

(3)调参过程也简单多了,对于初始化要求没那么高,而且可以使用大的学习率等。

2)局限

(1)每次是在一个批次上计算均值、方差,如果批次太小,则计算的均值、方差不足以代表整个数据分布。

(2)批次太大,会超过内存容量,需要跑更多的 Epoch,导致总训练时间变长。这样会直接固定梯度下降的方向,导致很难更新。

(3)不适用于动态网络结构和 RNN。

3.3　卷积神经网络经典模型

经典的 LeNet 诞生于 1998 年,但之后 CNN 的锋芒开始被支持向量机(Support Vector Machine,SVM)等手工设计的分类器盖过。随着 ReLU 和 Dropout 的提出,CNN 在 2012 年迎来了历史突破——AlexNet,从此 CNN 呈现爆炸式发展。

从 2012 年开始,深度神经网络以惊人的速度发展,每年的大规模图像视觉识别挑战赛(ImageNet Large Scale Visual Recognition Challenge,ILSVRC)都被深度神经网络刷榜,模型越来越深,Top-5 的错误率也越来越低,深度神经网络模型的识别能力已经超越了人眼的识别能力(人眼识别错误率为 5.1% 左右,而 2017 年的 SE-Net+ResNet 模型识别错误率为 2.25% 左右)。

本节主要介绍 LeNet、AlexNet、VGGNet、GoogleNet、ResNet、DenseNet、SE-Net。

LeNet 是 Yann LeCun 于 1998 年提出的,用于解决手写数字识别的视觉任务。自那时起,CNN 最基本的架构就定下来了:卷积层、池化层、全连接层。1998 年的 LeNet-5 意味着 CNN 的真正面世,但这个模型在后来的一段时间并未大量使用,主要原因是当时计算机的计算能力还不够,效率过低,且其他算法(SVM)也能达到类似效果甚至更好。虽然如此,LeNet 仍具有巨大贡献:它定义了 CNN 的基本结构,可称为 CNN 的鼻祖。

AlexNet 在 2012 年 ILSVRC 竞赛中以超过第二名识别准确率 10.9% 的绝对优势一举夺冠,从此深度学习和卷积神经网络声名鹊起。正因为其效果好,备受大量研究人员及学者的关注。

VGGNet 是牛津大学 VGG(Visual Geometry Group)提出的,是 2014 年 ILSVRC 竞赛定位任务第一名和分类任务第二名的基础网络。VGGNet 可以看成是加深版本的 AlexNet。当时已经是很深的网络,层数达到十多层。VGGNet 探索了 CNN 的深度及其性能之间的关系,并成功构建了 VGG16 和 VGG19 层的卷积神经网络。

Google Inception Net 首次出现在 ILSVRC 2014 比赛中(与 VGGNet 同年),以较大的优势夺得冠军之位。该年的模型称为 Inception V1,特点是控制了计算的参数量,同时拥有非常好的性能。它的 Top-5 错误率为 6.67%,这主要归功于 GoogleNet 中引入一个新的网络结构 Inception 模块,这之后还有改进版本,后文将介绍。

在 ImageNet 上,随着误差的降低,网络的深度呈现加深的趋势,在 ResNet 之前,很少有超过 20 层的网络。2015 年,何恺明推出的 ResNet 在图像分类比赛上获得冠军。ResNet 在网络结构上做了大规模创新,不再是简单的堆积层数。ResNet 在卷积神经网络上的新思路可以说是深度学习发展历程上的里程碑。

DenseNet 提出之前,卷积神经网络提高效果的方向,要么深(比如 ResNet,解决了网络深时候的梯度消失问题),要么宽(比如 GoogleNet 的 Inception)。而 DenseNet 则是从特征入手,通过对特征的极致利用达到更好的效果和更少的参数。

2017 年,最后一届 ILSVRC 图像分类比赛冠军 SE-Net 从特征通道之间的关系入手,显式地构建特征通道之间的相互依赖关系。它让网络利用全局信息有选择地增强有益特征通道,并抑制无用特征通道,从而实现特征通道的自适应校准。

本节将对部分经典网络结构进行拓展介绍。

3.3.1 LeNet-5 网络

LeNet-5 模型是 Yann LeCun 于 1998 年在论文 *Gradient-based Learning Applied to Document Recognition* 中提出的,它是第一个成功应用于手写数字识别问题的卷积神经网络。

LeNet-5 模型一共有 7 层,图 3-19 展示了 LeNet-5 模型的架构。

LeNet-5 主要有 2 个卷积层、2 个下采样层(池化层)、3 个全连接层。

1. 卷积层

卷积层采用的都是 5×5 大小的卷积核/滤波器(Kernel/Filter),且卷积核每次滑动一个像素(Stride=1),一个特征图使用同一个卷积核。每个上层节点的值乘以卷积核中相应位置上的参数(实质为网络的连接权),把这些乘积及一个偏置参数相加得到一个和,把该和输入激活函数,激活函数的输出即是下一层节点的值。

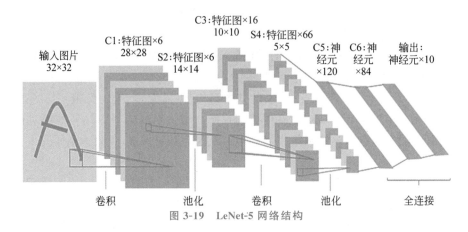

图 3-19　LeNet-5 网络结构

2. LeNet-5 的下采样层(Pooling 层)

下采样层采用的是 2×2 的输入域,即上一层的 4 个节点作为下一层 1 个节点的输入,且输入域不重叠,即每次滑动 2 个像素。每个下采样节点的 4 个输入节点求和后取平均(平均池化)值,平均值乘以一个参数,加上一个偏置参数作为激活函数的输入,激活函数的输出即是下一层节点的值。

LeNet-5 的每一层具体情况如下。

第 1 层,卷积层:原始的图像像素为 32×32×1。第一个卷积层的卷积核尺寸为 5×5,深度为 6,不使用全 0 填充,步长为 1。

第 2 层,池化层:输入为第 1 层的输出,是一个 28×28×6 的节点矩阵。本层采用的卷积核大小为 2×2,长和宽的步长均为 2。

第 3 层,卷积层:输入为第 2 层的输出,使用的卷积核为 3×3,深度为 16,本层不使用全 0 填充,步长为 1。

第 4 层,池化层:输入为第 3 层的输出。本层采用的卷积核大小为 2×2,长和宽的步长均为 2。

第 5 层,全连接层:本层的输入矩阵大小为 3×3×16,是第 4 层输出,本层的输出节点个数为 120。

第 6 层,全连接层:本层的输入节点个数为 120 个,输出节点个数为 84 个。

第 7 层,全连接层:本层的输入节点个数为 84 个,输出节点个数为 10。

LeNet-5 的训练算法采用传统的 BP 算法进行训练。

3.3.2　AlexNet 网络

AlexNet 是 2012 年 ILSVRC 冠军 Hinton 和他的学生 Alex Krizhevsky 设计的,AlexNet 的出现也使得 CNN 成为图像分类的核心算法模型。其官方提供的数据模型,准确率 Top-1 达到 57.1%,Top-5 达到 80.2%。这相对于传统的机器学习分类算法已经相当出色。其网络结构如图 3-20 所示,因为采用两台 GPU 服务器,所以会看到两路网络。

AlexNet 模型共有 8 层,其中包括 5 个卷积层和 3 个全连接层,每一个卷积层都包含 ReLU 激活函数和局部相应归一化(Local Response Normalization,LRN)处理,最后再经过下采样处理,下面将针对每一层进行详细分析。

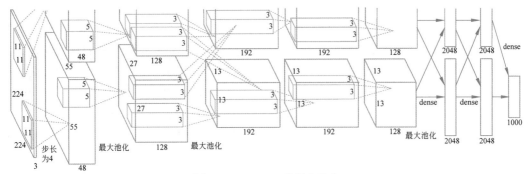

图 3-20 AlexNet 的网络结构

1. 卷积层 1

输入的图像是彩色图片(RGB图像),图像尺寸为 224×224×3,经过预处理后变为 227×227×3,卷积核数量为 96,两片 GPU 分别计算 48 个,对应生成 2 组 55×55×48 卷积后的特征图数据,经过 ReLU 激活函数单元的处理生成激活特征图,尺寸不变;卷积核大小为 11×11,采用局部连接,每次连接 11×11 大小的区域,从而得到新的特征,然后在此基础上卷积,再次得到新特征,即为将传统全连接的浅层次神经网络,通过加深神经网络层次,权值共享,逐步扩大局部视野(类似金字塔的形状),最后达到全连接的效果。这种方法可以节省内存。

通过使用 ReLU 激活函数来保证特征图的值在合理范围内,如{0,1}{0,255},经过 ReLU 单元的处理生成激活特征图,尺寸仍为 2 组 55×55×48 的特征图数据。

特征图经过最大池化处理,池化后的像素规模为 27×27×96。

经过归一化处理(尺寸为 5×5),第一层卷积运算结束后特征图的规模为 27×27×96,分别对应 96 个卷积核,分为 2 组,每组有 48 个特征图,并在一个独立的 GPU 上运算。

2. 卷积层 2

在第二个卷积层中,使用 256 个 5×5 大小的滤波器,对 27×27×96 个特征图进行进一步特征提取。为便于后续处理,第一层每个特征图的左右两边和上下两边都要填充 0。27×27×96 的像素数据分解成 27×27×48 的 2 组数据,2 组数据在 2 个 GPU 中计算。每组像素数据被 5×5×48 的卷积核进行卷积运算,卷积核对每组数据的每次卷积都生成一个新的像素。最后会生成 2 组 27×27×128 个卷积后的特征图。

这些特征图经过 ReLU 单元的处理生成激活特征图,尺寸仍为 2 组 27×27×128 的特征图。

经过最大池化的处理,池化运算的尺度为 3×3,运算的步长为 2,则池化后图像的尺寸为 13,即池化后像素的规模为 2 组 13×13×128 的特征图。

最后经过尺寸为 5×5 的归一化处理,第二卷积层运算结束后形成的特征图的规模为 2 组 13×13×128 的特征图,分别由 2 组 128 个卷积核运算形成,每组在一个 GPU 上运算,即共 256 个卷积核,共在 2 个 GPU 中运算。

3. 卷积层 3

第三卷积层没有使用池化层,只有一个卷积层和一个激活函数。

输入数据为第二层输出的 2 组 13×13×128 的特征图;为便于后续处理,每幅特征图的左右两边和上下两边都要填充 0;2 组特征图都被送至 2 个不同的 GPU 中运算。每个 GPU 中都有 192 个卷积核,每个卷积核的尺寸是 3×3×256。因此,每个 GPU 中的卷积核都能对 2 组 3×3×128 的特征图的所有数据进行卷积运算。卷积核对每组数据的每次卷积都生成一个新的像素。运算后的卷积核的尺寸为 13(13 个像素减去 3,正好是 10,上下、左右各填充的 1 个像素,即生成 12 个像素,再加上被减去的 3 也对应生成一个像素),每个 GPU 有 13×13×192 个卷积核。2 个 GPU 共含 13×13×384 个卷积后的特征图。

这些特征图经过激活函数 ReLU,尺寸仍为 2 组 13×13×192 特征图,共 13×13×384 个特征图。

4. 卷积层 4

本卷积层没有使用池化下采样层,这一层的内容与第 3 层一致,此处不再赘述。

5. 卷积层 5

输入数据为 2 组 13×13×192 的特征图;每幅特征图的左右两边和上下两边都要填充 0;2 组特征图都被送至 2 个不同的 GPU 中运算。每个 GPU 中都有 128 个卷积核,每个卷积核的尺寸是 3×3×192。所以,每个 GPU 中的卷积核能对 1 组 13×13×192 的特征图的数据进行卷积运算。运算后的特征图的尺寸为 13(上下、左右各填充的 1 个像素,共生成 13 个像素),每个 GPU 有 13×13×128 个特征图。2 个 GPU 共有 13×13×256 个卷积后的特征图。卷积核对每组数据的每次卷积都生成一个新的像素。

这些特征图经过激活函数 ReLU 单元处理,尺寸仍为 2 组 13×13×128 特征图,共 13×13×256 个特征图。

2 组 13×13×128 特征图分别在 2 个不同的 GPU 中进行池化(最大池化)处理。池化运算尺寸为 3×3,步长为 2,池化后图像的尺寸为 (13−3)/2+1=6。即池化后像素的规模为两组 6×6×128 的特征图数据,共 6×6×256 规模的特征图数据。

6. 全连接层 6

简单来说,Dropout 就是在向前传播的过程中,让某个神经元的激活值以一定的概率 p 使其停止工作。

输入数据的尺寸为 6×6×256,采用同样尺寸的滤波器对输入数据进行卷积运算;每个 6×6×256 的滤波器对输入数据进行运算,生成一个结果,并通过一个神经元输出;共通过 4096 个神经元输出运算结果;这 4096 个运算结果通过激活函数生成 4096 个值。

在 Dropout 中,训练时以 0.5 的概率使隐层的某些神经元的输出为 0,这样就丢掉了一半节点的输出,反向传播的过程中也不更新这些节点。通过 Dropout 运算后输出 4096 个本层的输出结果值。

7. 全连接层 7

输入的 4096 个数据与第 7 层的 4096 个神经元进行全连接;操作与上一层相同,由激活函数处理后生成 4096 个数据;最后经过 Dropout 处理后输出 4096 个数据(概率同样是 0.5)。

8. 全连接层 8

第 7 层输出的数据与第 8 层的 1000 个神经元进行全连接。第 8 层的神经元个数就是分类的类别数。

AlexNet 之所以能在当时有着优秀的识别结果,大致归因于以下几点。

（1）使用了 ReLU 激活函数。

基于 ReLU 的深度卷积网络比基于 Tanh 和 Sigmoid 的网络训练快数倍。

（2）局部响应归一化。

提高精度，对局部神经元创建了竞争机制，使得其中响应小的值变得更大，同时抑制反馈较小的响应。

（3）Dropout。

Dropout 可以有效防止神经网络的过拟合，通过修改神经网络本身的结构来实现。对于某一层神经元，通过事先定义的概率来随机删除一些神经元，同时保持输入层与输出层神经元的个数不变，然后按照神经网络的学习方法进行参数更新。在下一次迭代中，重新随机删除一些神经元，直至训练结束。

（4）数据增强（Data Augmentation）。

在深度学习中，一般有 4 种解决数据量不够大的方法。

① Data Augmentation，即人工增加训练集的大小。通过平移、翻转、加噪声等方法从已有数据中创造出一批"新"的数据。

② Regularization。数据量比较小会导致模型过拟合，使得训练误差很小而测试误差特别大。通过在损失函数后面加上正则项，抑制过拟合的产生。缺点是引入了一个需要手动调整的超参数。

③ Dropout。它也是一种正则化手段。不过与以上不同的是，它通过随机将部分神经元的输出置 0 来实现。

④ Unsupervised Pre-training。用自动编码器或受限玻尔兹曼机（Restricted Boltzmann Machine，RBM）的卷积形式一层一层地作自监督预训练，最后加上分类层作有监督的微调。

3.3.3 VGGNet 网络

VGGNet(Visual Geometry Group)是由牛津大学计算机视觉组和谷歌 DeepMind 公司研究员一起研发的深度卷积神经网络。VGGNet 和 GoogleNet 同在 2014 年参赛，在图像分类任务中，GoogleNet 排名第一，VGGNet 排名第二，它们都是十分有意义的网络结构。

VGGNet 的提出，证明了用尺寸很小的卷积(3×3)来增加网络深度能够有效提升模型的效果，且此网络对其他数据集有较好的泛化能力，同时证明了增加网络的深度能够在一定程度上提升网络最终的性能。VGGNet 有两种结构，分别是 VGG16 和 VGG19，两者除了网络深度不一样，本质并没有什么区别。其中，VGG16 是最常用的。各种网络结构如图 3-21 所示，VGGNet 把网络分成了 5 段，每段都把多个 3×3 的卷积层串联在一起，每个卷积层后面接一个最大池化层，最后 3 个是全连接层和一个 Softmax 层。

VGGNet 使用的卷积核全部为 3×3，池化核全部为 2×2，以不断加深网络的方法来提升性能。卷积网络深度的增加不会导致参数量爆炸式地增长，因此参数主要集中在后 3 个全连接层中。相对于 2012 年的 AlexNet，VGGNet 的一个改进是采用连续的 2×2 小卷积核代替 AlexNet 中较大的卷积核(AlexNet 采用了 11×11、7×7 与 5×5 大小的卷积核)。2 个 3×3 步长为 1 的卷积核的叠加，其感受野相当于一个 5×5 的卷积核。3 个 3×3 的卷积层串联相当于一个 7×7 的卷积层，同时 3 个 3×3 的卷积层参数量只有一个 7×7 卷积层数

ConvNet Configuration					
A	A-LRN	B	C	D	E
11 weight layers	11 weight layers	13 weight layers	16 weight layers	16 weight layers	19 weight layers
输入(224×224 RGB 图像)					
conv3-64	conv3-64 **LRN**	conv3-64 **conv3-64**	conv3-64 conv3-64	conv3-64 conv3-64	conv3-64 conv3-64
最大池化					
conv3-128	conv3-128	conv3-128 **conv3-128**	conv3-128 conv3-128	conv3-128 conv3-128	conv3-128 conv3-128
最大池化					
conv3-256 conv3-256	conv3-256 conv3-256	conv3-256 conv3-256	conv3-256 conv3-256 **conv1-256**	conv3-256 conv3-256 **conv3-256**	conv3-256 conv3-256 conv3-256 **conv3-256**
最大池化					
conv3-512 conv3-512	conv3-512 conv3-512	conv3-512 conv3-512	conv3-512 conv3-512 **conv1-512**	conv3-512 conv3-512 **conv3-512**	conv3-512 conv3-512 conv3-512 **conv3-512**
最大池化					
conv3-512 conv3-512	conv3-512 conv3-512	conv3-512 conv3-512	conv3-512 conv3-512 **conv1-512**	conv3-512 conv3-512 **conv3-512**	conv3-512 conv3-512 conv3-512 **conv3-512**
最大池化					
FC-4096					
FC-4096					
FC-1000					
Softmax					

图 3-21　VGGNet 的网络结构

量的一半左右,并且前者可以有 3 个非线性操作,而后者只有 1 个。总之,层数的增加使网络的非线性增强,因而网络能够学习更复杂的数据,并且使用小卷积核时参数数量更少。因此 VGGNet 对于特征的学习能力更强。

3.3.4　其他几种经典网络的基本结构

LeNet-5、AlexNet、VGGNet 属于早期的网络结构。它们都是通过加深网络、修改卷积核大小等手段来提升性能。虽然这 3 个网络模型的性能有所提高,但是网络的结构仍然是卷积—池化串联的方式。增加网络层数的方式虽然在一定程度上能够增强模型的性能,但是当网络的层数已经很多时,继续增加网络层数并不能提高模型的性能。因此,Inception、ResNet、DenseNet、SE-Net 等模块的提出在一定程度上避免了这种问题,通过模块与模块的不断堆叠,组成了 Inception、ResNet、DenseNet 等经典网络。本节主要介绍 Inception、ResNet、DenseNet、SE-Net 等模块的基本结构。

1. Inception

(1) Inception v1。

Inception 网络在 ILSVRC14 中达到了当时最好的分类和检测性能。这个架构的主要特点是能够更好地利用网络内部的计算资源。要实现这一特点,需要设计一个网络,在保持计算预算不变的前提下,允许增加其深度和宽度。图 3-22 所示是原始的 Inception。

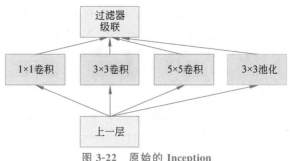

图 3-22　原始的 Inception

这样的深度神经网络计算成本很大,因此另一种方法使用了 1×1 卷积来降维。在 3×3 和 5×5 卷积层前添加额外的 1×1 卷积层,来限制输入信道的数量。1×1 卷积比 5×5 卷积要简单得多,而且输入信道数量减少也有利于降低计算成本。务必要注意的是,1×1 卷积是在最大池化层之后,而不是之前,如图 3-23 所示。

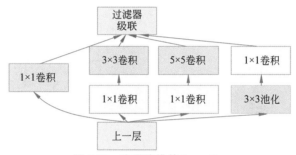

图 3-23　实现降维的 Inception

（2）Inception v2。

Inception v2 和 Inception v3 来自同一篇论文 *Rethinking the Inception Architecture for Computer Vision*,作者提出了一系列能够增加准确度和减少计算复杂度的修正方法。

这一模型的创新点是加入了批量归一化(Batch Normalization,BN)层,减少了内协变量位移(Internal Covariate Shift,ICS),使每一层的输出都规范化到一个 $N\sim(0,1)$ 的高斯分布,从而增加了网络的鲁棒性,使训练速度更快,收敛更快。在模型中,用 2 个连续的 3×3 卷积代替了 5×5 卷积,从而实现网络深度增加,整体加深了 9 层。但与此同时,这种做法也存在缺点,权重参数增加了 25% 以及 30% 的计算代价。图 3-24 给出了这一改进。

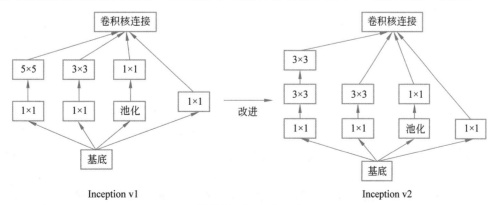

图 3-24　Inception v2

此外,该方法将 $n \times n$ 的卷积核尺寸分解为 $1 \times n$ 和 $n \times 1$ 两个卷积。例如,一个 3×3 的卷积等价于首先执行一个 1×3 的卷积,再执行一个 3×1 的卷积。同时这种方法的成本要比单个 3×3 的卷积降低 33%,这一结构如图 3-25 所示。

此处如果 $n = 3$,则与上一张图一致。最左侧的 5×5 卷积可被表示为两个 3×3 卷积,它们又可以被表示为 1×3 和 3×1 卷积。

模块中的卷积核个数增加(即变得更宽而不是更深),以增加特征表达能力。如果该模块没有被拓展宽度,而是变得更深,那么维度会过度减少,造成信息损失,如图 3-26 所示。

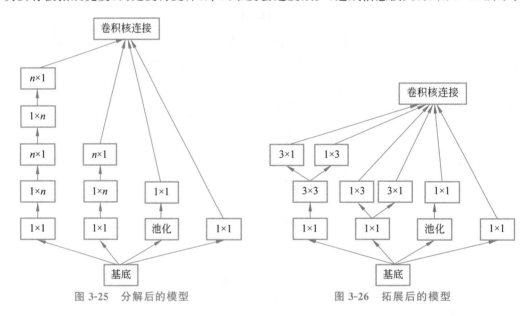

图 3-25　分解后的模型　　　　图 3-26　拓展后的模型

(3) Inception v3。

该模块在 Inception v2 的基础上做了升级,并使用了 RMSProp 优化器,辅助分类器使用了批正则化(BN),标签平滑(添加到损失公式的一种正则化项,旨在阻止网络对某一类别过分自信,即阻止过拟合)。

将 7×7 卷积分解为 1×7 和 7×1 的一维卷积,3×3 也分解为 1×3 和 3×1,既可以增加计算速度,又可以将一个卷积层拆成两个卷积层,使网络加深。同时网络输入从 224×224 增加到 229×229。

(4) Inception v4。

Inception v4 在 2015 年提出,大部分沿用了之前 v1、v2 的结构,主要是为分片训练考虑。2015 年 Tensorflow 还没有出现,分片训练时需要考虑各个机器上计算量的平衡来缩短总的训练时间,因此设计结构时会受到限制。2016 年,Tensorflow 开始广泛使用,其在内存的占用上作了优化,所以便不再需要采取分片训练,在这一基础上,Inception 网络作了优化,于是就有了 Inception v4。图 3-27 所示为 Inception v4 的基本模块。

(a)图使用 $1 \times n$ 和 $n \times 1$ 卷积代替 $n \times n$ 卷积,同样使用平均池化,它主要处理尺寸为 17×17 的特征图;(b)图在原始的 8×8 处理模块上将 3×3 卷积分解为 1×3 卷积和 3×1 卷积。

Inception 的主要贡献是提出了通过不同大小的卷积核处理同一特征图,构造具有多通

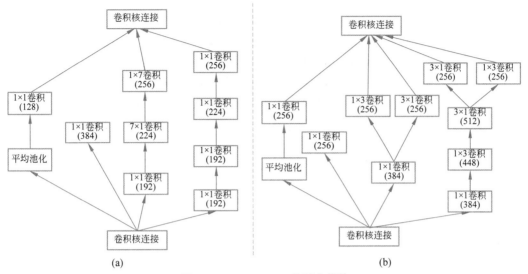

图 3-27　Inception v4 的基本模块

路且有不同大小感受野的统一模块,搭建 CNN 框架的思想。

2. ResNet

ResNet 引入了残差网络结构(Residual Network)。这种残差网络结构可以在加深网络层数的同时得到非常不错的分类效果。残差网络的基本结构如图 3-28 所示,可以很明显地看出该模型网络层级间的跳跃结构。

残差网络借鉴了高速网络(Highway Network)的跨层连接思想,并在此基础上改善,残差项原本是带权值的,但是 ResNet 用恒等映射作为替代。

假定某段神经网络的输入是 x,期望输出是 $H(x)$
(即 $H(x)$ 是期望的复杂潜在映射),要训练这样的模

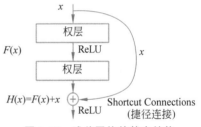

图 3-28　残差网络的基本结构

型,难度无疑很大。如果一个网络已经经过训练,且能够达到较饱和的准确率(或者当发现下层的误差变大时),接下来的重点就变成了恒等映射的学习,也就是使输入 x 近似输出 $H(x)$,以保持在后面的层次中不会造成准确率下降。

在图 3-28 的残差网络结构图中,通过 Shortcut Connections(捷径连接)直接把输入 x 传到输出,作为初始结果,输出结果为 $H(x)=F(x)+x$,当 $F(x)=0$ 时,$H(x)=x$,也就是前面提到的恒等映射。于是,ResNet 相当于改变学习目标,不再学习完整的输出,转而学习目标值 $H(x)$ 和 x 的差值,也就是所谓的残差 $F(x)=H(x)-x$。因此,后续训练目标就是要将残差结果逼近 0,以此来保证随网络加深的同时准确率并不下降。

这种残差跳跃式结构打破了传统神经网络 $n-1$ 层的输出只能给 n 层作为输入的惯例,使某一层的输出可直接跨层作为后面某层的输入,其意义在于为叠加多层网络,使得整个模型识别错误率不降反升的难题提供了新的研究方向。这一思想的提出使得神经网络的层数可超越临界数目,达到几十层、几百层甚至上千层,为高级语义特征提取和分类提供了可行性研究思路。

3. DenseNet

ResNet 的核心是建立前面层与后面层之间的"跳跃连接"（Skip Connection），这有助于训练过程中梯度的反向传播，从而训练出更深的 CNN 网络。DenseNet 的基本思路与 ResNet 一致，但是它建立的是前面所有层与后面层的密集连接（Dense Connection），它的名称也是由此而来。DenseNet 的另一大特色是通过特征在通道上的连接实现特征重用（Feature Reuse）。这些特点让 DenseNet 在参数和计算成本更少的情形下实现比 ResNet 更优的性能，DenseNet 也因此斩获 CVPR 2017 的最佳论文奖。

DenseNet 结构如图 3-29 所示。

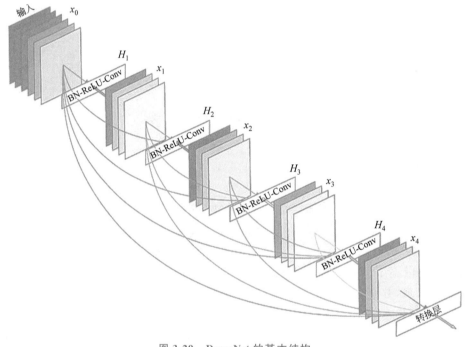

图 3-29   DenseNet 的基本结构

相比 ResNet，DenseNet 提出了一个更激进的密集连接机制：即互相连接所有的层，具体就是每个层都会接受其前面所有层作为其额外输入。图 3-29 为 DenseNet 的密集连接机制。可以看出，ResNet 是每个层与前面的某层（一般是 2～3 层）跳跃连接在一起，连接方式是通过元素级相加；而在 DenseNet 中，每个层都会与前面所有层在通道维度上连接（Concat）在一起（这里各个层的特征图大小是相同的），并作为下一层的输入。这种密集连接相当于每一层都直接连接输入和损失，因此就可以减轻梯度消失现象。对于一个 L 层的网络，DenseNet 共包含 $L \times (L+1)/2$ 个连接，相比 ResNet，这是一种密集连接。而且 DenseNet 是直接连接来自不同层的特征图，这可以实现特征重用，提升效率，这是 DenseNet 与 ResNet 最主要的区别。DenseNet 缓解了梯度消失问题，加强特征传播，鼓励特征复用，极大地减少了参数量。

4. SE-Net

SE-Net 与 ResNext-154 相结合，以极高的准确率获得了最后一届 ILSVRC 图像分类比赛的冠军，有兴趣的读者可以阅读论文 *Squeeze-and-Excitation Networks*。该模块如图 3-30 所示。

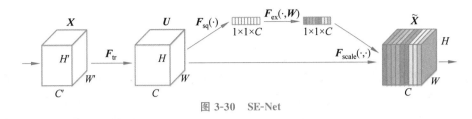

图 3-30　SE-Net

SE-Net 的核心是挤压（Squeeze）和激励（Excitation）两个操作。

挤压操作就是对经过普通卷积层后得到 C 个通道的特征图采用全局平均池化，实际上是对特征图的压缩，顺着空间维度进行特征压缩，使得 $M \times N$ 尺寸的特征图压缩为一个点，即每个二维的特征通道变成一个实数，这个实数在某种程度上具有全局的感受野，最终使 C 个通道的特征图压缩为长度为 C 的一维矢量，输出的维度和输入的特征通道数相匹配，如图 3-30 中 $\boldsymbol{F}_{sq}$ 就是挤压操作。一般 CNN 中每个通道学习的滤波器都对局部感受野进行操作，因此每个特征图都无法利用其他特征图的上下文信息，而且网络较低层次上的感受野的尺寸都是很小的，这样情况就会更严重。而特征图可以被解释为局部描述子的集合，这些描述子的统计信息对于整个图像来说是有表现力的。SE-Net 选择最简单的全局平均池化操作，使其具有全局的感受野，表征着在特征通道上响应的全局分布，使得网络低层也能利用全局信息。

激励操作是为了全面捕获通道依赖性，通过参数来为每个特征通道生成权重，其中参数被学习用来显式地建模特征通道间的相关性。即利用激励操作 $\boldsymbol{F}_{ex}$ 生成关于每一个特征图全局信息的一维向量，为了限制模型复杂度和辅助泛化，再引入两个全连接层（也可以看作是 1×1 的卷积层），然后经过一个 ReLU 激活函数，其后再通过一个全连接层，Sigmoid 作为激活函数，最后得到一个长度为 C（通道数）的向量，得到最终输出。

最后是一个加权的操作，将激励操作输出的权重看作是经过特征选择后每个特征通道的重要性，然后通过乘法逐通道加权到先前的特征上，完成在通道维度上的对原始特征的重标定。

SE-Net 的本质是对每个通道的特征图加权，因此人们也把其称作通道注意力，将其加入某种卷积神经网络结构中使用，如图 3-31 所示。

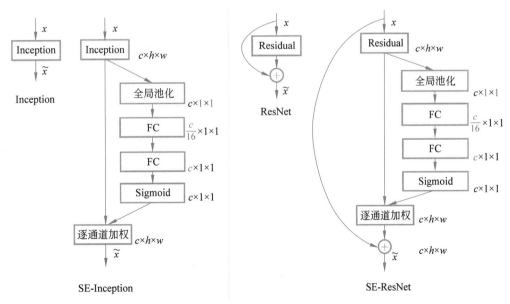

图 3-31　SE-Net 的使用

3.4　小结

本章在介绍图像基本特点的基础上,引出了卷积神经网络的基本特性,进而给出了卷积神经网络的基本组成,分别讨论了卷积层、池化层和全连接层的特性,给出了常用的几种卷积操作、池化操作以及全连接层的卷积操作,强调了在卷积层步长的选择和填充的选择上会实现图像语义分割中常用的反卷积和空洞卷积。最后介绍了几种经典的卷积神经网络模型 LeNet5、AlexNet、VGGNet、GoogleNet、ResNet、DenseNet 和 SE-Net。

思考与练习

1. 什么是卷积操作? 说明步长、填充分别指的是什么。
2. 什么是池化操作? 说明池化操作的种类和作用有哪些。
3. 试述 LeNet-5、AlexNet、VGGNet 的网络结构。
4. 试述 Inception、ResNet、SE-Net 相对 VGGNet 的异同点。
5. 试用编程实现 Inception、ResNet、SE-Net 等网络模型,并对比分析实验结果。

第 4 章

循环神经网络

循环神经网络（Recurrent Neural Network，RNN）是一类处理序列数据的人工神经网络。卷积神经网络关注的是数据中的局部特征，循环神经网络关注的是序列数据中按照序列顺序的前后依赖关系。它将先前数据的计算结果与之后的数据一同计算，产生新的结果，如此循环往复。正是因为循环网络对于不同时间步的数据不是同时计算的，因而可以处理可变长度的序列数据，大大扩大了应用范围。尽管循环神经网络能够学习到整个序列的时间步之间的关系，但是由于隐层神经元的激活函数不同，训练时会出现梯度消失或梯度爆炸问题，导致较前向神经网络更加难以训练。此外，对于较长的序列，整个时间序列的关系并不那么容易学习，以长短期记忆网络为代表的一些变体结构通过控制不同时间步间信息的流转来解决这一问题，因而往往能够取得更佳的效果。

本章首先给出循环神经网络的基本知识；其次用形式化的数学语言来描述模型；再次讲解网络的训练过程和训练方法；然后介绍循环神经网络的几种流行变体。最后描述针对不同应用任务的不同输入输出形式的循环神经网络的应用结构。

4.1 循环神经网络的基本结构

1990 年，Jeffrey Elman 将多层前向神经网络隐层的输出引回到输入层，作为联系单元与原输入层单元并列，与隐层神经元相连接，构成描述动态系统状态的神经网络模型，当时被称为 Elman 网，也被称为循环神经网络（RNN），其主要用于动态系统建模，解决复杂系统预测预报问题。第一代 RNN 并没有引起太大关注，主要是因为 RNN 在利用反向传播算法调整参数过程中会出现严重的梯度消失问题，训练困难。1997 年，Jürgen Schmidhuber 将 RNN 中的简单常规神经元替换为具有更多连接权值的复杂记忆单元，提出了长短期记忆（Long Short-Term Memory，LSTM）模型，使 RNN 的能力大为提高。

早期的 RNN 主要用于复杂系统建模和预报。2003 年，Yoshua Bengio 把 RNN 用于解决传统语言处理模型的"维度灾难（Curse of Dimensionality）"问题，才开始使其在自然语言处理中有所应用。2012 年，卷积神经网络在物体分类识别上的成功，使 RNN 返回研究人员的视野，在机器翻译、语音识别和个性化推荐等众多领域效果显著，成为解决与时序相关联问题的主要深度神经网络模型。

在前向神经网络中，所有的输入（包括输出）之间是相互独立的。但在一些任务中，这个假设并不适合。如果想预测一个序列中的下一个词，最好能知道哪些词在它前面，如果预测一个系统的状态,最好能知道它过去的状态,例如天气预报、电站发电功率预测等。RNN 之所以是循环的,是因为它针对时序中的每一个元素都执行相同的操作,每一个操作都依赖于之前的计算结果。换一种方式思考,可以认为 RNN 记忆了到当前为止已经计算过的信息。理论上,RNN 可以利用任意长的序列信息,但实际中只能回顾之前的几步。

RNN 的结构如图 4-1 和图 4-2 所示(图 4-1 为 RNN 实际物理结构,图 4-2 为 RNN 按时序展开后的结构,其中(a)图为实际图,(b)图为简图)。

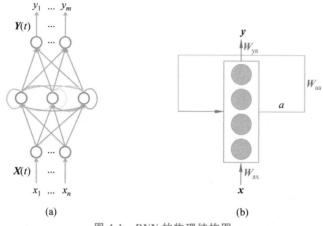

图 4-1　RNN 的物理结构图

图 4-2 表明 RNN 按输入时序展开后,任意时刻的网络输出都与其前时刻的输入相关,是一种全连接前向神经网络的结构。例如,如果输入是一个包含 5 个词的句子,那么 RNN 按词的输入顺序展开后形成一个 5 层的前向网络,每个词对应一层。

从 RNN 按时序展开的结构可以看到,RNN 在每一时刻都有外部输入,反馈形成的环(回)路展开后,上一时刻隐层的输出与本时刻的外部输入同时送入本时刻的隐层,展开的网络深度与输入的时序数据的长度一致。数据越长,网络越深,因此 RNN 本质上也是深度前向神经网络。RNN 按时序展开结构不同于常规前向神经网络,其各隐层的神经元数量是相

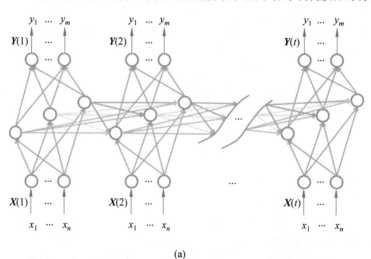

(a)

图 4-2　RNN 按时序展开结构图

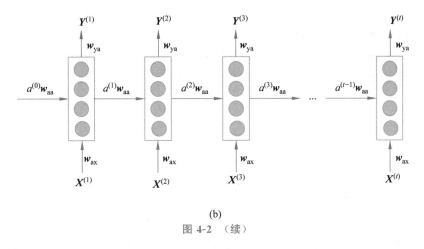

(b)

图 4-2 （续）

同的,且网络各层中的输入到隐层的连接权、隐层到隐层的反馈连接权和隐层到输出层的连接权是全网络共享不变的。RNN 通过使用带有自反馈的隐层神经元,理论上能够处理任意长度的(存在时间关联性的)序列数据。需要注意的是,RNN 没有强制要求输入序列与输出序列的长度必须相等。

设 x 表示 RNN 模型的输入,则输入的序列可表示为 $x^{(1)}$、$x^{(2)}$、$x^{(3)}$ 等,即用 $x^{(t)}$ 来表示 t 时刻网络的输入;a 表示网络隐层输出,则 $a^{(t)}$ 表示 t 时刻隐层的输出;y 表示网络输出,则 $y^{(t)}$ 表示 t 时刻网络的输出;w_{ax} 表示从输入到隐层的连接权,w_{aa} 表示隐层的反馈连接权,w_{ya} 表示隐层到网络输出的连接权。由第 2 章神经元的数学模型,可以得到 RNN 中各变量之间的关系,即 RNN 的数学模型如下。

$$a^{(t)} = \varphi_1(w_{aa}a^{(t-1)} + w_{ax}x^{(t)} + b_a) \tag{4-1}$$

$$y^{(t)} = \varphi_2(w_{ya}a^{(t)} + b_y) \tag{4-2}$$

其中,$a^{(0)}$ 为一个零向量(因为网络没有接收到输入,隐层没有输出)。

RNN 的表达式(4-1)和式(4-2)可以可视化为图 4-3。

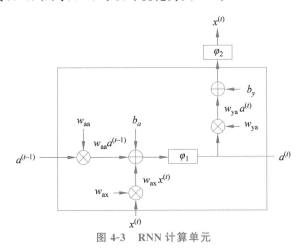

图 4-3 RNN 计算单元

RNN 中隐层神经元激活函数通常采用 Tanh 函数,输出神经元的激活函数则依据所解决的问题确定,如果是二分类问题,则使用 Sigmoid 函数;如果是多分类问题,则使用

Softmax 函数。

如果式(4-1)和式(4-2)中的激活函数是线性函数,由自动控制原理可知,这两个表达式代表的就是线性系统的状态空间模型;如果激活函数是非线性函数,则代表的是非线性系统的状态空间模型,因此,RNN 是天然的动态系统状态空间模型,可以直接用于动态系统建模和预测。

4.2　循环神经网络的训练方法

观察 RNN 的按时序展开结构可知,任何时刻的网络输出 $y^{(t)}$ 都是由其前所有时刻的输入 $x^{(i)}(i=1,2,\cdots,t)$ 从前向后计算得到的,即都可看作前向神经网络,因此 RNN 可以使用误差反向传播算法的思想进行训练。训练 RNN 的算法为通过时间反向传播(Back Propagation Through Time,BPTT)算法,它和传统的反向传播算法 BP 有类似之处,它们的核心任务都是利用反向传播调整参数,使得损失函数最小化。通过时间反向传播算法也包含前向计算和反向计算两个步骤。

4.2.1　标准循环神经网络的前向输出流程

标准结构 RNN 的前向传播过程如图 4-4 所示。为了有效区分不同类型的连接权,分别用 $\boldsymbol{U}$、$\boldsymbol{W}$、$\boldsymbol{V}$ 代表输入权、反馈权和输出权。

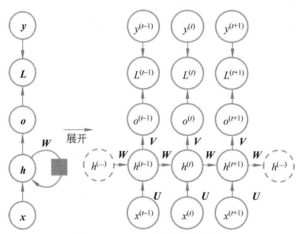

图 4-4　RNN 的前向输出流程

图中各个符号的含义如下: x 为输入, h 为隐层节点, o 为输出, L 为损失函数, y 为训练集的标签。这些元素右上角的 t 代表 t 时刻的状态,需要注意的是,因为单元 h 在 t 时刻的表现不仅由此刻的输入决定,还受 t 时刻之前时刻隐层输出的影响。 $\boldsymbol{U}$、$\boldsymbol{W}$、$\boldsymbol{V}$ 为权值,同一类型的连接权值相同。

前向传播算法其实非常简单,对于 t 时刻,有

$$h^{(t)}=\varphi(\boldsymbol{U}x^{(t)}+\boldsymbol{W}h^{(t-1)}+\boldsymbol{b})\tag{4-3}$$

其中, φ 为激活函数,一般会选择 Tanh 函数; $\boldsymbol{b}$ 为偏置。

t 时刻的输出就更简单,有

$$o^{(t)} = \mathbf{V}h^{(t)} + c \tag{4-4}$$

最终模型的预测输出为

$$y^{(t)} = \varphi(o^{(t)}) \tag{4-5}$$

其中，φ 为激活函数，通常 RNN 用于分类任务，故这里一般用 Softmax 函数。

4.2.2 循环神经网络的训练方法——随时间反向传播

BPTT 算法是常用的训练 RNN 的方法，其实本质还是 BP 算法，只不过 RNN 处理的是时间序列数据，所以要基于时间反向传播，故叫作随时间反向传播。BPTT 的中心思想和 BP 算法相同，即沿着需要优化参数的负梯度方向不断寻找更优的点，直至收敛。因此，BPTT 算法还是 BP 算法，本质上还是梯度下降，那么求各个参数的梯度便成了此算法的核心。

观察图 4-4，需要寻优的参数有 3 个，分别是 $\mathbf{U}$、$\mathbf{W}$、$\mathbf{V}$。与 BP 算法不同的是，3 个参数的寻优过程需要追溯之前的历史数据。

参数 $\mathbf{V}$ 相对简单，只需关注当前时刻，那么就先求解参数 $\mathbf{V}$ 的偏导数。

$$\frac{\partial L^{(t)}}{\partial \mathbf{V}} = \frac{\partial L^{(t)}}{\partial o^{(t)}} \frac{\partial o^{(t)}}{\partial \mathbf{V}} \tag{4-6}$$

RNN 的损失函数值也是会随着时间累加的，所以不能只求 t 时刻的偏导数。

$$L = \sum_{t=1}^{n} L^{(t)} \tag{4-7}$$

$$\frac{\partial L}{\partial \mathbf{V}} = \sum_{t=1}^{n} \frac{\partial L^{(t)}}{\partial o^{(t)}} \frac{\partial o^{(t)}}{\partial \mathbf{V}} \tag{4-8}$$

$\mathbf{W}$ 和 $\mathbf{U}$ 的偏导数的求解涉及历史数据，其偏导数的求解相对复杂，先假设只有 3 个时刻，那么在第 3 个时刻，L 对 $\mathbf{W}$ 的偏导数为

$$\frac{\partial L^{(3)}}{\partial \mathbf{W}} = \frac{\partial L^{(3)}}{\partial o^{(3)}} \frac{\partial o^{(3)}}{\partial h^{(3)}} \frac{\partial h^{(3)}}{\partial \mathbf{W}} + \frac{\partial L^{(3)}}{\partial o^{(3)}} \frac{\partial o^{(3)}}{\partial h^{(3)}} \frac{\partial h^{(3)}}{\partial h^{(2)}} \frac{\partial h^{(2)}}{\partial \mathbf{W}} + \frac{\partial L^{(3)}}{\partial o^{(3)}} \frac{\partial o^{(3)}}{\partial h^{(3)}} \frac{\partial h^{(3)}}{\partial h^{(2)}} \frac{\partial h^{(2)}}{\partial h^{(1)}} \frac{\partial h^{(1)}}{\partial \mathbf{W}} \tag{4-9}$$

相应地，L 在第 3 个时刻对 $\mathbf{U}$ 的偏导数为

$$\frac{\partial L^{(3)}}{\partial \mathbf{U}} = \frac{\partial L^{(3)}}{\partial o^{(3)}} \frac{\partial o^{(3)}}{\partial h^{(3)}} \frac{\partial h^{(3)}}{\partial \mathbf{U}} + \frac{\partial L^{(3)}}{\partial o^{(3)}} \frac{\partial o^{(3)}}{\partial h^{(3)}} \frac{\partial h^{(3)}}{\partial h^{(2)}} \frac{\partial h^{(2)}}{\partial \mathbf{U}} + \frac{\partial L^{(3)}}{\partial o^{(3)}} \frac{\partial o^{(3)}}{\partial h^{(3)}} \frac{\partial h^{(3)}}{\partial h^{(2)}} \frac{\partial h^{(2)}}{\partial h^{(1)}} \frac{\partial h^{(1)}}{\partial \mathbf{U}} \tag{4-10}$$

可以观察到，在某个时刻 L 对 $\mathbf{W}$ 或是 $\mathbf{U}$ 的偏导数，需要追溯这个时刻之前所有时刻的信息，这还仅仅是一个时刻的偏导数。上面说过，损失也是会累加的，那么整个损失函数对 $\mathbf{W}$ 和 $\mathbf{U}$ 的偏导数将会非常烦琐。但规律还是有迹可循的，根据上面两个式子可以写出 L 在 t 时刻对 $\mathbf{W}$ 和 $\mathbf{U}$ 偏导数的通式

$$\frac{\partial L^{(t)}}{\partial \mathbf{W}} = \sum_{k=0}^{t} \frac{\partial L^{(t)}}{\partial o^{(t)}} \frac{\partial o^{(t)}}{\partial h^{(t)}} \left(\prod_{j=k+1}^{t} \frac{\partial h^{(j)}}{\partial h^{(j-1)}} \right) \frac{\partial h^{(k)}}{\partial \mathbf{W}} \tag{4-11}$$

$$\frac{\partial L^{(t)}}{\partial \mathbf{U}} = \sum_{k=0}^{t} \frac{\partial L^{(t)}}{\partial o^{(t)}} \frac{\partial o^{(t)}}{\partial h^{(t)}} \left(\prod_{j=k+1}^{t} \frac{\partial h^{(j)}}{\partial h^{(j-1)}} \right) \frac{\partial h^{(k)}}{\partial \mathbf{U}} \tag{4-12}$$

整体的偏导数公式就是将其按时刻再一一加起来。

4.2.3 循环神经网络训练过程中的梯度消失和梯度爆炸问题及 解决方法

4.2.2 节说过激活函数是嵌套在里面的,如果把激活函数(Tanh、Sigmoid)放进去,拿出式(4-11)和式(4-12)中间累乘的部分,即

$$\prod_{j=k+1}^{t} \frac{\partial h^{(j)}}{\partial h^{(j-1)}} = \prod_{j=k+1}^{t} \text{Tanh}' \cdot W_s \tag{4-13}$$

或是

$$\prod_{j=k+1}^{t} \frac{\partial h^{(j)}}{\partial h^{(j-1)}} = \prod_{j=k+1}^{t} \text{Sigmoid}' \cdot W_s \tag{4-14}$$

可以发现累乘会导致激活函数导数的累乘,这就会导致"梯度消失"和"梯度爆炸"现象的发生。

1. "梯度消失"的原因和解决办法

先来看看 Sigmoid 和 Tanh 这两个激活函数及其导数的图像。

图 4-5 是 Sigmoid 函数(记为 σ 函数)的函数图和导数图。

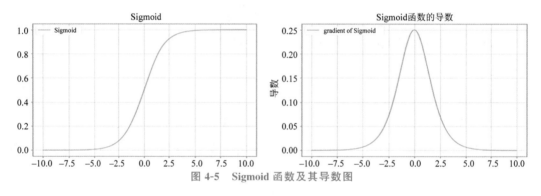

图 4-5 Sigmoid 函数及其导数图

图 4-6 是 Tanh 函数的函数图和导数图。

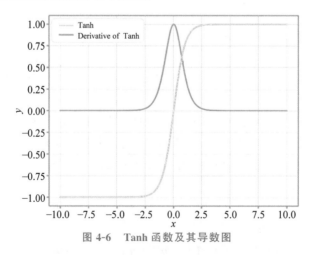

图 4-6 Tanh 函数及其导数图

两者十分相似,都把输出压缩在了一个范围之内。它们的导数图像也非常相近,从中可以看出,Sigmoid 函数的导数范围是(0,0.25],Tanh 函数的导数范围是(0,1],它们的导数

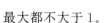

最大都不大于 1。

这就会导致一个问题,在上面式子累乘的过程中,如果取 Sigmoid 函数作为激活函数,必然是一堆小数在做乘法,结果就是越乘越小。随着时间序列的不断深入,小数的累乘就会导致梯度越来越小,直到接近 0,这就是"梯度消失"现象。其实,RNN 的时间序列与深层神经网络很像,在较为深层的神经网络中使用 Sigmoid 函数做激活函数,也会导致反向传播时梯度消失,梯度消失就意味着消失那一层的参数再也不更新,那么那一层隐层就变成了单纯的映射层,毫无意义了。所以在深层神经网络中,有时候多增加层的神经元数量可能会比多增加层数即深度更好。

可能会提出异议的是,RNN 明明与深层神经网络不同,RNN 的参数都是共享的,而且某时刻的梯度是此时刻和之前时刻的累加,即使传不到最深处,浅层也是有梯度的。这当然是对的,但如果根据有限层的梯度来更新更多层的共享参数,一定会出现问题,因为将有限的信息作为寻优根据,必定不会找到所有信息的最优解。

在 RNN 中,常用 Tanh 函数作为激活函数,但是 Tanh 函数的导数最大也才为 1,而且又不可能所有值都取到 1,仍是一堆小数在累乘,还是会出现"梯度消失"问题,那为什么还要用它做激活函数呢?原因是 Tanh 函数相对于 Sigmoid 函数来说梯度较大,收敛速度更快,且引起梯度消失更慢。

还有一个原因,是 Sigmoid 函数的输出不是零中心对称。Sigmoid 的输出均大于 0,这就使得输出不是 0 均值,称为偏移现象,这将导致后一层的神经元将上一层输出的非 0 均值的信号作为输入。关于原点对称的输入和中心对称的输出,网络会收敛得更好。

RNN 的特点就是能"追根溯源"利用历史数据,历史数据越长,"梯度消失"越严重,因此解决"梯度消失"问题非常必要。

解决"梯度消失"问题的方法主要通过选取更好的激活函数来解决。

一般选用 ReLU 函数作为激活函数解决梯度消失问题,如图 4-7 所示。

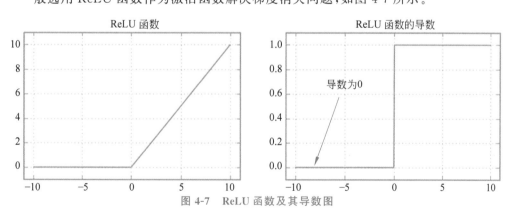

图 4-7 ReLU 函数及其导数图

ReLU 函数的左侧导数为 0,右侧导数恒为 1,这就避免了"梯度消失"问题的发生。

2."梯度爆炸"的产生原因和解决办法

使用 ReLU 函数解决了 RNN 的"梯度消失"问题,但也带来了另一个问题——"梯度爆炸"问题。

观察式(4-11)~式(4-14),一旦激活函数的导数恒为 1,由于网络权 W 的取值无约束,连乘很容易使损失函数对连接权的偏导数越来越大(时序越长,RNN 展开结构的隐层越多,乘积越大），导致"梯度爆炸"现象的发生。深度前向神经网络的激活函数采用 ReLU 函数同样存在"梯度爆炸"问题。

"梯度爆炸"问题的解决比较简单，只要给损失函数对 3 组连接权的梯度的绝对值设定合适的阈值，限制其最大值就可以。

对于"梯度消失"和"梯度爆炸"，通过采取将网络初始权值设为接近 0 的非常小的数值，对网络的输入值做正则化或归一化处理，对网络隐层输出做逐层（由于 RNN 与时间相关，这里的逐层指的是按时间展开的 RNN 的各层）正则化处理等措施，也可在网络训练过程中有效减少这两种现象，提高网络的训练效率。

4.3　循环神经网络拓展模型

4.3.1　简单循环网络

简单循环网络是 RNN 的一种特殊情况。如图 4-8 所示，SRNN 是一个三层网络，与传统 RNN 结构相比，SRNN 只是隐层神经元自身有自反馈，这个反馈并不连接到其他隐层神经元，相当于只在隐层增加了上下文信息。SRNN 在 20 世纪 90 年代被称为对角回归神经网络。在图 4-8 中，$I_1 \sim I_n$ 为网络的输入，$Y_1 \sim Y_n$ 为网络的隐层，$M_1 \sim M_n$ 为上下文单元。从图 4-8 中可以看出，$Y_1 \sim Y_n$ 与 $M_1 \sim M_n$ 为一一对应关系，即上下文单元节点与隐层中节点的连接是固定的，而且相应的权值也是固定的。在训练的每一步中，采用标准的前向反馈进行传播，使用学习算法进行学习。$M_1 \sim M_n$ 的每个节点保存与其连接的隐层节点的上一步的输出，并作用于当前时间步对应的隐层节点的状态，即隐层的输入由输入层的输出与上一步自己的状态所决定。因此 SRNN 也能够解决标准的多层感知机无法解决的对序列数据进行建模和预测的任务，只是能力不如 RNN。

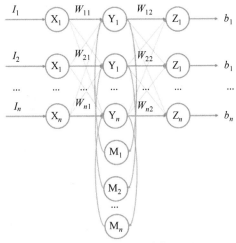

图 4-8　SRNN 结构

4.3.2　双向循环网络

如果能像访问过去的信息（上下文信息）一样访问未来的信息（上下文信息），对于许多序列任务是非常有益的。例如,在语言翻译任务中,相同含义的一个句子,不同语言的语序很可能不同,如要给出好的翻译结果,翻译时,必须要知道所要翻译句子的全部信息。而标准的 RNN 时序信息是从前向后传递的,只有一个方向,即只能利用输入序列当前位置之前的信息,不能利用其后的信息。因此直接使用标准 RNN 进行语言翻译难以取得非常好的结果。

可以在标准 RNN 中增加一个含有反馈的隐层来解决这个问题。具体的做法是在循环神经网络的输入和输出目标之间添加与输入时序长度相同的暂存单元,存储所有隐层的输出信息,并增加一个具有反馈连接的隐层。该隐层按输入时序相反的方向顺序接收信息,即首先接收时序输入的最后一个信息,再接收倒数第二个信息,最后接收第一个信息,进而将两个信息流动方向相反的隐层输出同时送入网络的输出层神经元中。按上述思想构造的循环神经网络被称为双向循环神经网络(Bi-directional Recurrent Neural Network,BRNN)。

双向循环神经网络包含两个具有反馈连接隐层的 RNN,其物理结构如图 4-9(a)所示。图 4-9(b)为双向循环神经网络按时序的展开结构。由展开结构可以看出,双向循环神经网络含有针对每一个输入序列向前和向后传递信息的两个 RNN,而且这两个 RNN 都连接着一个共同的输出层。这个结构提供给输出层输入序列中每一个时刻完整的过去和未来的信息(上下文信息)。

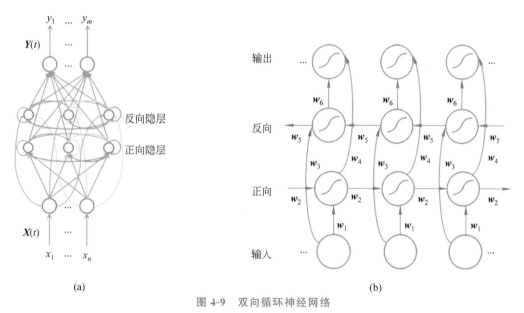

(a)   (b)

图 4-9 双向循环神经网络

图 4-9 的双向循环神经网络含有 6 组独特的权值,在每一个时间步被重复利用。6 组权值分别对应:输入到向前和向后隐层(w_1,w_3),隐层到隐层自己(w_2,w_5),向前和向后隐层到输出层(w_4,w_6)。值得注意的是,向前和向后隐层之间没有信息流,保证了展开图是非循环的。

4.3.3 长短期记忆网络

传统 RNN 隐层神经元采用的是简单 MP 模型的神经元,其包含的连接权数量少,记忆能力有限。要使用 RNN 进行复杂系统建模和预报,或要求 RNN 记忆非常多的信息,其隐层神经元的数量必须大大增加。也就是仅含有有限数量隐层神经元的 RNN 记忆能力和处理复杂系统问题的能力有限。

1997 年 Jürgen Schmidhuber 提出的长短期记忆(LSTM)模型,将 RNN 中的简单 MP 神经元替换成具有更多连接权值的复杂记忆单元,使其记忆能力和处理复杂系统问题的能力大大提高。

LSTM 是 RNN 的一种变体,它通过精妙的门控制将 RNN 中隐层的状态信息(可以看作长期记忆)和当前时刻的输入信息(可以看作短期记忆)结合起来,有效地提高了 RNN 解决复杂问题的能力。RNN 的关键就是它们可以用来连接先前的信息到当前的任务上,例如使用过去的视频段来推测对当前段的理解。

有时候,仅仅需要知道先前的信息来执行当前的任务。例如,有一个语言模型用来基于先前的词来预测下一个词。如果试着预测 the clouds are in the sky 最后的词,并不需要任何其他的上下文,因此下一个词很显然就应该是 sky。在这样的场景中,相关的信息和预测的词位置之间的间隔是非常小的,采用简单 MP 模型神经元的标准 RNN 就可以学会使用先前的信息,如图 4-10 所示。

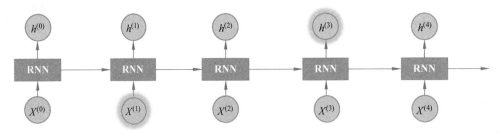

图 4-10　RNN(小间隔)

但是同样会有一些更加复杂的场景。假设预测 I grew up in France...I speak fluent French 最后的词。当前的信息建议下一个词可能是一种语言的名字,但是如果需要弄清楚是什么语言,需要先前提到的离当前位置很远的 France 的上下文。这说明相关信息和当前预测位置之间的间隔就变得相当大。

不幸的是,在这个间隔不断增大时,采用简单 MP 模型神经元的标准 RNN,由于记忆能力有限,会丧失学习到连接如此远的信息的能力,如图 4-11 所示。

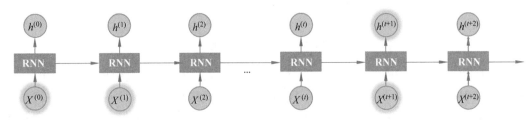

图 4-11　RNN(长间隔)

在理论上,通过大量增加隐层神经元数量,标准 RNN 可以处理这样的长期依赖问题。但在实践中,含有少量隐层神经元的 RNN 不能够成功学习这些知识,而含有过多隐层神经元的 RNN,对应用它的计算装置的内存和计算能力会有更高的要求。20 世纪 90 年代,计算机的内存容量小,计算速度慢,难以满足大量隐层神经元 RNN 的使用要求。

LSTM 中的隐层单元不同于标准 RNN 中的隐层神经元,它拥有一个更为复杂的结构,不仅有一个输出,还有一个代表长期记忆的状态,称作细胞状态。整体上除了隐层输出 h 在随时间流动,细胞状态 c 也在随时间流动,如图 4-12 所示,图中省略了权重。

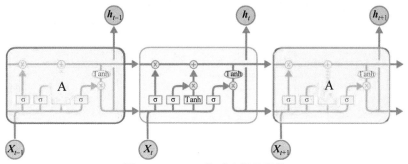

图 4-12　LSTM 按时序展开结构

LSTM 的关键就是细胞状态,水平线在图上方贯穿运行。细胞状态类似传送带,直接在整个链上运行,只有一些少量的线性交互,信息在上面流传,保持不变会很容易。LSTM 还存在通过精心设计的称为"门"的结构,来去除或增加信息到细胞状态的能力。门是一种让信息选择式通过的方法,它们包含一个 Sigmoid 神经网络层和一个点积乘法(Pointwise)操作。Sigmoid 层输出 $0\sim1$ 的数值,描述每个部分有多少量可以通过。0 代表"不许任何量通过",1 代表"允许任意量通过"。LSTM 拥有 3 个门,来保护和控制细胞状态。

在 LSTM 中的第一步是决定会从细胞状态中丢弃什么信息,这个决定通过一个称为遗忘门的 Sigmoid 神经元来完成。遗忘门的目的在于,控制从前面的记忆中丢弃多少信息,或者说要继承过往多大程度的记忆。遗忘门会读取 h_{t-1} 和 x_t,输出一个在 $0\sim1$ 的数值给每个在细胞状态 C_{t-1} 中的数字。1 表示"完全保留",0 表示"完全舍弃",具体过程如图 4-13 所示。

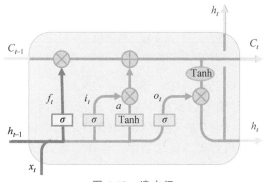

图 4-13　遗忘门

$$f_t = \sigma(W_f h_{t-1} + U_f x_t + b_f) \tag{4-15}$$

下一步是确定什么样的新信息被存放在细胞状态中。这里包含两部分。首先,Sigmoid 层称为"输入门"层,决定什么值将要更新。然后,一个 Tanh 层创建一个新的候选值向量 $\widetilde{C}_t$,会被加入状态中,具体过程如图 4-14 所示。

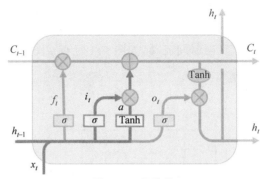

图 4-14　候选值

$$i_t = \sigma(W_i h_{t-1} + U_i x_t + b_i) \tag{4-16}$$

$$a_t = \mathrm{Tanh}(W_a h_{t-1} + U_a x_t + b_a) \tag{4-17}$$

确定了遗忘因子(遗忘门的输出)和新信息之后,就该更新旧细胞的状态了,$\boldsymbol{C}_{t-1}$ 更新为 $\boldsymbol{C}_t$。前面的步骤已经决定了将会做什么,现在就是实际去完成。把旧状态与 f_t 相乘,丢弃掉确定需要丢弃的信息。接着加上 $i_c * \widetilde{\boldsymbol{C}}_t$。这就是新的候选值,根据决定更新每个状态的程度进行变化,如图 4-15 所示。

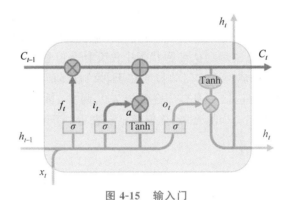

图 4-15　输入门

$$\boldsymbol{C}_t = \boldsymbol{C}_{t-1} \times f_t + i_t \times a_t \tag{4-18}$$

有了上面的基础,理解起输入门就简单多了。Sigmoid 函数选择更新内容,Tanh 函数创建更新候选值。由于遗忘门的存在,它可以控制保存之前的信息。由于输入门的存在,它又可以避免当前无关紧要的内容进入记忆当中。这样一来,该忘记遗忘,该记住记牢,二者相得益彰。

最终,需要确定输出什么值。这个输出将会基于细胞状态,但是也是一个过滤后的版本。首先,运行一个 Sigmoid 层,来确定细胞状态的哪个部分将输出出去。接着,把细胞状态通过 Tanh 进行处理(得到一个 $-1 \sim 1$ 的值),并将它和 Sigmoid 门的输出相乘,最终仅仅会输出确定输出的那部分,如图 4-16 所示。

$$o_t = \sigma(W_o h_{t-1} + U_o x_t + b_o) \tag{4-19}$$

$$h_t = o_t \times \mathrm{Tanh}(\boldsymbol{C}_t) \tag{4-20}$$

这 3 个门虽然功能不同,但在执行任务的操作上是相同的。它们都是使用 Sigmoid 函

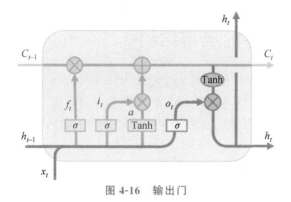

图 4-16 输出门

数作为选择工具，Tanh 函数作为变换工具，这两个函数结合起来实现 3 个门的功能。

将隐层输出送入输出层，即可得到以 LSTM 为隐层神经元的 RNN 的输出，如式(4-21)

$$\hat{y}_t = \sigma(Vh_t + c) \tag{4-21}$$

观察式(4-15)～式(4-21)可知，LSTM 中有 9 组连接权，而标准 RNN 中仅有 3 组连接权，因此拥有相同数量隐层单元的 LSTM 比标准的 RNN 有更强的记忆能力。

LSTM 的训练仍然采用 BPTT 算法进行，按照 RNN 的 BPTT 算法推导过程，也可以得到用于 LSTM 训练的 BPTT 算法。在这一算法中，损失函数对各组权参数梯度的计算公式中也存在激活函数(Sigmoid 函数和 Tanh 函数)导数的连乘项，因此 LSTM 训练过程也必然存在"梯度消失"问题，同样通过采取将网络初始权值设为接近 0 的非常小的数值，对网络的输入值做正则化或归一化处理和对网络隐层输出做逐层正则化处理等措施，在网络训练过程中有效减少这种现象的发生，提高网络的训练效率。

4.3.4 门控循环单元网络

LSTM 提出后，由于效果显著，受到了学界的广泛关注，但是其结构复杂，因此研究人员又提出了许多 LSTM 的变体。

门控循环单元(Gated Recurrent Unit，GRU)网络是这些 LSTM 变体中影响最大的变体。它只有两个门，分别为更新门和重置门，它将遗忘门和输入门合成了一个单一的更新门。更新门用于控制前一时刻的状态信息被带入到当前状态中的程度，更新门的值越大，说明前一时刻的状态信息带入越多。重置门用于控制忽略前一时刻的状态信息的程度，重置门的值越小，说明忽略得越多。同样还混合了细胞状态和隐藏状态，及其他一些改动。最终的模型比标准的 LSTM 模型简单，也是非常流行的变体，如图 4-17 所示。

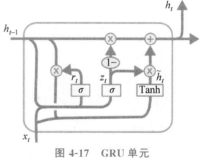

图 4-17 GRU 单元

$$z_t = \sigma(W_z h_{t-1} + U_z x_t + b_z) \tag{4-22}$$

$$r_t = \sigma(W_r h_{t-1} + U_r x_t + b_r) \tag{4-23}$$

$$\widetilde{h}_t = \text{Tanh}(W_h h_{t-1} + U_h x_t + b_h) \tag{4-24}$$

$$h_t = (1 - z_t) \times h_{t-1} + z_t \times \widetilde{h}_t \tag{4-25}$$

4.4　循环神经网络的应用结构

　　循环神经网络本身的特性使其特别适合处理时序数据,根据实际应用场景的需要,RNN 有 4 种常用的按时序展开结构:同步的序列到序列结构、序列分类结构、向量到序列结构、异步的序列到序列的模式。它们是针对不同类型的输入输出分别设计的,下面分别介绍。

4.4.1　同步的序列到序列结构(N 到 N)

　　N 到 N 结构又称为变换器(Transducer),最经典的 RNN 结构要求输入序列和输出序列的长度相同。如图 4-18 所示,损失函数 L 为每一时刻隐层节点的输出 $o^{(t-1)}$ 与相应时刻的期望输出序列 $y^{(t)}$ 的差异;当前时刻 t 的隐层节点 $h^{(t)}$ 输入为上一时刻的隐层 $h^{(t-1)}$ 输出和当前时刻的序列输入 $x^{(t)}$,W 为连接权重。虽然这种结构要求输入输出序列长度相同,但是输入和输出序列的长度是可变的,这也正是 RNN 在处理序列数据时相对于 CNN 的优势。N 到 N 结构的典型应用如:计算视频中每一帧的分类标签、词性标注、训练语言模型、使用之前的词预测下一个词等。

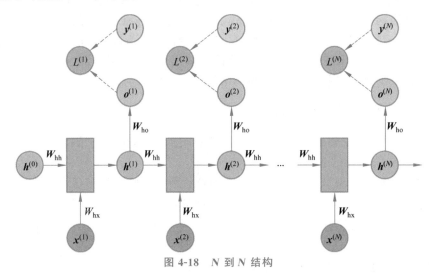

图 4-18　N 到 N 结构

4.4.2　序列分类结构(N 到 1)

　　N 到 1 结构又称为接收器(Acceptor),输入 x 是一个时间序列,输出 o 是一个单独的值,而不是时间序列,最后一个时间步的隐层节点输出用于表示整个输入序列 x 的特征,如图 4-19(a)所示。也可以用最后全部时间步的隐层节点输出的某个函数值 f_o 来表示序列 x 的特征,如图 4-19(b)所示。N 到 1 结构通常用来处理序列分类问题,如一段语音、一段文字的类别,句子的情感分析,视频序列的类别判断等。

4.4.3　向量到序列结构(1 到 N)

　　1 到 N 结构的网络输入为固定长度的向量,而非上文中的按照时间展开的向量序列。

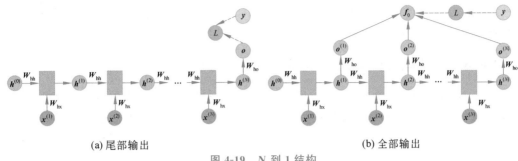

(a) 尾部输出　　　　　　　　　　　　　(b) 全部输出

图 4-19　N 到 1 结构

在常用的 1 到 N 结构中，有一种结构只在序列开始进行输入，而每一个时间步都有输出，如图 4-20 所示。有的网络为了学习输出序列间的联系，将当前时间步的隐层节点输出作为下一个时间步的输入一同进行训练，如图 4-20 中虚线所示。

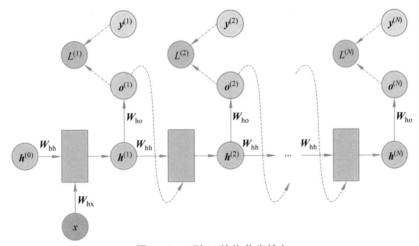

图 4-20　1 到 N 结构首步输入

另一种为在隐层的每一个时间步都将 x 作为输入。如图 4-21 所示，图中当前时间步的期望输出也作为下一时间步的隐层节点输入，是该结构的另一种变体。

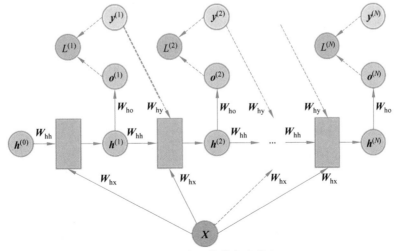

图 4-21　1 到 N 结构每步输入

1 到 N 结构处理的典型问题有：输入一幅图像，输出一个描述图像的文字序列；给定一个音乐类型，输出一段音乐序列；根据小说类别，生成相应的小说。

4.4.4 异步的序列到序列的模式（N 到 M）

N 到 M 的结构又叫编码—译码（Encoder-Decoder）模型，也可称为 Seq2Seq 模型。N 到 N 结构的 RNN 要求输入和输出序列长度相同，编码—译码模型则不受此约束限制。

如图 4-22 所示，首先，用一个编码网络将输入的序列编码为一个上下文向量 c。然后，用一个译码网络对 c 进行译码，将其变成输出序列。

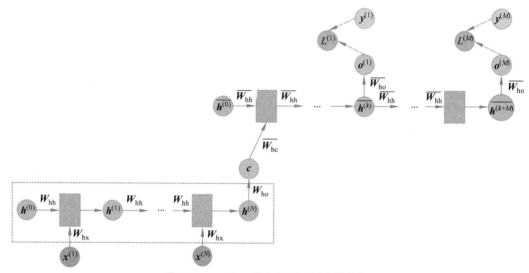

图 4-22 N 到 M 的编码器—译码器结构

N 到 M 结构实质上使用了 2 个 RNN，编码器是一个 N 到 1 展开结构的 RNN，译码器是一个 1 到 M 的展开结构 RNN。由于 N 到 1 存在 2 种结构，1 到 M 也存在 2 种结构，因此它们的组合使 N 到 M 有 4 种形式：尾部输出—首步输入、尾部输出—每步输入、全部输出—首步输入和全部输出—每步输入。

在全部输出—每步输入的结构中，为了提高输出的准确性，在译码器（Decoder）的输入部分还可以多加入上一个时刻神经元的输出 y'，即每一个神经元的输入包括上一个神经元的隐层向量 h'、上一个神经元的输出 y'、当前的输入 c（编码器（Encoder）编码的上下文向量）。对于第一个神经元的输入 y'_0，通常是句子起始标志位的嵌入（Embedding）向量（起始标志位的编码向量）。这种结构译码器（Decoder）的隐层及输出计算公式为

$$h'_t = \sigma(U_c + Wh'_{t-1} + Vy'_{t-1} + b) \qquad (4-26)$$
$$y'_t = \sigma(Vh'_t + c) \qquad (4-27)$$

译码器的展开结构如图 4-23 所示。

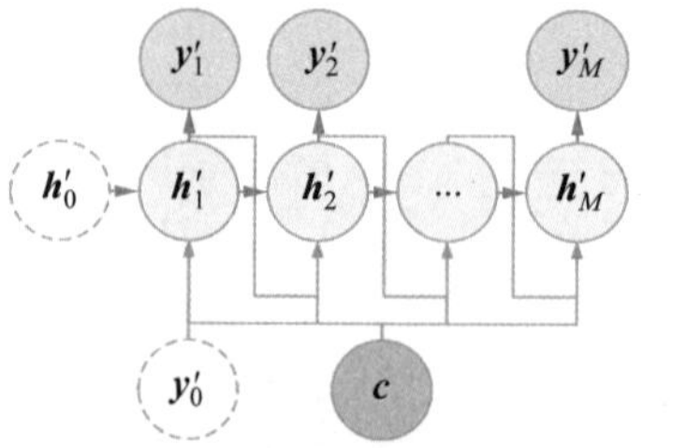

由于这种译码器结构引入了输出反馈，其训练方式采用了控制理论中系统辨识中的串并建模的训练方式，在自然语言处理（语言翻译）应用中称为 Teacher Forcing 的

图 4-23 全部输出—每步输入的 N 到 M 结构中译码器的变体

训练技术(2022 年 ChatGPT 的训练也采用了这一技术,因此也可称其为 AI 走向奇点的核心技术之一)。

Teacher Forcing 用于训练阶段,主要针对用于具有输出反馈的译码器模型,即 Decoder 模型神经元的输入包括了上一个时刻神经元的输出 y'。如果上一个神经元的输出是错误的,则下一个神经元的输出也很容易错误,会导致错误一直传递下去。

Teacher Forcing 可以在一定程度上缓解上面的问题,训练 Seq2Seq(Encoder-Decoder) 模型时,Decoder 的每一个神经元并非一定使用上一个神经元的输出,而是有一定的比例采用正确的序列作为输入。

例如,在翻译任务中,给定英文句子翻译为中文。I am a student 翻译成“我是一名学生”,其训练不采用和采用 Teacher Forcing 的区别如图 4-24 所示。图 4-24(b)中下面的汉字仅在训练时作为教师强制信息使用,训练成功后则将译码器前一时刻的输出反向引回来(虚线),与编码器的编码输出一同送入译码器。

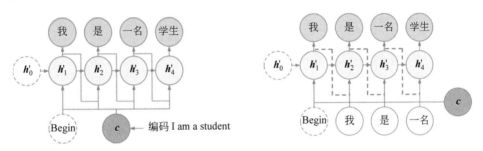

(a) 不采用 Teacher Forcing　　　　　　　(b) 采用 Teacher Forcing

图 4-24　译码器训练时不采用和采用 Teacher Forcing 的区别

N 到 M 结构的典型应用如:机器翻译,源文本和目标文本的语言不同,因而序列长度也不相同;文本摘要,输入是一段文本序列,输出是这段文本序列的摘要序列;语音识别,输入是语音信号序列,输出是文字序列。

4.5　小结

本章介绍了 RNN 的基本知识和形式化的数学模型表示,给出了针对不同应用环境中对于输入输出形式的不同要求而设计的 N 到 N、N 到 1、1 到 N、N 到 M 几种主要网络结构。然后,给出了标准 RNN 的前向计算和时间反向传播计算过程。详细介绍了可以处理树状结构数据而非一般的线性序列数据的递归神经网络的结构、原理和计算方法。最后,针对 RNN 在实际问题中遇到的问题和困难,介绍了几种流行的 RNN 变体结构构成的解决方案。

思考与练习

1. 什么是循环神经网络?为什么要使用循环神经网络?简要说明其原理。
2. 对于一个单层且时间步为 3 的循环神经网络,请写出进行第一次前向传播的过程。
3. 请思考对于诗歌等文本生成任务可以采用哪种网络结构,并简述训练流程。

4. 简述循环神经网络前向传播和反向传播的过程。

5. 简述什么是"梯度消失"和"梯度爆炸"。如何处理循环神经网络中出现的"梯度消失"和"梯度爆炸"问题？

6. 简述 LSTM 网络的结构原理。

7. 简述 LSTM 网络与 GRU 网络的区别。

第 5 章

注意力机制

  注意力机制(Attention Mechanism)是人类特有的大脑信号处理机制。例如,人类视觉通过快速扫描全局图像获得需要重点关注的目标区域,也就是一般所说的注意力焦点,而后对这一区域投入更多注意力资源,获取更多需要关注目标的细节信息,抑制其他无用信息,人类的听觉也具有同样的功能。

  近几年,注意力机制在各种深度神经网络中已广泛使用,成为提升深度神经网络的重要手段。从本质上讲,深度神经网络中采用的注意力机制和人类的选择性视觉、听觉注意力机制类似,其核心目的也是从众多信息中选择出对当前任务更关键的信息。

  在深度神经网络中,一般而言,模型的参数越多,则模型的表达能力越强,模型所存储的信息量也越大,但这会带来信息过载的问题。通过引入注意力机制,在众多的输入信息中聚焦对当前任务更为关键的信息,降低对其他信息的关注度,甚至过滤掉无关信息,就可以解决信息过载问题,并提高任务处理的效率和准确性。

  注意力机制,最早是 20 世纪 90 年代视觉图像领域提出来的,但是真正火起来始于2014 年 Google Mind 团队的论文 *Recurrent Models of Visual Attention*,他们在 RNN 模型上使用了 Attention 机制来进行图像分类。也是 2014 年,Bahdanau 等在论文 *Neural Machine Translation by Jointly Learning to Align and Translate* 中,将注意力机制引入神经机器翻译的研究,使用类似的注意力机制在机器翻译任务上将翻译和对齐同时进行,主要用于对整个句子的特征向量进行加权,从而选取当前时间最重要的特征向量的子集。随后注意力机制被广泛应用在基于 RNN/CNN 等神经网络模型的各种任务中。2017 年,Google 机器翻译团队发表的 *Attention is All You Need* 论文中提出的 Transformer 大量使用了自注意力(Self-Attention)机制来学习文本表示。自此,自注意力机制也成为了研究热点,并在各种任务上应用,取得了良好效果。

  在深度神经网络中使用的注意力机制有两类:硬注意力(Hard Attention)和软注意力(Soft Attention)。

  硬注意力机制是指选择输入图像或序列一些位置上的信息(关注点),比如随机选择一些信息或概率高的信息。通常对硬注意力,选取概率高的特征这一操作是不可微的,很难在深度神经网络中通过训练得到,因此实际应用并不多。

  软注意力机制是指在选择信息的时候,不是从 N 个信息中只选择几个,而是计算 N 个输入信息的加权平均,再输入到神经网络中进行处理。它是当前深度神经网络中应用最多的注意力机制。软注意力更关注区域或通道,它是确定性的注意力,学习完成后直接可以通过网络生成。最关键的是软注意力是可微的,可微分的注意力可以通过神经网络算出梯度,并且利用前向传播和反向传播来学习得到注意力的权重。

本章将主要介绍应用中最常用的软注意力机制。首先介绍软注意力的原理和计算方法,然后介绍在处理静态图像数据的 CNN 中应用的软注意力机制,之后介绍自注意力机制,最后介绍在处理动态时序数据的 RNN 中应用的互注意力机制。

5.1　软注意力机制的原理及计算过程

给定一组输入信息 $\boldsymbol{X}=[x_1,x_2,\cdots,x_N]$ 和一个查询向量 $\boldsymbol{q}$,通过寻找 $\boldsymbol{q}$ 与每一个输入信息 $\boldsymbol{x}_i$ 的相关性来选择 $\boldsymbol{x}_i$ 中的部分信息,然后组合起来形成新的 $\boldsymbol{x}_i$,送入神经网络进行处理。这就是软注意力机制的工作原理。这里所谓的"软性"选择机制,不是从存储的多个信息中只挑出一条信息来,而是雨露均沾,从所有的信息中都抽取一些,只不过最相关的信息抽取得就多一些。

软注意力机制的计算过程包括 3 个步骤。

(1) 计算相似度。

使用相关系数 $S(\boldsymbol{x}_i,\boldsymbol{q})$ 表示相似度。相关系数 $S(\boldsymbol{x}_i,\boldsymbol{q})$ 也称注意力打分函数,可以采用以下几种方式计算。

$$
\begin{aligned}
\text{加性模型} \quad & S(\boldsymbol{x}_i,\boldsymbol{q})=\boldsymbol{V}^{\mathrm{T}}\mathrm{Tanh}(\boldsymbol{W}\boldsymbol{x}_i+\boldsymbol{U}\boldsymbol{q}) \\
\text{点积模型} \quad & S(\boldsymbol{x}_i,\boldsymbol{q})=\boldsymbol{x}_i^{\mathrm{T}}\boldsymbol{q} \\
\text{缩放点积模型} \quad & S(\boldsymbol{x}_i,\boldsymbol{q})=\frac{\boldsymbol{x}_i^{\mathrm{T}}\boldsymbol{q}}{\sqrt{d}} \\
\text{双线性模型} \quad & S(\boldsymbol{x}_i,\boldsymbol{q})=\boldsymbol{x}_i^{\mathrm{T}}\boldsymbol{W}\boldsymbol{q}
\end{aligned}
\tag{5-1}
$$

显然,式(5-1)的加性模型是一个隐层采用 Tanh 作为激活函数,输出层采用线性激活函数的 3 层前向神经网络,$\boldsymbol{U}$、$\boldsymbol{W}$ 和 $\boldsymbol{V}$ 是网络的权值参数,当然也可以采用卷积神经网络来实现;缩放点积模型中的参数 d 是输入信息 $\boldsymbol{x}_i$ 的维度;双线性模型中的 $\boldsymbol{W}$ 是加权参数。点积模型和缩放点积模型由于计算简单,没有另需确定的参数,最为常用。

(2) 计算注意力分布。

定义一个注意力变量 $z\in[1,N]$ 来表示被选择信息 $\boldsymbol{x}_i$ 的索引位置,即 $z=i$ 来表示选择了第 i 个输入信息 $\boldsymbol{x}_i$。通过计算 $\boldsymbol{q}$ 和 $\boldsymbol{x}_i$ 的相关性来确定选择第 i 个输入 $\boldsymbol{x}_i$ 的概率 α_i。$\alpha_1,\alpha_2,\cdots,\alpha_N$ 构成的概率向量 $\boldsymbol{\alpha}$ 称为注意力分布(Attention Distribution)。

$$
\begin{aligned}
\alpha_i &= p(z=i\mid\boldsymbol{X},\boldsymbol{q}) \\
&= \mathrm{Softmax}(s(\boldsymbol{x}_i,\boldsymbol{q})) \\
&= \frac{\exp(s(\boldsymbol{x}_i,\boldsymbol{q}))}{\sum\limits_{j=1}^{N}\exp(s(\boldsymbol{x}_j,\boldsymbol{q}))}
\end{aligned}
\tag{5-2}
$$

其中,Softmax 函数用于将相关系数转换为概率值。

(3) 计算注意力输出。

将注意力分布 α_i 与相应的输入信息 $\boldsymbol{x}_i$ 相乘,汇总求和就得到了注意力输出,如式(5-3)所示。

$$\text{att}(\boldsymbol{X}, \boldsymbol{q}) = \sum_{i=1}^{N} \alpha_i \boldsymbol{x}_i \tag{5-3}$$

实际应用中并不一定直接使用 $\boldsymbol{X}$ 和 $\boldsymbol{q}$，而是它们的线性变换，这称为键值对方式，也可以称为广义的软注意力机制。

在广义的软注意力机制中用键值对（Key-Value Pair）来表示输入信息，那么 N 个输入信息就可以表示为 $(\boldsymbol{K}, \boldsymbol{V}) = \left[(\boldsymbol{k}_1, \boldsymbol{v}_1), (\boldsymbol{k}_2, \boldsymbol{v}_2), \cdots, (\boldsymbol{k}_N, \boldsymbol{v}_N) \right]$，其中"键"用来计算注意力分布 α_i，"值"用来计算聚合信息。这就相当于由 Query 与 Key 的相似性来计算每个 Value 值的权重，然后对 Value 值进行加权求和。加权求和得到最终的 Value 值，也就是注意力值。

广义的软注意力值的计算过程与前述普通的软注意力值计算过程一样，仅是将式(5-1)和式(5-2)中的 $\boldsymbol{x}_i$ 换为 $\boldsymbol{k}_i$，式(5-3)中的 $\boldsymbol{x}_i$ 换为 $\boldsymbol{v}_i$。如式(5-4)～式(5-6)所示。

$$s_i = F(\boldsymbol{Q}, \boldsymbol{k}_i) \tag{5-4}$$

$$\alpha_i = \text{Softmax}(s_i) = \frac{\exp(s_i)}{\sum\limits_{j=1}^{N} \exp(s_j)} \tag{5-5}$$

$$\text{att}((\boldsymbol{K}, \boldsymbol{V}), \boldsymbol{Q}) = \sum_{i=1}^{N} \alpha_i \boldsymbol{v}_i \tag{5-6}$$

需要说明的是，广义软注意力机制，由于引入线性变换求取 $\boldsymbol{K}$、$\boldsymbol{Q}$ 和 $\boldsymbol{V}$，实际上这些变换可以代表输入 $\boldsymbol{X}$ 和查询量 $\boldsymbol{Q}$ 的不同特性，且可以看作一层线性神经网络层，也就是在软注意力机制中引入了可学习训练的参数，使其具有了记忆能力。

软注意力值计算过程可由图 5-1 表示。

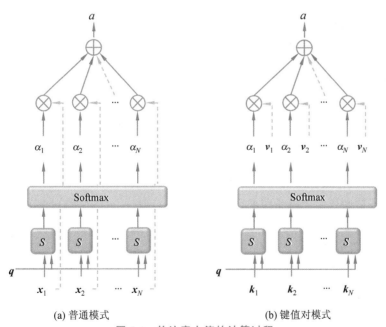

(a) 普通模式　　　　　　　　(b) 键值对模式

图 5-1 软注意力值的计算过程

图 5-2 给出了另一种在文献中常见的广义软注意力（键值对方式）值的计算过程。

分析式(5-1)～式(5-6)可知，软注意力机制的核心要素是查询向量 $\boldsymbol{q}$。它的有无和来自何处，形成了实际应用中的不同类型的软注意力机制。

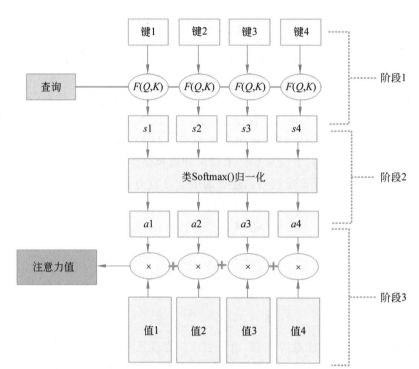

图 5-2　广义软注意力(键值对方式)值计算过程

（1）当不存在查询量 q 时，式（5-1）的相似性计算只有加性模型可用。它显然是一个三层前向网络，只需通过网络训练确定参数，然后计算输入信息的权值，给其加权。这时的软注意力就演变成了卷积神经网络中常用的通道注意力和空间注意力模型。

（2）当查询量 q 来自输入信息，软注意力就变成了近几年最有影响力的自注意力。

（3）当查询量 q 来自其他，例如输出信息，软注意力就变成了在 Encoder-Decoder 框架（编码器—译码器）中处理时序数据的互注意力。

5.2　通道注意力和空间注意力

卷积神经网络是最常用的针对图像数据的前向神经网络，它的每个隐层都包含大量的特征图，每张特征图代表了原始图像数据的某种特征属性。CNN 每层中的特征图组有 3 个维度，针对各张特征图的通道维度和空间维度，形成了通道注意力和空间注意力。由于通道注意力和空间注意力的权值计算利用了输入的所有信息，因此属于软注意力机制概念范畴，是软注意力机制，按式（5-1）的加性模型计算注意力权值。

5.2.1　通道注意力

在卷积神经网络中，特征图代表了原始图像数据的特征，在同一层中，不同的特征图代表了不同的属性。显然，不同属性对于卷积神经网络要完成的工作贡献程度不同，应该给予不同的重视程度。由于在卷积神经网络中，特征图所在的位置称为通道，因此，反映对通道重视程度的给通道加权的方法称为通道注意力。

3.3.4 节介绍的 SE-Net 正好反映了各通道的重要程度,因此,它被称为最早和最基本的通道注意力。关于 SE-Net 的详细介绍见 3.3.4 节,这里不再重复。

SE-Net 也存在不足,它仅仅针对每张特征图使用了全局平均池化(GAP),不能全面反映特征图的特性。因此,有研究人员提出将特征图进行全局最大值池化(GMP),并与 GAP 的结果串接在一起进行后续处理,这一方式目前已成为通道注意力最常用的手段。当然,按照这一思路也可对特征图求方差,单独或与 GAP、GMP 的结果串接后求取通道注意力。

SE-Net 提出后,针对 SE-Net 的不足,研究人员提出了一些新的通道注意力方法,下面介绍两种方法:ECA-Net 和 SK-Net。

1. ECA-Net

SE-Net 对全局池化后形成的特征矢量先降维,然后再升维,有研究表明降维会对通道关注度的预测产生副作用,而且对所有通道的相关性进行捕获是低效且不必要的。基于上述研究提出了改进的通道注意力方法 ECA-Net(Efficient Channel Attention Networks)。

ECA-Net 是在 SE-Net 的基础上使用一维卷积代替全连接,提出的一种无降维的局部跨通道交互策略。在没有降维的情况下,通过考虑每个通道及其 k 个邻居,捕获本地跨通道交互。k 的选取与通道个数有关,其函数表达如下:

$$k = \varphi(C) = \left| \frac{\log_2(C)}{\gamma} + \frac{b}{\gamma} \right|_{\text{odd}} \tag{5-7}$$

其中,C 表示通道数;b 和 γ 已知,为设定的超参数;$|\cdot|_{\text{odd}}$ 表示最近的奇数。

图 5-3 为 ECA-Net 的结构。

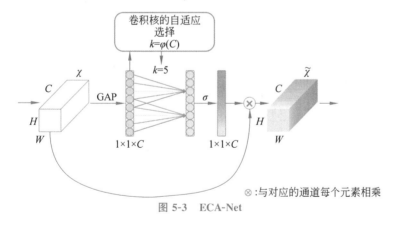

图 5-3　ECA-Net

2. SK-Net

SE-Net 是直接针对一层中的特征图进行的,但是人的视觉皮层神经元接受域大小是会根据看不同尺寸、不同远近的物体来调节的。受这一思想启发,研究人员提出了一种可以根据输入信息的多个尺度调节接受域大小的多分支通道注意力 SK-Net。图 5-4 展示了有两个分支的 SK-Net。

在 SK-Net 中,Split 操作如下:将输入划分为 N 个分支、不同卷积核大小的完整卷积操作(卷积、BN、ReLU)。Fuse 操作如下:将 N 个分支获得的特征图相加以后,与 SE-Net 类似,先通过全局平均池化将相加后的特征图压缩为一维向量,以收集全局上下文信息,然后通过 N 个分支的全连接层得到权重向量。与 SE-Net 不同的是,SK-Net 使用的非线性函

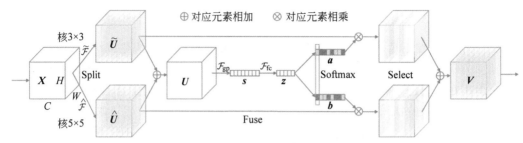

图 5-4　多分支通道注意力 SK-Net

数是 Softmax，并且对于每个分支都输出一个权重向量，N 个分支对应位置之和为 1，图 5-5 给出了 Fuse 的操作过程。Select 操作如下：对 Fuse 操作得到的 N 个权重向量，分别通过乘法逐通道加权到先前 N 个分支的特征图上，然后相加。

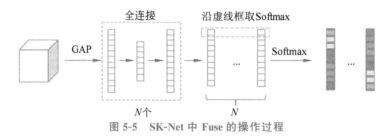

图 5-5　SK-Net 中 Fuse 的操作过程

SK-Net 中的 Fuse 操作对于将通道注意力用于深度可分离网络有实际意义。ResNeSt 受启发于 ResNeXt（ResNet 的一种改进，将 ResNet 的主干 Block 分成多个分支 Cardinal，进行分组卷积操作，提高网络工作效率）中分组卷积的思想，将输入 (c,h,w) 降维后 (c',h,w) 分别通过 k 个 Cardinal 支路，每个 Cardinal 支路里都使用了 SK-Net。图 5-6 中的 Split-Attention 就是 SK-Net 的 Fuse 操作，Dense 代表全连接操作。

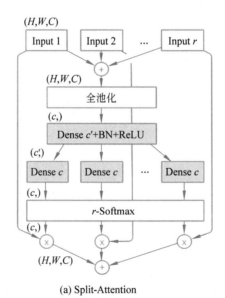

(a) Split-Attention

图 5-6　SK-Net 在 ResNeSt 模块中的应用

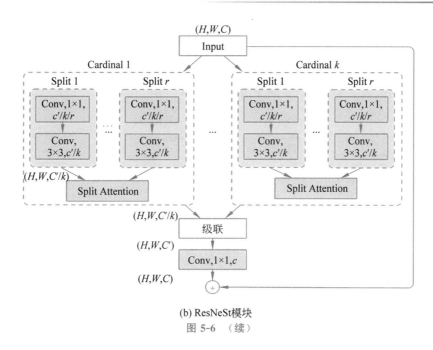

(b) ResNeSt模块

图 5-6　（续）

5.2.2　空间注意力

卷积神经网络处理图像数据中的每个像素对于所要完成的任务重要性不完全相同,同样,隐层特征图中每个像素对所完成任务的重要性也不相同。显然,给特征图的每一个像素加权有利于提高卷积神经网络的性能,由于这种加权是针对特征图像素空间位置进行的,因此称为空间注意力。

空间注意力类似通道注意力,不同在于它的全局平均池化(GAP)和全局最大值池化(GMP)不是针对通道(特征图),而是针对同一层内的所有特征图中相同位置的像素进行GAP 和 GMP,并将得到的均值特征图和最大值特征图并在一起进行卷积操作,卷积生成特征图的每一个像素对应的神经元激活函数选取 Sigmoid 函数,得到针对每个像素加权值构成的特征图,最后将这一特征图的像素与原所有特征图的对应像素相乘,为所有特征图的每个像素加权。图 5-7 给出了空间注意力图的生成和为像素加权的过程。

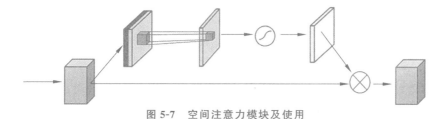

图 5-7　空间注意力模块及使用

当然,空间注意力也可以按类似于多分支通道注意力的方式改进,将原特征图进行多尺度卷积变换,形成多尺度融合的空间注意力。

5.2.3　混合注意力

通道注意力和空间注意力都能提高卷积神经网络的性能,可以同时应用于卷积神经网络之中,称为混合注意力。

　　CBAM(Convolutional Block Attention Module)是著名的混合注意力模块,它实质上是通道注意力和空间注意力的串行使用,图 5-8 给出 CBAM 模块及其组成。CBAM 的使用方法与 SE-Net 一样,图 5-9 给出了它的使用方式。

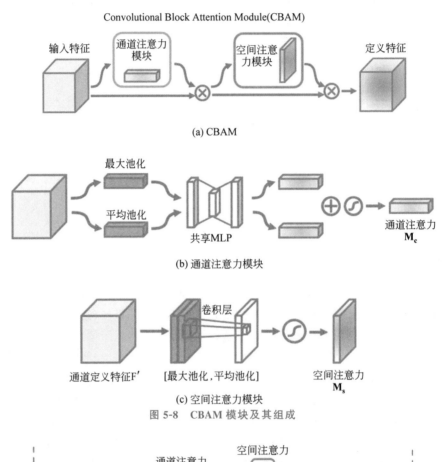

图 5-8　CBAM 模块及其组成

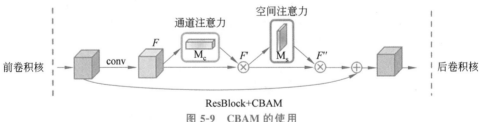

图 5-9　CBAM 的使用

　　通道注意力和空间注意力既然可以串行构成混合注意力,当然也可以并行构成混合注意力,如图 5-10 所示。其使用方式与图 5-9 的 CBAM 相同。

　　前述的混合注意力都是通道注意力和空间注意力的串接或并行形成的,实质上并未融合在一起,而是独立运行的。2021 年的论文 *Coordinate Attention for Efficient Mobile Network Design* 针对轻量化网络设计提出的 CA 注意力就是融合了通道和位置信息的混合注意力,它与通道注意力 SE-Net、CBAM 的区别如图 5-11 所示。

　　与通过二维全局池化将特征张量转换为单个特征向量的通道注意力不同,CA 注意力

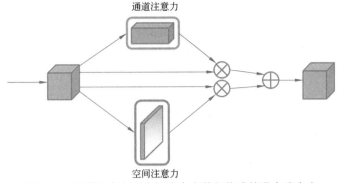

图 5-10 通道注意力和空间注意力并行构成的混合注意力

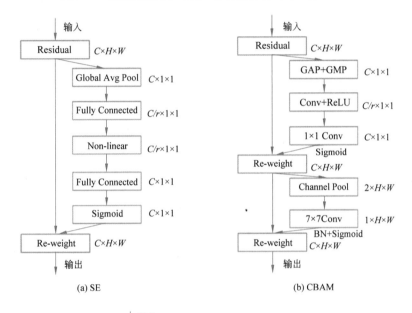

(a) SE

(b) CBAM

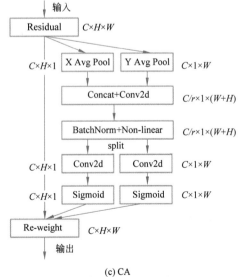

(c) CA

图 5-11 CA 模块与 SE 模块、CBAM 模块的区别

将通道注意力分解为两个一维特征编码过程,分别沿 2 个空间方向聚合。这样,可以沿一个空间方向捕获远程依赖关系,也可以沿另一空间方向保留精确的位置信息。然后将生成的特征图分别编码为一对方向感知和位置敏感的注意力图(Attention Map),并将其互补地应用于输入特征图,增强所关注对象的特征表示。

5.3 自注意力机制

如果软注意力机制中的 K、Q 和 V 均来自输入信息,软注意力机制就被称为自注意力机制。

自注意力机制的数学描述如下:假设一个神经网络层中的输入序列为 $X=[x_1,x_2,\cdots,x_N]$,输出序列为同等长度的 $H=[h_1,h_2,\cdots,h_N]$,首先通过线性变换得到 3 组向量序列:$K=W_K^\mathrm{T}X=[k_1,k_2,\cdots,k_N]$,$Q=W_Q^\mathrm{T}X=[q_1,q_2,\cdots,q_N]$,$V=W_V^\mathrm{T}X=[v_1,v_2,\cdots,v_N]$,然后用式(5-4)、式(5-5)和式(5-6)计算自注意力输出。

自注意力可以建立输入序列的长程关系,在深度神经网络中应用自注意力机制有效提高了深度神经网络的性能。本小节将首先介绍自注意力的输入方式及自注意力机制的特性,然后讨论自注意力机制与 RNN 的区别,最后介绍几种自注意力机制在深度神经网络中的应用方案。

5.3.1 自注意力机制的输入方式及特性

在应用中,自注意力机制存在两种输入方式:全输入和逐项输入(掩膜输入)。

1. 全输入

全输入指的是按顺序输入 X,经变换产生 K、Q 和 V 序列后,再进行自注意力处理,即

$$h_i = \mathrm{att}((K,q_i),V) = \sum_{j=1}^N \alpha_{ji}v_j = \sum_{j=1}^N \mathrm{Softmax}(S(k_j,q_i))v_j \quad j=1,2,\cdots,N \quad (5\text{-}8)$$

其计算过程如图 5-12 所示。

由式(5-8)和图 5-12 可知,全输入自注意力机制的任何一个注意力输出都与全部输入序列相关,能够建立最长程的双向输出输入关系。

全输入的自注意力可以按输入采用矢量相乘的方式由式(5-8)逐项计算,也可以使用矩阵方式求取注意力输出,用矩阵方式的效率更高。

使用矩阵运算的全输入自注意力方法如下。

设每个输入序列信息的长度为 n,那么 N 个序列 $x_1,x_2,\cdots,x_N$ 输入构成 $n\times N$ 维的输入矩阵;3 个变换矩阵 W_K、W_Q 和 W_V 将长度 n 的向量变换为长度 d 的向量,3 个变换可以看作有 n 个输入节点、d 个线性输出神经元的 3 个单层全连接线性神经网络,如图(5-12)所示,即 3 个变换阵的维度为 $n\times d$。

第一步:将 X 送入 3 个线性神经网络层,分别得到维度为 $d\times N$ 的 K、Q 和 V 矩阵。

第二步:以最简单的点积模型 $K^\mathrm{T}Q$ 求维度为 $N\times N$ 的相似度矩阵,再对其逐行求 Softmax。

第三步:将经过 Softmax 的相似度矩阵与 V 阵相乘,就得到了 $d\times N$ 维的注意力输出矩阵 H。

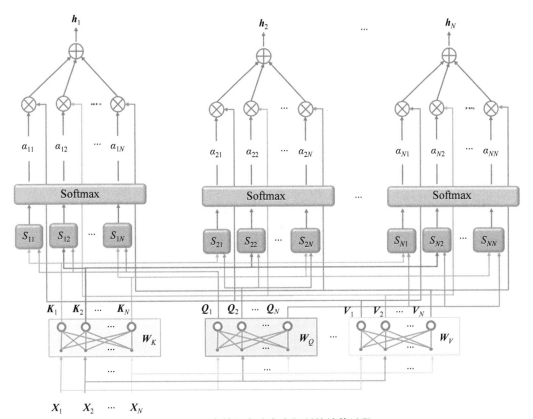

图 5-12 全输入自注意力机制的计算过程

2. 逐项输入(掩膜输入)

逐项输入(掩膜输入)指的是首先输入 x_1 进行变换,计算注意力输出 h_1;然后再输入 x_2 进行变换,并与 x_1 的变换结果共同计算 h_2;直至最后输入 x_N 进行变换,与前面所有输入的变换结果共同计算 h_N。由于这种输入方式就像有一块模板,输入信息时,先把除了第一个输入之外的所有其他输入都遮挡住,然后逐一放出,因此这种输入方式也称为掩膜输入。

掩膜输入的自注意力机制的计算公式组见式(5-9),其计算过程如图 5-13 所示。

$$h_1 = \mathrm{att}((k_1, q_1), v_1) = \alpha_{11} v_1 = \mathrm{Softmax}(S(k_1, q_1)) v_1$$

$$h_2 = \mathrm{att}((k_1, k_2, q_i), v_1, v_2) = \sum_{j=1}^{2} \alpha_{ji} v_j = \sum_{j=1}^{2} \mathrm{Softmax}(S(k_j, q_i)) v_j$$

$$\cdots$$

$$h_N = \mathrm{att}((K, q_i), V) = \sum_{j=1}^{N} \alpha_{ji} v_j = \sum_{j=1}^{N} \mathrm{Softmax}(S(k_j, q_i)) v_j \qquad (5-9)$$

由式(5-9)和图 5-13 可知,掩膜输入自注意力机制的任何一个注意力输出都仅与当前输入和其前的所有输入序列相关,建立的是单向的自回归输出输入关系。

与全输入自注意力一样,掩膜输入的自注意力既可以按式(5-9)逐项计算,也可以使用矩阵运算的方式求取。

使用矩阵方式的掩膜自注意力计算方法如下。

设每个输入序列信息的长度为 n,那么 N 个序列 $x_1, x_2, \cdots, x_n$ 输入构成 $n \times N$ 维的输

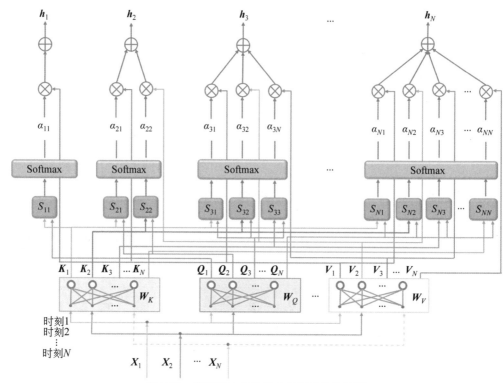

图 5-13　掩膜输入自注意力机制的计算过程

入矩阵；3 个变换矩阵 $\boldsymbol{W}_K$、$\boldsymbol{W}_Q$ 和 $\boldsymbol{W}_V$ 将长度 n 的向量变换为长度 d 的向量，即 3 个变换阵的维度为 $n \times d$。

第 1 步：将 $\boldsymbol{X}$ 分别与 3 个变换阵的转置相乘，得到维度为 $d \times N$ 的 $\boldsymbol{K}$、$\boldsymbol{Q}$ 和 $\boldsymbol{V}$ 矩阵。

第 2 步：以最简单的点积模型 $\boldsymbol{K}^{\mathrm{T}}\boldsymbol{Q}$ 求维度为 $N \times N$ 的相似度矩阵，根据式(5-9)，显然不能直接对相似度矩阵逐行求 Softmax。

第 3 步：构造一个 $N \times N$ 维的掩膜模板阵，其对角线(含对角线)向左以下的元素取 1，对角线向右以上的元素取负无穷小的数($-\mathrm{inf}$)。

第 4 步：将相似度矩阵与掩膜模板矩阵对应的元素相乘，得到掩膜相似度矩阵。

第 5 步：将掩膜相似度矩阵逐行求 Softmax。

第 6 步：将求过 Softmax 的掩膜相似度矩阵与 $\boldsymbol{V}$ 矩阵相乘，就得到了 $d \times N$ 维的注意力输出矩阵 $\boldsymbol{H}$。

图 5-14 给出了全输入自注意力机制和掩膜输入自注意力机制所建立的输出输入关系图，图中虚线代表的是虚拟连接。

从图 5-14 可知，自注意力模型是在同一层网络的输入和输出(不是模型最终的输出)之间，利用注意力机制"动态"地生成不同连接的权重，得到该层网络输出的模型。它可以建立序列内部的长距离依赖关系，从连接形式的表面上看，似乎全连接神经网络也可以做到，但是它们本质上是有区别的。全连接网络建立的输入输出关系不是输入序列与输出序列之间的关系，而是单一输入和输出之间的关系，其连接边数是固定不变的(与矢量的元素个数，即特征长度相关)，它是实体模型(图 5-15(a))，因而不能处理长度可变的序列。而自注意力模

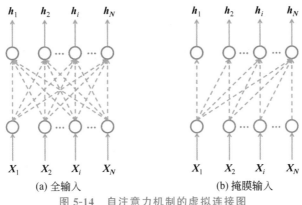

图 5-14 自注意力机制的虚拟连接图

型处理的是序列信息,建立的是输入序列和输出序列的关系,因此它是动态模型,动态生成不同的连接边,虚拟的连接权重都是变化的。当输入更长的序列时,生成的连接边就更多,图 5-15(b)是虚拟连接模型,虚线连接边随输入数据长度是动态变化的。

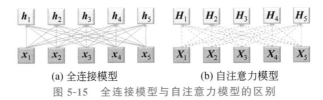

图 5-15 全连接模型与自注意力模型的区别

从前述的自注意力机制的计算过程可以看到,自注意力机制有以下特性。

(1)具有一定的记忆能力,3 个线性变换阵可以通过将自注意力机制加入深度神经网络,经网络的训练求得,可以代表输入的某种特性。3 个线性变换可以看作 3 个独立的全连接线性神经网络层,因此可以说自注意力机制有一定的记忆能力,但记忆能力有限。

(2)注意力值的计算具有并行性,且可直接采用矩阵运算,计算效率高。

(3)实现的是线性映射,$H = \alpha W^T X$,不具有非线性映射能力,本质为 X 的线性加权变换。

由自注意力机制的上述特点可知,独立将自注意力机制作为深度神经网络使用并不可行,它仅是通过寻找输入量或输入序列内部相关性给输入加权的一种方法。它必须与其他深度神经网络的骨干网络相结合来使用,可以作为神经网络的一层来使用,也可以用来替换卷积层或循环层,也可以与卷积层或循环层交叉堆叠使用。在使用中,还可以通过多个自注意力机制提取输入的不同特征,提高其存储记忆能力;通过骨干网络的非线性神经元获得非线性映射能力。

自注意力的缺点如下:由于每一个点都要捕捉全局的上下文信息,这就导致了自注意力机制模块会有很大的计算复杂度和存储容量需求。

5.3.2 自注意力机制与 RNN 的区别

自注意力机制和 RNN 都能处理序列数据,建立数据之间的联系,但是由于结构不同,它们的处理效果和实现方式有极大的区别。

根据输入信息的方式,自注意力机制的结构及特性有两种,详见 5.3.1 节。下面重点介绍 RNN 的结构及特性。

图 5-16 给出了普通 RNN 按输入信息顺序展开的结构图(a)和其对应的简图(b)。图 5-17给出了双向 RNN 按输入信息顺序展开的结构图(a)和其对应的简图(b)。

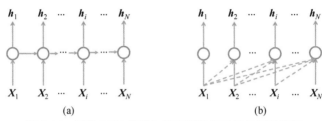

图 5-16　普通 RNN 按输入信息顺序展开结构图及简图

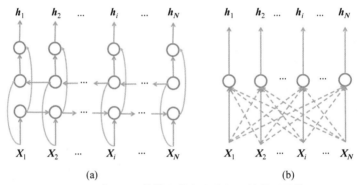

图 5-17　双向 RNN 按输入信息顺序展开结构图及简图

对比自注意力机制的虚拟连接图 5-14 和 RNN 按输入时序展开的结构简图,可以看到全输入的自注意力机制和双向 RNN,掩膜输入的自注意力机制和普通 RNN 在形式上基本一致。但是它们本质上是不同的,从神经网络角度看,自注意力机制模型是依据输入数据的自相关性的线性前向神经网络,而 RNN 是有隐层反馈连接的循环神经网络。具体区别如下。

(1)自注意力是前向线性单层网络,不能表示非线性映射关系,但能够建立任何长度的输入长程关系,将它与某种前向神经网络结合,对于处理长程依赖关系的问题会有更好效果;RNN 是反馈网络,由于激活函数的特性,训练时会出现"梯度消失"和"梯度爆炸"问题,难以建立输入数据的长程关系,所以 RNN 在处理涉及长程依赖关系的问题时效果不佳。

(2)自注意力机制可以并行实现,且可以采用二阶矩阵相乘提高处理速度;RNN 只能按数据的输入顺序串行计算,无法并行实现,计算效率相对低下;双向 RNN 由于存在正反两个方向的串行计算,效率更低。

(3)实现自注意力模型和 RNN 时,自注意力模型和双向 RNN 比普通 RNN 需要更大的内存空间存储中间结果,且输入数据的长度越长,需求越大。

5.3.3　自注意力机制在视觉领域的应用

尽管自注意力机制是在自然语言处理中发展起来的方法,但也可以在视觉领域直接应用,不过仍然保留了 Query、Key 和 Value 等名称。图 5-18 是视觉中自注意力的基本结构,Feature Maps 是由基本的深度卷积网络得到的特征图,如 ResNet、Xception 等,这些基本的深度卷积网络被称为 Backbone,通常将最后 ResNet 的两个下采样层去除,使获得的特征图是原输入图像的 1/8 大小。视觉自注意力结构也包含 3 个分支,分别是 Query、Key 和 Value。计算也是同样的 3 步:第 1 步将 Query 和每个 Key 进行相似度计算,得到权重,常用的相似度函数有点积、拼接、感知机等;第 2 步使用一个 Softmax 函数对这些权重进行归一化;第 3 步将权重和相应的键值 Value 进行加权求和,得到最后的自注意力特征图。

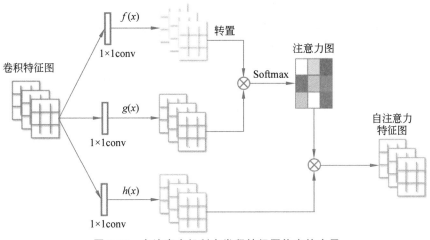

图 5-18　自注意力机制在卷积神经网络中的应用

　　2017 年,何凯明等提出的 Non-local Neural Networks(图 5-19)是著名的视觉自注意力方法,本质上就是在卷积网络中的某一位置加入自注意力,再加一个残差连接的模块。这种方法在卷积网络中的应用可以建立某层所有特征之间的联系,提高卷积网络的性能。由于计算需求大,建议尽量在卷积网络的高层应用。

　　图 5-19 的 Non-local Neural Networks 是对特征图的空间位置上信息加权,是空间自注意力。类似也可以对通道进行加权,只是三个变换都是针对通道进行的。

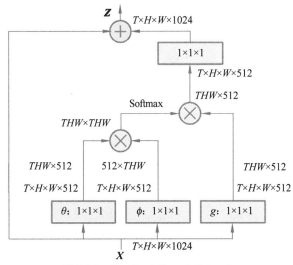

图 5-19　Non-local Neural Networks

DANet(Dual Attention Networks)(图 5-20)则是将视觉通道自注意力和空间自注意力并行相加,它在语义分割中取得了良好效果。DANet 中的空间自注意力模块和通道自注意力模块都是 Non-local 模块。

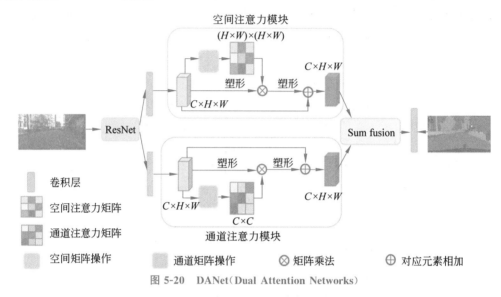

图 5-20 DANet(Dual Attention Networks)

图 5-21 给出了两种视觉注意力的细节,空间注意力模块中的 **K**、**Q**、**V** 均由输入 **A** 经过 CNN 获得,维度均为 $C \times H \times W$,然后将它们都塑形(Reshape)成 $C \times N(N = H \times W)$,然后将 **K** 的转置与 **Q** 相乘得到 $N \times N$ 的矩阵,矩阵的每个元素表示所有特征图上的不同像素点之间的关系,提取的是空间信息。再将沿着行的维度取 Softmax 后的矩阵与 **V** 相乘,然后塑形为 $C \times H \times W$,最后与 **A** 逐像素相加,形成残差结构,每个位置都融合了其他位置的信息。同理,通道自注意力不过是将 **Q** 与 **K** 的转置相乘得到 $C \times C$ 的矩阵,矩阵中的每个元素表示特征图之间的关系,提取的是通道信息,最后每个通道也都融合其他通道的信息。

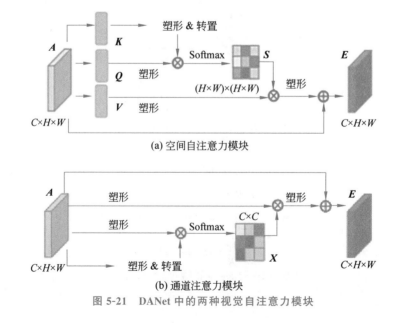

(a) 空间自注意力模块

(b) 通道注意力模块

图 5-21 DANet 中的两种视觉自注意力模块

自注意力不仅能在处理图像的卷积神经网络中应用，还可以在处理视频的 CNN-RNN 中应用。图 5-22 给出了处理视频序列的 CNN-RNN 中的自注意力机制，由于这种自注意力是加在时间维度上，针对时序任务的，也被称为时间注意力机制。

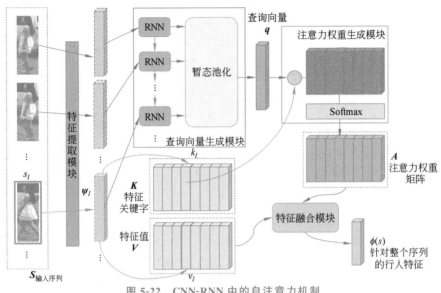

图 5-22　CNN-RNN 中的自注意力机制

图 5-22 是以行人视频序列为例展示的时间自注意力。行人序列中的个别帧通常会出现遮挡问题，为此要对视频序列中的每一帧进行加权，更准确地获取针对整个序列的行人特征。加权的方法采用自注意力机制，首先将由 CNN 提取的每帧特征通过线性全连接层变换为键值和特征值，通过 RNN 将 CNN 得到的每帧特征连接起来，并用暂态池化（常用取均值的方法）得到查询量，进而得到注意力权重，实现各帧特征的加权融合。图 5-23 给出了这一过程的细节。

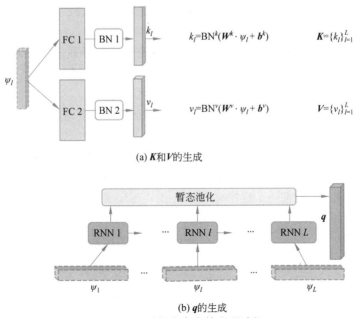

图 5-23　时间注意力的实现过程

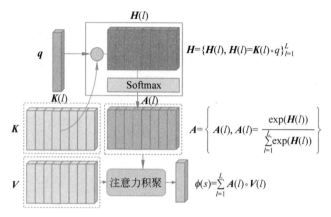

(c) 注意力权重的生成与时间注意力机制的实现

图 5-23　（续）

5.4　互注意力机制

如果软注意力机制中的 K 和 V 来自输入信息，Q 来自其他（例如，输出）信息，由于既用到输入信息，又用到其他信息，因此称为互注意力机制。互注意力机制是一种通用的思想，本身不依赖于特定框架，但是常结合 Encoder-Decoder（编码器—译码器）框架使用，用来处理与时间相关或与顺序相关的信息。

互注意力的一个典型应用就是语言翻译。在 4.4.4 节的 Seq2Seq 模型中，Encoder 总是将源句子的所有信息编码到一个固定长度的上下文向量 C 中，然后在 Decoder 译码的过程中向量 C 都是不变的。这存在着以下缺陷：

① 对于比较长的句子，很难用一个定长的向量 C 完全表示其意义；

② RNN 存在长序列梯度消失的问题，只使用最后一个神经元得到的向量 C 效果不理想。

这时就可以通过加入互注意力，将翻译的重点置于当前要翻译的单词的编码上。例如将"我是一名学生"译成英文，翻译到"我"时，要将注意力放在原句子的"我"上，翻译到"学生"时，要将注意力放在原句子的"学生"上。

使用了互注意力后，Decoder 的输入就不是固定的上下文向量 C 了，而是会根据当前翻译的信息计算当前的 C。

设 $x_1, x_2, \cdots, x_N$ 按顺序输入编码器，编码器会产生 N 个编码结果 $h_1, h_2, \cdots, h_N$，即编码器的顺序输出。K 和 V 都取自编码器输出，即 $K = [h_1, h_2, \cdots, h_N]$、$V = [h_1, h_2, \cdots, h_N]$，$q$ 取自译码器的输出（实现时取前一个顺序时刻的输出 Y_{j-1}），融合编码器所有输出信息的译码器的第 j 个输入编码特征 C_j 的计算见式（5-8）和式（5-9），其中相似性采用了点积模型。

$$\alpha_{ji} = \text{Softmax}(h_i^{\mathsf{T}} y_{j-1}) = \frac{\exp(h_i^{\mathsf{T}} y_{j-1})}{\sum_i^N \exp(h_i^{\mathsf{T}} y_{j-1})} \tag{5-10}$$

$$C_j = \sum_i^N \alpha_{ji} h_i \quad j = 1, 2, \cdots, M \tag{5-11}$$

在编码器—译码器结构中的互注意力机制计算过程如图 5-24 所示（Encoder 和 Decoder 都使用 RNN 实现）。图中译码器产生第一个输出时，q 取译码开始符＜Begin＞。训练时可采用教师强制措施，第 j 时刻 q 取期望输出 Y_j；实际翻译时，q 取实际输出值 $\hat{Y}_j$（在译码器中的蓝色虚线将其从输出引到输入）。

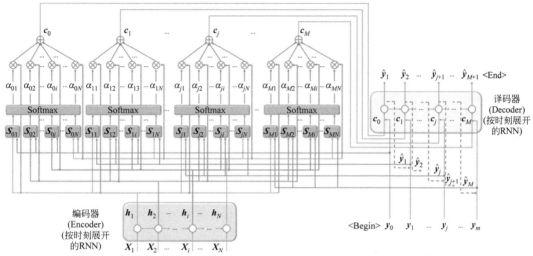

图 5-24　使用 RNN 实现的 Encoder-Decoder 框架中的互注意力的计算过程

5.5　小结

本章在介绍注意力机制原理及计算过程的基础上，从查询量的有无和来自何处，分别引出了卷积网络中常用的通道注意力和空间注意力、能解决长程依赖关系的自注意力及循环神经网络中的互注意力机制。介绍上述 3 种注意力机制的过程中，重点讨论了它们的各种特性和应用、常见的方案和改进措施，以利于读者灵活运用注意力机制。

思考与练习

1. 什么是注意力机制？简要说明其原理和工作过程。

2. 请说明为什么在卷积神经网络中要应用通道注意力和空间注意力。

3. 自注意力的查询量来自何处？能够解决什么问题？

4. 说明自注意力模块不易独立使用的原因。

5. 自注意力机制与 RNN 有什么区别？

6. 互注意力的查询量来自何处？常用在什么类型的深度神经网络中？解决什么类型的问题？

7. 请举例说明各种注意力机制的使用方法。

第 6 章

Transformer

Transformer 是谷歌公司的 Vaswani A 等在 2017 年发表的文章 *Attention is all you need* 中提出解决 Seq2Seq(序列到序列)问题的一种深度神经网络模型。自它提出后,自然语言处理 (Natural Language Processing, NLP)研究取得了巨大进步。2018 年后,人工智能逐渐走进了大模型时代。2022 年 11 月 30 日,OpenAI 发布的 ChatGPT 在邮件撰写、视频脚本编写、文本翻译、代码编写等任务上的强大表现(大多不比人类差),被称为与 AlphaGo 一样轰动的事件,是人工智能"奇点"来临的初显。而 Transformer 正是这些大语言模型的基础。

Transformer 模型由具有残差连接的注意力机制加上具有残差连接的全连接前向网络搭建而成。它抛弃了传统的 Encoder-Decoder 模型必须结合 CNN 或 RNN 的固有模式,只用注意力机制+前向网络来解决 Seq2Seq 问题,例如语言翻译问题、文字到文字的生成问题。注意力机制可以建立任意长度序列输入的长程(长距离)的依赖关系,且具有天然的并行计算特性,使 Transformer 在 NLP 中取得了巨大成功,各类大语言模型,如 Bert、GPT 等大模型均是以其为基础构造的。

Transformer 在解决 NLP 问题的巨大成功,使人工智能的研究人员大受鼓舞,他们开始将其应用于计算机视觉等其他领域。2020 年 Transformer 模型首次被应用到了图像分类任务中,并得到了比 CNN 模型更好的结果。此后,不少研究都开始尝试将 Transformer 模型强大的建模能力应用到计算机视觉的其他领域,Transformer 已经在三大图像问题上——分类、检测和分割,都取得了很好的效果。视觉与语言预训练、图像超分、视频修复和视频目标追踪等任务也已成为 Transformer"跨界"的热门方向。2020 年以后,这些方向的研究大都是在 Transformer 的结构基础上进行应用和设计,也都取得了不错的成绩。这些成果使 Transformer 已然成为一个任何人工智能问题都可以以其为基础来解决的基础模型。

本章首先介绍 Transformer 的结构和工作原理,进而介绍其在自然语言处理和计算视觉中的应用方法。

6.1 Transformer 的结构和工作原理

Transformer 本质上是一个 Encoder-Decoder 的结构,编码器由 6 个编码模块(block)组成(Encoder 每个 block 由残差连接的自注意力和残差连接的前向神经网络(FFNN)组成),译码器也是由 6 个译码 block 组成(Decoder 每个 block 由残差自注意力、残差互注意力(Encoder-Decoder Attention)以及残差 FFNN 组成),编码器最后一个 block 的输出作为译码器每一个 block 的输入。block 中 Attention 的 Head 都不止一个,称为多头注意力

（Multi-Head Attention），它将多个注意力集成到一起，学习特征空间的多个子集，使其特征提取能力进一步提升。在 Transformer 中，模型的输入会被转换成 512 维的向量，然后分为8 个 Head，每个 Head 的维度是 64 维。

　　Transformer 起源于 NLP 研究，后面的介绍均以语言翻译问题（将"我是一名学生"译为英文）为例进行。图 6-1 展示了 Transformer 的概貌。

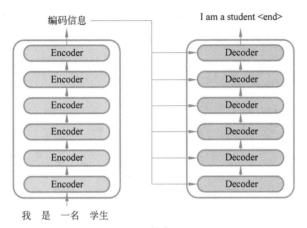

(a) 组成

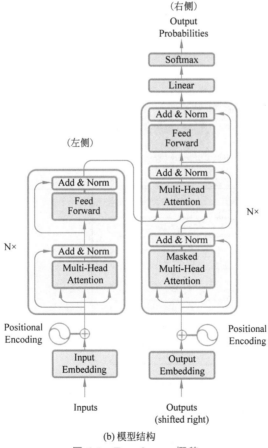

(b) 模型结构

图 6-1　Transformer 概貌

Transformer 的工作流程大体可分为 3 步。

第 1 步：获取输入序列中的每个输入的表示向量 X，X 由输入的编码和所在位置的编码相加得到。将输入序列所有输入的表示向量放在一起，构成 Transformer 的输入向量矩阵。

"我是一名学生"可以看作一个输入序列，每个词在自然语言处理中被称为词元（Token），其在句子中不仅有语义，也有位置，为了使神经网络能够处理它，必须把它们转变为一定长度的矢量（这里也可以看作对它们进行编码），这被称作词编码（Token Embedding）和位置编码（Positional Embedding）。

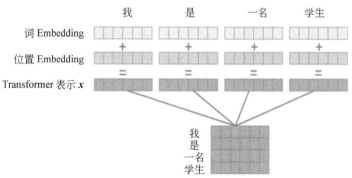

图 6-2　Transformer 输入矩阵的生成

第 2 步：将得到输入向量矩阵（图 6-2 所示，每一行是一个单词的表示）送入 Encoder 中，经过 6 个 Encoder block 后可以得到所有输入的编码信息矩阵 C，如图 6-3 所示。输入向量矩阵用 $X(n×d)$ 表示，n 表示输入序列中输入的数量，d 表示向量的维度（即编码的长度，可根据研究问题的需要选定）。每一个 Encoder block 输出的矩阵维度与输入完全一致。

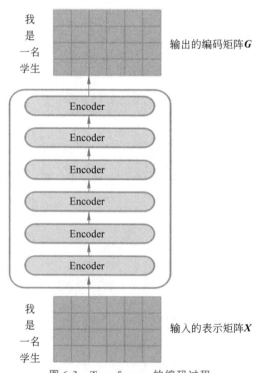

图 6-3　Transformer 的编码过程

第3步：将 Encoder 输出的编码信息矩阵 C 传递到 Decoder 中，Decoder 会依次根据当前输出的前面所有输出来产生下一个输出。以语言翻译为例，就是利用翻译过的单词 $1\sim i$ 翻译下一个单词 $i+1$，如图 6-4 所示。即在使用的过程中，翻译到单词 $i+1$ 的时候需要通过掩盖（Mask）操作遮盖住 $i+1$ 之后的单词。

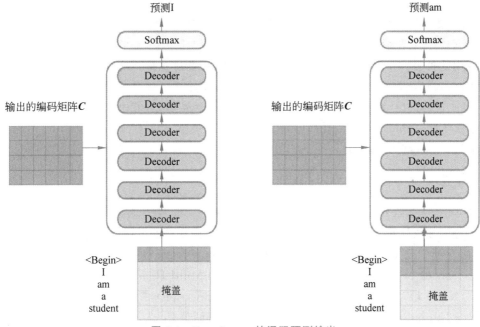

图 6-4 Transformer 的译码预测输出

从 Transformer 的工作流程可以看到，Transformer 的输入不仅考虑了输入序列每个输入的编码，也考虑了其在序列中的位置编码。Transformer 中不仅包含全输入的自注意力机制（Encoder 的输入端），也有掩膜输入的自注意力机制（Decoder 的输入端），还有编码器和译码器之间的互注意力机制。

下面就从 Transformer 的输入、多头自注意力机制、编码器结构、多头互注意力和译码器结构详解 Transformer。

6.1.1 Transformer 的输入

Transformer 中的输入表示 X 由输入词（单词）编码（Token Embedding）和位置编码（Positional Embedding）相加得到。

1. 词编码

词编码（Token Embedding）有很多种方式可以获取，例如可以采用 Word2Vec、Glove 等算法（谷歌等公司提出专用于单词编码深度神经网络）预训练得到，也可以在 Transformer 中训练得到。

2. 位置编码

除了词编码，Transformer 中还需要使用位置编码（Positional Embedding）表示单词出现在句子中的位置。因为 Transformer 不采用 RNN 结构，而是使用全局信息，因此不能利用单词的顺序信息，而这部分信息对于 NLP 来说非常重要。所以 Transformer 中使用位置编码保存单词在序列中的相对或绝对位置。

位置编码用 P 表示,PE 的维度与单词 Embedding 是一样的。PE 可以通过训练得到,也可以使用某种公式计算得到。Transformer 采用了后者,计算公式如下。

$$PE_{(\text{pos},2i)} = \sin(\text{pos}/10000^{2i/d})$$
$$PE_{(\text{pos},2i+1)} = \cos(\text{pos}/10000^{2i/d}) \tag{6-1}$$

其中,pos 表示单词在句子中的位置,d 表示 PE 的维度(与词 Embedding 一样),$2i$ 表示偶数的维度,$2i+1$ 表示奇数的维度(即 $2i \leqslant d$,$2i+1 \leqslant d$)。

使用这种公式计算 PE 有以下好处:①使用 PE 能够适应比训练集里面所有句子更长的句子,假设训练集里面最长的句子有 50 个单词,突然来了一个长度为 51 的句子,使用公式计算的方法可以计算出第 51 位编码。②可以让模型容易地计算出相对位置,对于固定长度的间距 k,$PE_{\text{pos}+k}$ 可以用 PE_{pos} 计算得到。因为 $\sin(A+B) = \sin(A)\cos(B) + \cos(A)\sin(B)$,$\cos(A+B) = \cos(A)\cos(B) - \sin(A)\sin(B)$。

6.1.2　多头自注意力机制

图 6-1(b)是 Transformer 的内部结构图,左侧为 Encoder,右侧为 Decoder。橘黄色框中的部分为多头注意力(Multi-Head Attention),是由多个自注意力或多个互注意力组成的,可以看到 Encoder block 包含一个 Multi-Head Attention,而 Decoder block 包含两个 Multi-Head Attention(其中有一个用到 Masked)。Multi-Head Attention 上方还包括一个 Add & Norm 层,Add 表示残差连接(Residual Connection),用于防止网络退化,Norm 表示 Layer Normalization,用于对每一层的激活值进行归一化。

Transformer 中的注意力机制就是第 5 章中的自注意力和互注意力,不过其相似度计算采用的是缩放点积模型,式(6-2)重新列出了它的计算公式。

$$\text{Attention}(\boldsymbol{K},\boldsymbol{Q},\boldsymbol{V}) = \text{Softmax}\left(\frac{\boldsymbol{K}^{\mathrm{T}}\boldsymbol{Q}}{\sqrt{d_k}}\right)\boldsymbol{V} \tag{6-2}$$

缩放点积模型的优点是普通向量的点积结果如果很大,会将 Softmax 函数推到梯度很小的区域,通过除以输入的维度开方可以缓解这种现象的发生。

图 6-5 是 *Attention is all you need* 一文中给出的注意力的工作过程(已在 5.1 节介绍过)。Transformer 不仅使用了自注意力,也使用了互注意力,图 6-5 中的 $\boldsymbol{K}$、$\boldsymbol{Q}$ 和 $\boldsymbol{V}$ 都来自输入 $\boldsymbol{X}$,就是自注意力;$\boldsymbol{K}$ 和 $\boldsymbol{V}$ 来自编码器输出;$\boldsymbol{Q}$ 来自译码器输入,就是互注意力。

下面以"我是一名学生"为例,以矩阵运算的方式再次说明注意力机制的计算过程,以使读者更好地理解 Transformer。

将"我是一名学生"输入 Transformer,通过词编码和位置编码,得到一个 4×6 的输入矩阵 $\boldsymbol{X}$(假设编码长度为 6)。

第 1 步,将输入矩阵 $\boldsymbol{X}$ 与线性变阵矩阵 $\boldsymbol{W}_K$、$\boldsymbol{W}_Q$、$\boldsymbol{W}_V$(实质为线性神经网络层,它们的连接权通过对 Transformer 的训练得到)相乘得到 $\boldsymbol{K}$、$\boldsymbol{Q}$、$\boldsymbol{V}$。计算如图 6-6 所示,注意 $\boldsymbol{X}$、$\boldsymbol{K}$、$\boldsymbol{Q}$、$\boldsymbol{V}$ 的每一行都表示一个单词。

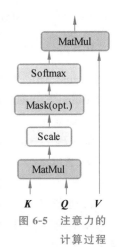

图 6-5　注意力的计算过程

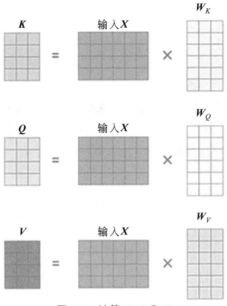

图 6-6 计算 K、Q 和 V

第 2 步，由式(6-2)计算注意力分布。该公式计算矩阵 K 和 Q 每一行向量的内积，为了防止内积过大，因此除以 d_k 的平方根。K 的转置乘以 Q 后，得到的矩阵行列数都为 n（此例中为 4），n 为句子单词数，这个矩阵可以表示单词之间的注意力强度。图 6-7(a)为 K 的转置乘以 Q，1、2、3、4 表示的是句子中的单词。得到相似度矩阵后，使用 Softmax 计算每个单词对于其他单词的 Attention 系数，式(6-2)中的 Softmax 是对矩阵的每一行进行 Softmax，即每一行的和都变为 1（因为序列数据每次只能输入一个单词），逐行 Softmax 得到注意力分布矩阵（图 6-7(b)）。

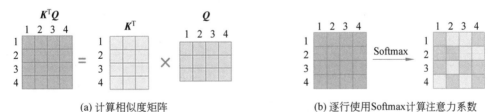

(a) 计算相似度矩阵　　　　　　　　　(b) 逐行使用Softmax计算注意力系数

图 6-7 计算注意力分布矩阵

第 3 步，将注意力分布矩阵与 V 矩阵相乘，得到最终的注意力输出矩阵 Z。图 6-8(a)给出了这一过程，图中注意力分布矩阵（Softmax 矩阵）的第 1 行表示单词 1 与其他所有单词的 Attention 系数，最终单词 1 的输出 Z_1 等于所有单词 i 的值 V_i 根据 Attention 系数的比例加在一起得到，如图 6-8(b)所示。

多头注意力（Multi-Head Attention）是由多个注意力（Attention）组合形成的，图 6-9(a)是原论文中 Multi-Head Attention 的结构图，图(b)是 $h=8$ 时候的情况，此时会得到 8 个输出矩阵 Z_i，$i=1,2,\cdots,8$。

得到 8 个输出矩阵 Z_1 到 Z_8 后，Multi-Head Attention 将它们拼接（Concat）在一起，然后传入一个线性（Linear）神经网络层，得到最终的输出 Z（图 6-10）。可以看到输出的矩阵

Z 与其输入的矩阵 X 的维度是一样的。

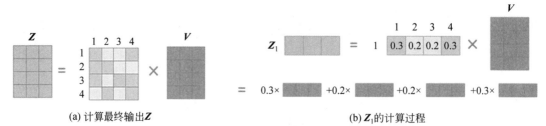

(a) 计算最终输出 Z　　　　　　　　　　(b) Z_1 的计算过程

图 6-8　计算注意力模块的最终输出

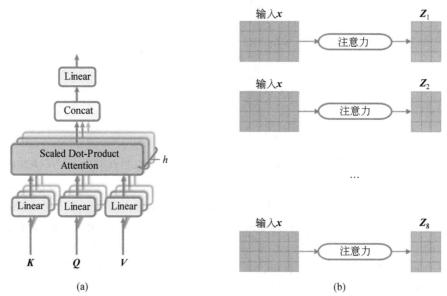

(a)　　　　　　　　　　　　　　(b)

图 6-9　多头注意力（Multi-Head Attention）结构图

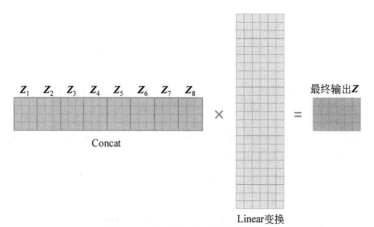

图 6-10　多头注意力的最终输出

6.1.3　编码器结构

图 6-1(b)左侧是 Transformer 的 Encoder block 结构，它由 Multi-Head Self-Attention、

Add & Norm、Feed Forward、Add & Norm 组成的。6.1.2 节已经对 Multi-Head Attention 作了详细介绍,下面介绍 Add & Norm 和 Feed Forward 部分。

1. Add & Norm

Add & Norm 层由 Add 和 Norm 两部分组成,计算公式如下。

$$\text{LayerNorm}(\boldsymbol{X} + \text{MultiHeadAttention}(\boldsymbol{X}))$$

$$\text{LayerNorm}(\boldsymbol{X} + \text{FeedForward}(\boldsymbol{X})) \tag{6-3}$$

其中,$\boldsymbol{X}$ 表示 Multi-Head Attention 或者 Feed Forward 的输入,Multi-Head Attention($\boldsymbol{X}$) 和 Feed Forward($\boldsymbol{X}$)表示输出(输出与输入 $\boldsymbol{X}$ 维度是一样的,所以可以相加)。

Add 指 $X +$ Multi-Head Attention($\boldsymbol{X}$),是一种残差连接,在 ResNet 中经常用到,通常用于解决多层网络训练的问题,可以让网络只关注当前差异的部分。图 6-11 给出了它的结构。

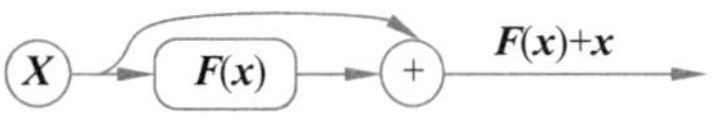

图 6-11　Add 的结构

Norm 指 Layer Normalization,常用于 RNN 结构,Layer Normalization 会将每一层神经元的输入转成均值方差一致的输入,这样可以加快网络训练的收敛速度。

2. Feed Forward

Feed Forward 层比较简单,是一个两层的全连接层,第一层的激活函数为 ReLU,第二层不使用激活函数,对应的公式如下。

$$\max(0, \boldsymbol{X}\boldsymbol{W}_1 + \boldsymbol{b}_1)\boldsymbol{W}_2 + \boldsymbol{b}_2 \tag{6-4}$$

X 是输入,Feed Forward 最终得到的输出矩阵维度与 $\boldsymbol{X}$ 一致。

通过上面描述的 Multi-Head Attention、Add & Norm 和 Feed Forward,就可以构造出一个 Encoder block,Encoder block 接收输入矩阵 $\boldsymbol{X}(n \times d)$,并输出一个矩阵 $\boldsymbol{O}(n \times d)$。通过多个 Encoder block 叠加,就可以组成 Encoder(图 6-3)。

第一个 Encoder block 的输入为句子单词(输入序列)表示的向量矩阵,后续 Encoder block 的输入是前一个 Encoder block 的输出,最后一个 Encoder block 输出的矩阵就是编码信息矩阵 $\boldsymbol{C}$,这一矩阵后续会送到 Decoder 中。

6.1.4　译码器结构

图 6-1(b)右侧为 Transformer 的 Decoder block 结构,它与 Encoder block 相似,但是也存在一些区别:包含两个 Multi-Head Attention 层。第一个 Multi-Head Attention 层采用 Masked(掩膜)操作,是掩膜输入的多头自注意力。第二个 Multi-Head Attention 层的 $\boldsymbol{K}$、$\boldsymbol{V}$ 矩阵使用 Encoder 的编码信息矩阵 $\boldsymbol{C}$ 进行计算,而 $\boldsymbol{Q}$ 使用上一个 Decoder block 的输出计算,是多头互注意力。最后一个 Decoder block 的后面有一个 Softmax 层,计算下一个输出(翻译的单词)的概率。

1. 第 1 个 Multi-Head Attention

Decoder block 的第 1 个 Multi-Head Attention 是 5.3.1 节介绍的掩膜输入自注意力。之所以采用 Masked 输入,是因为实际应用中对未来值的预测都是以过去值为基础,例如语言翻译过程中是顺序翻译的,即翻译完第 i 个单词,才可以翻译第 $i+1$ 个单词。通过 Masked 操作可以防止第 i 个单词知道 $i+1$ 个单词之后的信息。下面以"我是一名学生"翻译成"I am a student"为例说明 Masked 操作。

　　Decoder 首先根据输入"＜Begin＞"预测出第一个单词为"I"，然后根据输入"＜Begin＞I"预测下一个单词"am"。过程如图 6-12 所示。

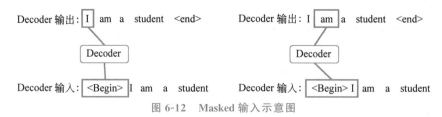

图 6-12　Masked 输入示意图

　　Decoder 在训练过程中使用 Teacher Forcing(详见 4.4.4 节)进行并行化训练，即将正确的单词序列(＜Begin＞ I am a student)和对应输出(I am a student ＜end＞)传递到 Decoder。那么预测第 i 个输出时，就要将第 $i+1$ 之后的单词掩盖住。需要再次强调的是，Teacher Forcing 仅在训练时使用，推理或实际翻译时，Decoder 的输入(第一个 block)是过去时刻 Decoder 已经产生的实际输出。

　　下面用 0、1、2、3、4、5 分别表示"＜Begin＞I am a student ＜end＞"，说明掩膜自注意力的计算过程。

　　第 1 步：Decoder 的输入矩阵和 Mask 矩阵(图 6-13)。输入矩阵包含"＜Begin＞I am a student"(0,1,2,3,4)五个单词的表示向量，Mask 是一个 5×5 的矩阵，用 1 表示不遮挡(绿色)，用-inf(负无穷小)表示遮挡(黄色)。由 Mask 可以发现单词 0 只能使用单词 0 的信息，而单词 1 可以使用单词 0、1 的信息，即只能使用之前的信息。

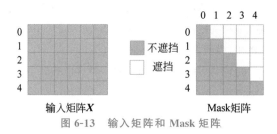

图 6-13　输入矩阵和 Mask 矩阵

　　第 2 步：通过输入矩阵 $\boldsymbol{X}$ 计算得到 $\boldsymbol{K}$、$\boldsymbol{Q}$、$\boldsymbol{V}$ 矩阵，然后计算 $\boldsymbol{K}^{\mathrm{T}}$ 和 $\boldsymbol{Q}$ 的乘积 $\boldsymbol{K}^{\mathrm{T}}\boldsymbol{Q}$。其过程与普通注意力一致，过程如图 6-2 和图 6-3(a)所示。

　　第 3 步：得到 $\boldsymbol{K}^{\mathrm{T}}\boldsymbol{Q}$ 之后，需要按式(6-2)进行 Softmax，计算注意力分布，但在 Softmax 之前需要使用 Mask 矩阵遮挡住每个单词之后的信息，遮挡操作如图 6-14 所示。

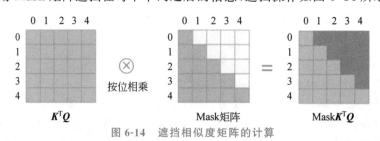

图 6-14　遮挡相似度矩阵的计算

　　得到 Mask $\boldsymbol{K}^{\mathrm{T}}\boldsymbol{Q}$ 之后，在 Mask $\boldsymbol{K}^{\mathrm{T}}\boldsymbol{Q}$ 上逐行进行 Softmax，每一行的和都为 1。但是单词 0 在单词 1、2、3、4 上的注意力分布分数都为 0。掩膜输入自注意力输出计算公式见

式(5-9)。

第 4 步：使用经过逐行 Softmax 处理后的 Mask $K^{\mathrm{T}}Q$ 与矩阵 V 相乘，得到输出 Z，则单词 1 的输出向量 z_1 只包含单词的 1 信息，过程与图 6-8 一样。

通过上述步骤就可以得到一个 Mask Self-Attention 的输出矩阵 Z_i，然后和 Encoder 类似，通过 Multi-Head Attention 拼接多个输出 Z_i，计算得到第一个 Multi-Head Attention 的输出 Z，Z 与输入 X 维度一样。

2. 第 2 个 Multi-Head Attention

Decoder block 的第 2 个 Multi-Head Attention 是 5.4 节介绍的互注意力，它的 K、V 矩阵不是使用上一个 Decoder block 的输出计算的，而是使用 Encoder 的编码信息矩阵 C 计算的。

根据 Encoder 的输出 C 计算得到 K、V，根据上一个 Decoder block 的输出 Z 计算 Q（如果是第 1 个 Decoder block，则使用输入矩阵 X 进行计算），后续的计算方法与之前描述的一致。

在 Decoder 中使用互注意力，可使每一时刻的输出（预测的每个单词）都可以利用 Encoder 所有输入序列（单词）的信息。

3. Softmax 预测输出（单词）

Decoder 最后是利用 Softmax 预测下一个单词，之前的网络层已经得到一个最终的输出 Z。因为 Mask 的存在，使得单词 0 的输出 Z_0 只包含单词 0 的信息，如图 6-15(a)所示。Softmax 根据输出矩阵的每一行预测下一个输出（单词），如图 6-15(b)所示。

图 6-15　Softmax 预测输出

Decoder block 就是通过上面描述的两个 Multi-Head Attention、6.1.3 节中介绍的 Add ＆Norm 和 Feed Forward 构造的。Decoder block 接收输入矩阵 $X(n \times d)$，并输出一个矩阵 $O(n \times d)$。通过多个 Decoder block 叠加就可以组成 Decoder（图 6-4）。

第一个 Decoder block 的输入为句子（输出序列）的表示向量矩阵（掩码输入），后续 Decoder block 的输入是前一个 Decoder block 的输出，最后一个 Decoder block 输出的矩阵连接线性层和 Softmax，得到 Transformer 的最终预测输出。

6.1.5　Transformer 的训练

Transformer 本身就是编码—译码结构，编码器将输入序列 $X_1, X_2, \cdots, X_N$ 编码成编码序列 $C_1, C_2, \cdots, C_N$，译码器将编码序列 $C_1, C_2, \cdots, C_N$ 译码成每一刻产生一个输出 Y_i 的输出序列 $Y_1, Y_2, \cdots, Y_M$，可以直接用于语言翻译，也可以直接用于文字→文字生成。Transformer 的训练可以直接采用误差反向算法进行，训练数据集可以使用语言翻译数据集,*Attention is all you need* 原文中的实验部分采用了自然语言理解中的英文→德文、英文→法文的数据集训练 Transformer,与其他神经序列变换模型进行对比分析。Transformer 的训练在词编码和全连接层部分都使用了 Dropout 技术。

6.1.6　Transformer 的特点分析

(1) Transformer 不同于 RNN,不需要输入序列按时刻串行输入,只需将输入序列构成的输入矩阵送入 Transformer。它可以比较好地并行训练和执行,有更高的运行效率,但也有更大的存储需求。

(2) Transformer 是由注意力和前向神经网络组成的,理论上它可以构建任意长度输入序列的长程关系,因此在各种应用中展现了良好的性能。

(3) Transformer 的输入中增加输入序列的位置编码,使其不仅能建立输入序列的长程,还能够表示特定输入在序列中的位置。RNN 按时刻输入序列数据,使其隐式记忆了输入的位置信息,相比之下,Transformer 的自注意力层对不同位置出现相同的词给出的是同样的输出向量表示。如果没有位置编码,输入 Transformer 中两个相同但位置不同的词,例如在不同位置上的"I",其表示的向量是相同的。

(4) Transformer 各模块里的注意力和前向网络都是残差连接,使 Transformer 更易训练。

(5) Transformer 中的 Multi-Head Attention 中有多个 Attention,可以捕获输入序列之间多种维度上的相关性,在提高了模型特征提取能力的同时也提高了模型的记忆能力。

6.2　Transformer 在 NLP 中的应用

Transformer 起源于 NLP 研究,最显著的成果也是在 NLP 中的应用。它已经成为大语言模型的基础构件,也是生成式人工智能文字生成文字的基础构件。

图 6-16 给出了语言模型的发展历程。从图中可知,自 2018 年以来,用 Transformer 构建大语言模型存在仅使用编码器(右侧下面分支)、仅使用译码器(右侧上面分支)和使用编码器—译码器组(中间分支)的三种模式。仅编码器的大语言模型擅长文本理解,因为它们允许信息在文本的两个方向上流动。仅译码器的大语言模型擅长文本生成,因为信息只能

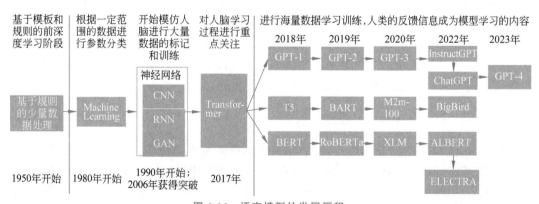

图 6-16　语言模型的发展历程

从文本的左侧向右侧流动,以自回归方式有效生成新词汇。编码器—译码器的大语言模型结合了上述两种模型,用于完成需要理解输入并生成输出的任务,例如语言翻译任务等。

使用 Transformer 的编码器—译码器框架用于语言翻译的基本思想和训练方式已贯穿在 6.1 节中,本节不再重复。本节主要介绍编码器模式的典型代表 BERT 和译码器模式的典型代表 GPT 的基本原理和训练方法。

6.2.1 BERT 的基本原理和训练方法

BERT(Bidirectional Encoder Representation from Transformers)是 2018 年 10 月由 Google AI 研究院在文章 *BERT：Pre-training of Deep Bidirectional Transformers for Language Understanding* 中提出的一种预训练模型,该模型在机器阅读理解顶级水平测试 SQuAD 1.1 中表现出惊人的成绩：全部两个衡量指标上全面超越人类,并且在 11 种不同 NLP 测试中创出当时最好的表现,代表实现大模型的一种模式。

1. BERT 的结构

BERT 仅用了 Transformer 的 Encoder 侧的网络(图 6-1)。在 Transformer 中,模型的输入会被转换成 512 维的向量,然后分为 8 个 Head,每个 Head 的维度是 64 维,但是 BERT 的维度是 768,然后分成 12 个 Head,每个 Head 的维度是 64 维,这是一个微小的差别。Transformer 中的位置编码用的三角函数,BERT 中也有一个位置编码是随机初始化,然后从数据中学出来的。

BERT 模型分为 24 层和 12 层两种,其差别就是使用 Transformer Encoder 层数的差异,BERT-Base 使用的是 12 层的 Transformer Encoder 结构,BERT-Large 使用的是 24 层的 Transformer Encoder 结构。两套模型的参数总数分别为 110M 和 340M,已是当时最大的模型。

2. BERT 的输入和输出

1) BERT 的输入

BERT 的输入编码比 Transformer 的多了 1 项,共 3 项(图 6-17)。

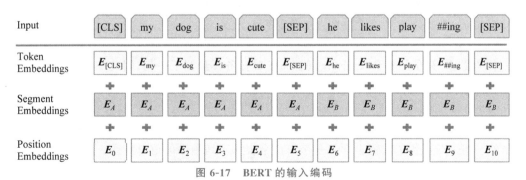

图 6-17 BERT 的输入编码

(1) 词编码。

词编码用于将词编码成神经网络能够运算的向量,第一个单词是 CLS 标志,可以用于之后的分类任务。

通过建立词向量表将每个词转换成一个一维向量,作为模型输入。特别的,英文词汇会做更细粒度的切分,比如 playing 可以切割成 play 和 ♯♯ing。

假如输入文本"I like dog"。图 6-18 则为 Token Embeddings 层的实现过程。输入文本在送入 Token Embeddings 层之前,要先进行 Tokenization 处理,即加入两个特殊的 Token,插入文本开头[CLS]和结尾[SEP]。[CLS]表示该特征用于分类模型,对非分类模型,该符号可以省去。[SEP]表示分句符号,用于断开输入语料中的两个句子。

BERT 处理英文文本时,只需要 30 522 个词,Token Embeddings 会将每个词转换成 768 维向量,图 6-18(a)给出的例子中,5 个 Token 会被转换成一个 5×768 维的矩阵或(1,6,768)的张量。

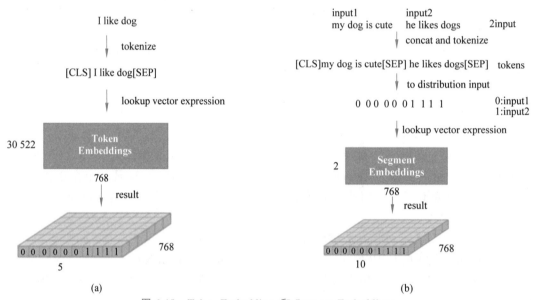

图 6-18　Token Embeddings 和 Segment Embeddings

(2) 句子编码。

BERT 能够处理句子对的分类任务,这类任务就是判断两个文本是否语义相似。句子对中的两个句子被简单地拼接在一起后送入模型中,BERT 用句子编码(Segment Embeddings)来区分一个句子对是否是两个句子。

Segment Embeddings 有两种向量表示,前一个向量把 0 赋值给第一个句子的各个 Token,后一个向量把 1 赋值给各个 Token。问答系统等任务要预测下一句,因此输入是有关联的句子(图 6-18(b))。而文本分类只有一个句子,那么 Segement Embeddings 就全部是 0。

(3) 位置编码。

位置编码(Position Embeddings)和 Transformer 中的不一样,不是三角函数,而是学习出来的。BERT 在各个位置上学习一个向量来表示序列顺序的信息编码。

最后,BERT 模型将用 Token Embeddings ＋ Segment Embeddings ＋ Position Embeddings 求和的方式得到一个 Embedding 作为模型的输入。如果输入序列的长度维数为 n,那么 BERT 的输入矩阵就是 $n×768$ 矩阵。

BERT 中处理的最长序列是 512 个 Token,长度超过 512 会被截取。

2) BERT 的输出

由于 BERT 采用的是 Transformer 的编码器结构,其特点就是有多少个输入就有多少个

对应的输出,所以 BERT 的输出也与输入一致,即有多少个输入就有多少个输出。图 6-19 给
出了 BERT 的输出图示。

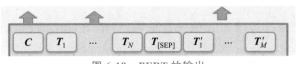

图 6-19   BERT 的输出

图中的 C 为分类 Token([CLS])对应的最后一个 Encoder 的输出,T_i 则代表其他
Token 对应最后一个 Encoder 的输出。对于一些 Token 级别的任务(如序列标注和问答任
务),就把 T_i 输入额外的输出层(相当于再增加一个专用于输出的预测网络)中进行预测。
对于一些句子级别的任务(如自然语言推断和情感分类任务),就把 C 输入额外的输出层
(也是再增加一个专用于输出的分类网络)中,这也就解释了为什么要在每个 Token 序列前
都要插入特定的分类 Token。

3. BERT 训练

BERT 的训练包含预训练(Pre-training)和微调(Fine-tuning)两个阶段(见图 6-20)。
Pre-training 阶段是模型在无标注的标签数据上进行训练;Fine-tuning 阶段是所有参数会
用下游的有标注的数据进行训练。

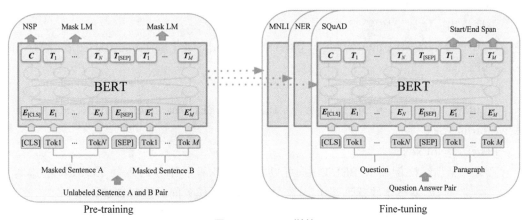

图 6-20   BERT 训练

1)BERT 预训练

BERT 使用的是 Transformer 的编码器结构,其中自注意力采用的是全输入的自注意
力机制,因此 BERT 构建的模型是双向模型,任意一个输出都与所有输入有关,特别适合完
成语言理解类的任务。

BERT 是一个多任务模型,它的预训练任务由两个自监督任务组成,即掩膜语言模型
(Masked Language Model,MLM)和下一个句子预测(Next Sentence Prediction,NSP)。

MLM 是指在训练的时候随即从输入语料上 Mask(遮挡)掉一些单词,然后通过上下文
预测该单词,该任务非常像完形填空。正如传统的语言模型算法和 RNN 匹配那样,MLM
的这个性质和 Transformer 的结构是非常匹配的。在 BERT 实验中,15% 的 Word Piece
Token 会被随机 Mask 掉。在训练模型时,一个句子会被多次喂到模型中,用于参数学习,
但是谷歌并没有在每次都 Mask 掉这些单词,而是在确定要 Mask 掉的单词之后,做以下

处理。

（1）80%的时候会直接替换为[Mask]，将句子 my dog is cute 转换为句子 my dog is [Mask]。

（2）10%的时候将其替换为其他任意单词，将单词 cute 替换成另一个随机词，例如 apple。将句子 my dog is cute 转换为句子 my dog is apple。

（3）10%的时候会保留原始 Token，例如保持句子为 my dog is cute 不变。

再用该位置对应的 T_i 去预测出原来的 Token（输入全连接，然后用 Softmax 输出每个 Token 的概率，最后用交叉熵计算 Loss）。

该策略令 BERT 不再只对[Mask]敏感，而是对所有的 Token 都敏感，以至能抽取出任何 Token 的表征信息。

NSP。一些如问答、自然语言推断等任务，需要理解两个句子之间的关系，而 MLM 任务倾向于抽取 Token 层次的表征，因此不能直接获取句子层次的表征。为了使模型能够有能力理解句子间的关系，BERT 使用 NSP 任务来预训练，简单来说就是预测两个句子是否连在一起。具体的做法是：对于每个训练样例，在语料库中挑选句子 A 和句子 B 来组成，50%的时候句子 B 就是句子 A 的下一句（标注为 IsNext），剩下 50%的时候句子 B 是语料库中的随机句子（标注为 NotNext）。接下来把训练样例输入 BERT 模型中，用[CLS]对应的 C 信息去进行二分类（即只有二类的分类问题）的预测。

最后给出一个训练样例。

Input1＝[CLS] the man went to [MASK] store [SEP] he bought a gallon [MASK] milk [SEP]

Label1＝IsNext

Input2＝[CLS] the man [MASK] to the store [SEP] penguin [MASK] are flight ♯♯less birds [SEP]

Label2＝NotNext

把每一个训练样例输入 BERT 中，可以相应获得两个任务对应的 Loss，再把这两个 Loss 加在一起，就是整体的预训练 Loss。（也就是两个任务同时进行训练）

可以明显地看出，这两个任务所需数据其实都可以从无标签的文本数据中构建（自监督性质），因此也将这种预训练称为自监督的预训练方法。

2）BERT 的微调

在海量的语料上训练完 BERT 后，便可以将其应用到 NLP 的各个任务中了。微调（Fine-Tuning）的任务包括：基于句子对的分类任务、基于单个句子的分类任务、问答任务、命名实体识别等。通常在 BERT 后加入不同的分类器（一个线性层和 Softmax 输出），完成特定任务。这些任务使用的都是有标签的小数据集，所以 BERT 的微调是有监督的微调，用来确定分类器参数和微调 BERT 的本体参数。

（1）基于句子对的分类任务。

① MNLI：给定一个前提（Premise），根据这个前提去推断假设（Hypothesis）与前提的关系。该任务的关系分为 3 种，蕴含关系（Entailment）、矛盾关系（Contradiction）以及中立关系（Neutral）。所以这个问题本质上是一个分类问题，需要做的是发掘前提和假设这两个句子对之间的交互信息。

② QQP：基于 Quora，判断 Quora 上的两个问题句是否表示的是一样的意思。

③ QNLI：用于判断文本是否包含问题的答案，类似于做阅读理解定位问题所在的段落。

④ STS-B：预测两个句子的相似性，包括 5 个级别。

⑤ MRPC：也是判断两个句子是否是等价的。

⑥ RTE：类似 MNLI，但是只是对蕴含关系的二分类判断，而且数据集更小。

⑦ SWAG：从 4 个句子中选择可能为前句下文的那个。

（2）基于单个句子的分类任务。

① SST-2：电影评价的情感分析。

② CoLA：句子语义判断，是否是可接受的（Acceptable）。

（3）问答任务。

SQuAD v1.1：给定一个句子（通常是一个问题）和一段描述文本，输出这个问题的答案，类似做阅读理解的简答题。

（4）命名实体识别。

CoNLL-2003 NER：判断一个句子中的单词是不是 Person、Organization、Location、Miscellaneous 或者 Other（无命名实体）。

6.2.2　GPT 的基本原理和训练方法

GPT 是 OpenAI 在 2018 年 6 月的论文 *Improving Language Understanding by Generative Pre-Training* 中提出的语言大模型，是 Generative Pre-Training 的简称。随后 OpenAI 不断推出它的升级版本，模型规模越来越大，性能越来越强。2022 年 11 月 30 日，OpenAI 发布的 ChatGPT 就是基于 GPT 3.5 开发的，它引领了基于大语言模型（LLM）的人工智能开发热潮，使人工智能的应用进入大模型时代。

GPT 的结构源于 Transformer 中的译码器，训练方法也是采用先在大规模语料上进行无（自）监督预训练，再在小得多的有监督数据集上对具体任务进行微调的方式。本节主要介绍 GPT 的结构和训练方法。

1. GPT 的结构

GPT 使用 Transformer 的 Decoder 结构，并对 Transformer Decoder 进行了一些改动。原本 Decoder 包含两个 Multi-Head Attention 结构，GPT 只保留了 Mask Multi-Head Attention，如图 6-21 所示。

图 6-21 表明 GPT 的基本模块是将 Transformer 译码器模块（a）图中的第二个多头注意力（互注意力）去掉形成的（b）图。仅从图的结构上看，GPT 的模块与 Transformer 编码器模块结构完全相同，实际上，Transformer 编码器里的自注意力是全输入自注意力，输出输入建立的是双向长程关系，而译码器里的自注意力是掩膜输入自注意力，输出输入建立的是单向长程关系，本质为自回归模型，详见 5.3.1 节。由于 GPT 模块由 Transformer 译码器简化而来，它的自注意力也是掩膜输入自注意力，建立的也是自回归模型。2018 年 6 月推出的 GPT 1.0 是由 12 个 GPT 模块堆垒而成，每个模块的输入编码为 768 维向量，有 12 个掩膜输入自注意力，1 个前向连接层，见图 6-21 的（c）图。

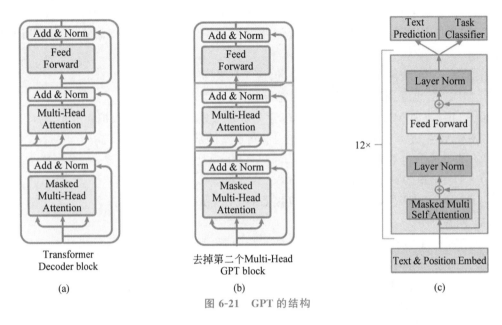

图 6-21　GPT 的结构

2. GPT 的训练

GPT 的训练与 BERT 类似,也包含预训练和微调两个阶段。即先在大规模无标签的语料库上预训练,再在小得多的有标签的数据集上针对具体任务进行微调。

1) GPT 的预训练

GPT 采用的是简化的 Transformer 译码器,其中的自注意力是掩膜输入的自注意力机制,输出仅与当前输入和过去的输入有关,即 GPT 是单向模型,建立的是单向的自回归模型,特别适合解决预测问题。

GPT 采用的是掩膜输入,输出是下一个输入的预测值,因此其训练可以直接采用有监督的误差反向传播算法,确定 GPT 中的权参数。具体来说,给定一定长度的输入序列 $<Begin>,X_1,X_2,\cdots,X_N;Y_1,Y_2,\cdots,Y_N$ 为 GPT 的输出;将 $X_1,X_2,\cdots,X_N,<End>$ 作为网络的期望输出。

第 1 步,将开始符($<Start>$)编码(编码方法与 Transformer 的输入编码一样)后送入 GPT,获得其输出 Y_1;再将 X_1 编码,与$<Start>$的编码一起送入 GPT,得到其输出 Y_2;同样过程继续,直到将$<Begin>,X_1,X_2,\cdots,X_N$ 的编码一起送入 GPT,得到其输出 Y_{N+1}。

第 2 步,求损失函数对网络权值的偏导,反向传播后更新网络权值。

训练可以按上述步骤,逐一向 GPT 送入输入序列进行训练;也可将输入序列编码成输入矩阵一次性送入 GPT,通过构造掩膜矩阵(详见 5.3.1 节和 6.1.4 节),采用矩阵方式进行训练。

上面训练所用数据集没有标注,即采用的是无标签的数据,因此过去称 GPT 的预训练是无监督的预训练。GPT 预训练使用的是有监督的训练方法,训练需要的标签直接取自训练数据集,所以 2019 年之后,这种训练方法被更确切地称为自监督的预训练方法。

2) GPT 的微调

GPT 预训练成功之后,还要针对特定任务进行微调。由于这些任务都可以利用有标签的小数据集训练 GPT,因此 GPT 的微调称为有监督的微调。

　　预训练好的 GPT 可以看作一个通用特征提取器,根据不同的任务需求可以设计一个专用的分类或预测网络(一般使用一层线性网络,其输出通过 Softmax 完成特定任务),将GPT 的输出作为输入,通过有监督的训练方法确定分类或预测网络参数,微调 GPT 本体的参数使其完成特定任务,例如文本情感分类任务。

　　针对不同任务,不仅要微调 GPT 本体的参数,还要简单修改输入数据的格式,例如对于相似度计算或问答,输入是两个序列,为了能够使用 GPT,需要一些特殊的技巧把两个输入序列变成一个输入序列。图 6-22 是 GPT 原文给出的根据不同任务 GPT 的施工改造图(图中的 Transformer 指的是 GPT 本体),从图中可以发现,对这些任务的微调主要是新增线性层的参数以及起始符、结束符和分隔符 3 种特殊符号的向量参数。针对不同任务的说明如下。

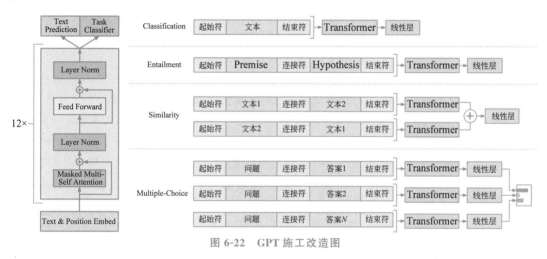

图 6-22　GPT 施工改造图

　　(1) Classification:对于分类问题,不需要作什么修改,加上一个起始和终结符号即可。

　　(2) Entailment(文本蕴涵):对于句子关系判断问题,比如文本蕴涵任务,用一个"＄"符号将文本和假设进行拼接,并在拼接后的文本前后加入开始符"start"和结束符"end",然后将拼接后的文本直接传入预训练的语言模型,在模型后再接一层线性变换和 Softmax即可。

　　(3) Similarity(文本相似度):对于文本相似度任务,由于相似度不需要考虑两个句子的顺序关系,因此,为了反映这一点,将两个句子分别与另一个句子进行拼接,中间用"＄"隔开,并且前后还是加上起始和结束符,然后分别将拼接后的两个长句子传入 Transformer,最后分别得到两个句子的向量,将这两个向量进行元素相加,再接入线性层和 Softmax 层。(对文本相似性判断问题,把两个句子顺序颠倒一下,使其成为两个输入,这是为了告诉模型句子顺序不重要。)

　　(4) Multiple-Choice:对于问答和常识推理任务,首先将背景信息与问题进行拼接,再将拼接后的文本依次与每个答案进行拼接,依次传入 Transformer 模型,最后接一层线性层,得出每个输入的预测值。(对于多项选择问题,则多路输入,每一路把问题和答案选项拼接作为输入即可。)

　　从图 6-22 可看出,这种改造很方便,不同任务只需要在输入部分进行调整和部署即可。

6.3　Transformer 在视觉领域中的应用

Transformer 在 NLP 领域的巨大成功,使视觉领域的研究人员备受鼓舞,他们在 2020 年提出了视觉 Transformer(Vision Transformer,ViT)。ViT 对图像分类的显著效果使 Transformer 在视觉领域得到广泛应用,包括流行的识别任务(如图像分类、目标检测、动作识别和分割),生成模型,多模式任务(如视觉问题解答和视觉推理),视频处理(如活动识别、视频预测),low-level 视觉(如图像超分辨率和彩色化)和 3D 分析(如点云分类和分割)。

本节首先介绍 ViT,再介绍几种改进方法,最后介绍受 ViT 启发用于视觉的全多层感知机架构 MLP-Mixer。

6.3.1　视觉 Transformer

ViT 是谷歌团队提出的将 Transformer 应用在图像分类的模型,虽然不是第一篇将 Transformer 应用在视觉任务上的论文,但是因为其模型"简单"且效果好,可扩展性强(模型越大效果越好),成为 Transformer 在计算机视觉(Computer Vision,CV)领域应用的里程碑成果,也引爆了后续相关研究。

ViT 原论文中最核心的结论是,当拥有足够多的数据进行预训练的时候,ViT 的表现就会超过 CNN,可以在下游任务中获得较好的迁移效果。但是当训练数据集不够大的时候,ViT 的表现通常比同等大小的 ResNets 要差一些。

图 6-23 是 ViT 的结构图,(b)图展示的是 ViT 本体,它也是 Transformer 的编码器;(a)图则展示了 ViT 的组成和工作过程。

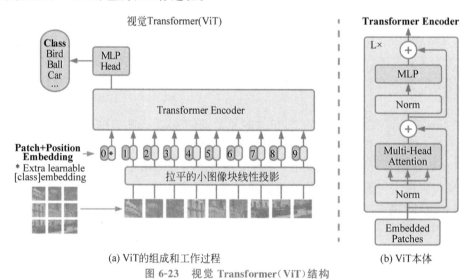

(a) ViT的组成和工作过程　　　　(b) ViT本体

图 6-23　视觉 Transformer(ViT)结构

从图 6-23(a)图可以看到,ViT 首先将输入图像分割成多个小图像块(Patch),按从左到右、从上到下的顺序将图像变成类似一串文字的输入序列;然后将所有小图像块拉平成矢量,进行线性投影(即编码),再加上对小图像块所在位置编码后形成输入矩阵,送入

Transformer的编码器,经过与原始Transformer编码器完全相同的过程,得到输出后送入多层感知机(MLP)完成图像分类任务。仔细观察(a)图的编码,可以发现为了实现图像分类任务,类似BERT,在输入序列中加入一个特殊的Token(CLS),该Token对应的输出即为最后的类别预测。下面首先介绍ViT的输入编码,再介绍其训练和可能的结构变形。

1. ViT的输入编码

1) Patch编码(将图像转换为序列化数据后进行编码)

首先将图像分割成一个个Patch,然后将每个Patch塑形成一个向量,得到所谓的Flattened Patch。具体地,如果图片是M维的,用$P \times P$大小的Patch去分割图片,可以得到N个Patch,那么每个Patch的Shape就是$P \times P \times C$(C是图像的数量,灰度图像的$C=1$,彩色图像的$C=3$),转换为向量后就是$P^2 C$维的向量,将N个Patch塑形后的向量拼接在一起,就得到了一个$N \times (P^2 C)$的二维矩阵,相当于NLP中输入Transformer的词(Token)向量。

例如,输入的彩色图片大小为224×224,将图片分为固定大小的Patch,Patch大小为16×16,则每张图像会生成$224 \times 224 / 16 \times 16 = 196$个Patch,即输入序列长度为196,每个Patch的维度为$16 \times 16 \times 3 = 768$,线性投影层的维度为$768 \times D$(设$D=768$),因此输入通过线性投影层之后的维度依然为$196 \times 768$,即一共有196个Token,每个Token的维度是768。由于针对的是图像分类问题,还需要加上一个特殊字符CLS,因此最终的维度是197×768。这样通过Patch编码将一个视觉问题转换成一个序列到序列(Seq2Seq)问题。

从上面的过程可以看出,当Patch的大小变化时,每个Patch塑形后得到的$P^2 C$维向量的长度也会变化。为了避免模型结构受到Patch尺寸的影响,ViT对上述过程得到的Flattened Patches向量做了Linear线性Projection,将不同长度的Flattened Patch向量转换为固定长度的向量(记做D维向量)。

这样,原本$H \times W \times C$维的图片被转换为了N个D维的向量(或者一个$N \times D$维的二维矩阵)。

2) 位置编码(Position Embedding)

由于Transformer模型本身没有位置信息,和处理NLP一样,视觉问题同样需要用位置编码将位置信息加到模型输入中去。

如图6-23所示,编号0~9的紫色框表示各个位置的位置编码,而紫色框旁边的粉色框(见彩图6-23)则是经过Linear Projection之后的Flattened Patch向量。ViT原文采用将位置编码(即图中紫色框)和Patch编码(即图中粉色框)相加的方式结合位置信息。

位置编码可以理解为一张表,表一共有N行,N的大小和输入序列长度相同,每一行代表一个向量,向量的维度和输入序列编码的维度(768)相同。注意位置编码的操作是Sum,而不是Concat。加入位置编码信息之后,维度依然是197×768。

3) 标志位编码(Learnable Embedding)

仔细看图6-23,就会发现带星号的粉色框(即0号紫色框右边的粉色框)不是通过某个Patch产生的。这是一个Learnable编码(记作Class),作用类似于BERT中的[Class] Token。在BERT中,[Class] Token经过Encoder后对应的结果作为整个句子的表示;类似地,这里Class经过Encoder后对应的结果也作为整个图的类别(图像分类问题)表示。

2. ViT 的预训练和微调

ViT 的预训练和微调与 BERT 类似,在大数据集上预训练 ViT,在小数据集上微调。针对下游特定任务而替换预训练 MLP 的头,新头为 $D \times K$ 前向层(K 为特定任务的类别数)。

通常都是在一个很大的数据集上预训练 ViT,然后在下游任务相对小的数据集上微调。已有研究表明,在分辨率更高的图片上微调比在分辨率更低的图片上预训练效果更好。当输入图片分辨率发生变化,输入序列的长度也发生变化,虽然 ViT 可以处理任意长度的序列,但是预训练好的位置编码无法再使用(例如原来是 3×3,一共有 9 个 Patch,每个 Patch 的位置编码都有明确意义。如果 Patch 数量变多,位置信息就会发生变化),一种做法是使用插值算法,扩大位置编码表。但是如果序列长度变化过大,插值操作会损失模型性能,这是 ViT 微调时的一种局限性。

3. ViT 的混合结构

针对图像的 CNN 具有很强的局部处理能力,而 Transformer 则具有很强的全局归纳建模能力,将 CNN＋Transformer 构成的混合模型也是一种解决视觉问题的有效方案。例如,可将 224×224 的图片送入 CNN,得到 16×16 的特征图,拉成一个向量,长度为 196,后续操作和 ViT 相同。

6.3.2　其他视觉 Transformer

1. Pooling-based Vision Transformer（PiT）

池化是 CNN 的重要操作,它不仅能够减小空间尺寸,还有助于网络的表现力和泛化性能的提高。与 CNN 不同的是,ViT 不使用池化层,而是在所有层中使用相同大小的空间,这使其计算量和参数量都很大。

PiT 是一种与池化层相结合的转换器架构。它可以像在 CNN 中一样减少 ViT 结构中的空间大小,提高 ViT 的性能。图 6-24 是 CNN、ViT 和 PiT 的结构对比,图 6-25 是用深度分离卷积实现的 PiT 池化层的结构,它以小参数实现了通道乘法和空间缩减。实验表明,池化层具有控制自注意力层中发生的空间交互大小的作用,这类似于卷积架构的感受野控制。PiT 在图像分类、目标检测和鲁棒性评估等多项任务上优于 ViT,不仅参数量更小,而且性能更好。

2. Convolutional Vision Transformers（CvT）

图像等视觉信号具有很强的 2D 结构信息,并且与局部特征具有很强的相关性,这些先验知识在 ViT 的设计中都没有利用上。ViT 的原文已经提出了 CNN＋ViT 的混合结构,以弥补 ViT 的不足。CvT 进一步拓展了这一结构,设计了卷积 Transformer 模块,并以此模块为基础设计了多层级 CvT。CvT 既具备 Transforms 的注意力机制、全局建模能力,又具备 CNN 的局部捕捉能力,同时结合局部和全局的建模能力。图 6-26 给出了 CvT 的层级结构和卷积 Transformer 模块的结构。

在 CvT 的每一层级,2D 的图像或 Tokens 通过卷积编码生成或更新特征向量。每一层包括 N 个典型的卷积 Transformer 模块,把线性变换替换成卷积变换,输入多头注意机制,再进行层正则化。

卷积编码(Convolutional Token Embedding)采用常规卷积操作,实现特征提取,然后

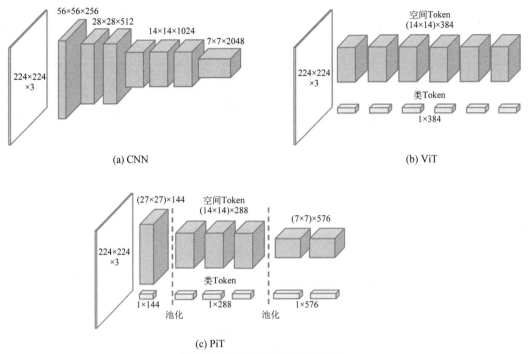

图 6-24 CNN、ViT 和 PiT 的对比

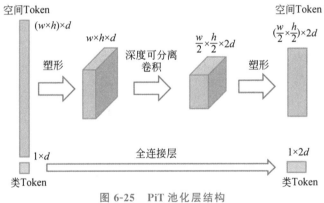

图 6-25 PiT 池化层结构

拉成矢量,再用 LN 进行层正则化。卷积层能够调节 Token 的尺度和数量。每一层级都可以在增加 Token 特征尺度的同时减少 Token 序列的长度,使 CvT 的层级具备空间调节和通道调节能力。

卷积投影(Convolutional Projection)使得 CvT 可以维持图像信号的空间结构信息,也使得 Tokens 更好地利用图像信息的局部信息相关性,同时也利用了注意力机制对全局信息进行建模。而卷积操作具备灵活性,因此可以通过设置卷积操作的步长来对 K、V 矩阵进行降采样,从而进一步提升 Transformer 结构的计算效率。图 6-27 展示了卷积投影过程。

卷积投影充分利用了图像等视觉信号的空间特性,所以在 CvT 的结构中,空间信息不需要引入位置编码,使得 CvT 更灵活地应用于计算机视觉中各类下游任务,如物体检测、语义分割等。

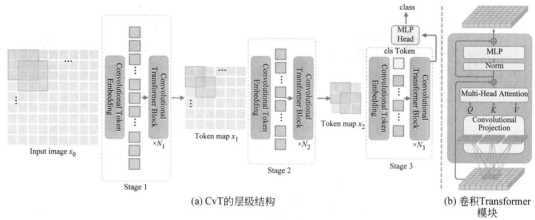

(a) CvT的层级结构 （b) 卷积Transformer 模块

图 6-26　CvT 的层级结构和卷积 Transformer 模块

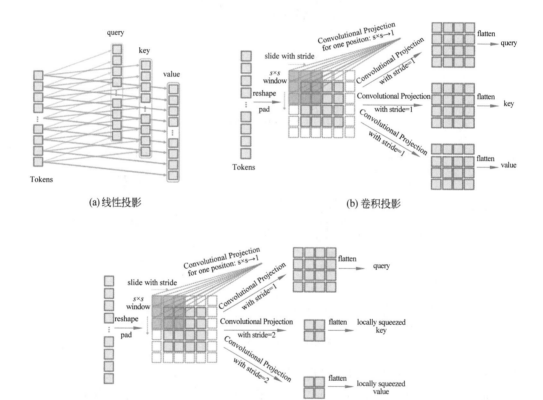

(a) 线性投影　　　　　(b) 卷积投影

(c) 降采样卷积投影

图 6-27　CvT 的卷积投影

CvT 与同时期的其他 Transformer-based 工作相比，在同等模型大小下，在 ImageNet1k 上取得了明显优于其他模型的准确率。

3. Data-efficient Image Transformers（DeiT）

DeiT（OpenAI）仅在 ViT 上添加了一个蒸馏 Token，它通过自注意力层与 Class Token 和 Patch Token 交互作用。蒸馏 Token 的作用与 Class Token 类似，不过前者的目的是复制教师网络预测的（硬）标签，而不是正确标签。Transformer 的 Class Token 和蒸馏 Token

输入均通过反向传播学得。实验表明,DeiT 需要更少的数据和更少的计算资源就能生成高性能的图像分类模型。研究人员仅用一台 8-GPU 的服务器对 DeiT 模型进行 3 天训练,就在 ImageNet 基准测试中达到了 84.2% 的 Top-1 准确率,并且训练阶段未使用任何外部数据,该结果可以与顶尖的卷积神经网络媲美。DeiT 的结构如图 6-28 所示。

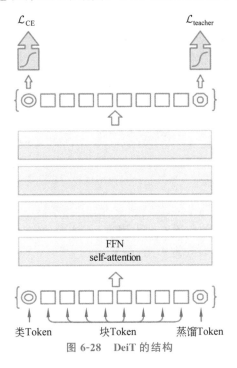

图 6-28　DeiT 的结构

4. Transformer-in-Transformer(TNT)

TNT 是华为诺亚实验室 2021 年提出的一种基于 Transformer 的网络架构。TNT 通过内外两个 Transformer 联合提取图像局部和全局特征,通过堆叠 TNT 模块,研究者搭建了全新的纯 Transformer 网络架构。作者的实验表明它的表现优于谷歌的 ViT 和脸书的 DeiT。

TNT 网络主要由若干个 TNT block 堆叠构成,如图 6-29 所示。TNT block 有 2 个输入,一个是 Pixel Embedding,一个是 Patch Embedding。TNT block 包含 2 个标准的 Transformer block,分别称为外部 Transformer block 和内部 Transformer block,同一层的内部 Transformer block 和位置编码是共享的。对于输入的图像,TNT 和 ViT 一样将图像切块,构成 Patch 序列。不过 TNT 不把 Patch 拉直为向量,而是将 Patch 看作像素(组)的序列。

TNT 将图像转换成 Patch(句子)编码序列和 Pixel(单词)编码序列。图像首先被均匀切分成若干个 Patch,每个 Patch 通过 im2col 操作转化成像素向量序列,然后用一个全连接层将 m 个像素向量映射为 m 个 Pixel Embedding。而 Patch Embedding(包括一个 Class Token)是一组初始化为零的向量。对每个 Patch Embedding 加一个 Patch Position Encoding,对每个 Pixel Embedding 加一个 Pixel Position Encoding,两种 Position Encoding 在训练过程中都是可学习的参数。最终,TNT block 输出处理过后的 Pixel Embedding 和 Patch Embedding 通过一个 MLP 层输出结果。

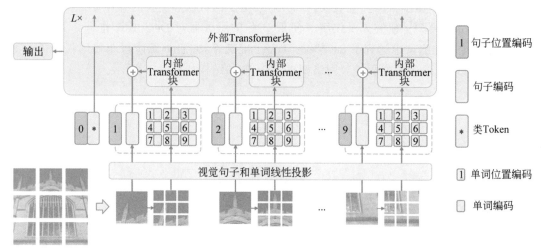

图 6-29　TNT 结构

5. Swin Transformer(S-T)

Transformer 在视觉领域的应用有两大困难，一是视觉实体尺度变化太剧烈，不同场景的 ViT 性能未必好；二是图像的分辨率高，像素多，Transformer 基于全局自注意力的计算导致计算量很大。

微软亚洲研究院提出了包含滑窗操作、具有层级设计的 S-T 模型。其中滑窗操作包括不重叠的局部窗口和重叠的交叉窗口。它将注意力计算限制在一个窗口中，一方面能引入 CNN 卷积操作的局部性，另一方面能节省计算量。

图 6-30 展示了 S-T 与 ViT 的区别，图 6-31 给出了相应的 S-T 层级结构和其基础模块。

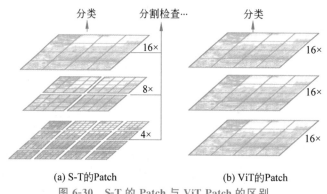

(a) S-T的Patch　　　　　　　　(b) ViT的Patch

图 6-30　S-T 的 Patch 与 ViT Patch 的区别

由图 6-30 可知，S-T 通过小图像 Patch 和逐层进行邻域合并的方式构建层级特征表达，使得模型可以实现与 U-Net 和 FPN 等架构类似的稠密预测任务。S-T 的线性计算复杂度则由图 6-30 中非重叠窗口内的局域自注意力机制实现。由于每层窗口中的 Patch 固定，所以与图像大小具有线性复杂度关系。而 ViT 中的特征图大小是固定的，且需要（对图像大小）进行二次复杂度的计算。

S-T 的整个模型采取层次化的设计，一共包含 4 个 Stage，每个 Stage 都会缩小输入特征图的分辨率，像 CNN 一样逐层扩大感受野。

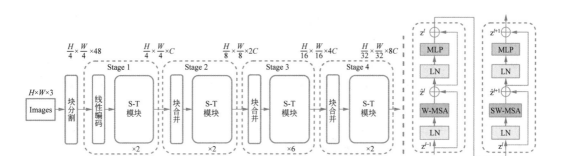

(a) 结构

(b) 2个接续的S-T块

图 6-31　S-T 的层级和基础模块

　　输入一张 $H \times W \times 3$ 的图片,将图片分割成 4×4 的 Patch,得到 $H/4 \times W/4 \times 48$ 的特征。这个特征会经过 4 个结构大致相同的 Stage(区别是第一个 Stage 使用线性编码将 $H/4 \times W/4 \times 48$ 的特征变为 $H/4 \times W/4 \times C$(C 为编码长度),而其他 Stage 使用 Patch Merging 合并相邻的 Patch),最终,特征的维度变成了 $H/32 \times W/32 \times 16C$。S-T 与 VGG 和 ResNet 等典型卷积模型的特征图分辨率一致,使其可便捷地成为相关模型的基础架构。

　　S-T 中最重要的是基于移动窗口构建的注意力模块,其内部结构如图 6-31(b)所示。它包含了一个基于窗口的多头自注意力模块(W-MSA)和基于移动窗口的多头自注意力模块(Shifted Windows Multi-Head Self Attention,SW-MSA),其他的归一化层和两层的 MLP 与原来保持一致。基于窗口的 W-MSA 和基于移动窗口的 SW-MSA 模块前后相连,实现不同窗格内特征的传递与交互。

　　基于移动窗口的自注意力模块是 S-T 的关键,下面详细介绍这部分的原理和实现方法。

　　标准的全局自注意力机制需要计算每一个 Token 和其他所有 Token 的相关性,全局计算带来了与 Token 数量二次方的复杂度。这一机制的计算量对于具有大量像素的稠密视觉预测任务十分庞大,很多时候巨大的计算量对于目前的硬件来说不易实现。为了高效地实现这一模型,S-T 提出了仅在局域窗口内进行自注意力的计算方法,它的计算量与窗格大小成正比,使得高效计算成为可能。

　　但这种基于窗格的方式缺乏窗格间的交互,限制了模型的表达能力。为了实现窗格间的交互,S-T 提出了一种在连续特征层间移动窗口的方法。例如,第一个特征图窗格按照正常的方式将 8×8 的特征图分割为 4×4 个窗格($M = 4$),而后在下一层中将窗格整体移动 $(M/2, M/2)$(在对角线方向移动,从左上角向右下角移动),以实现窗格间的交互。

　　图 6-32 展示了窗格移动带来的信息交互,前一层中不同窗格间的信息在下一层中被有效地连接在了一起。原来 2×2 共 4 个独立的窗格内的特征图在移动后都被部分分入新的窗格,形成了 3×3 共 9 个窗口,从而实现了更为复杂的交互机制。

层1　　　　　　　　层l+1

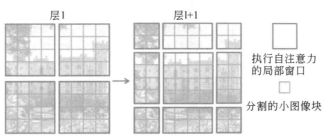

执行自注意力的局部窗口

分割的小图像块

图 6-32　S-T 中计算自注意力的移动窗口法

虽然这种方式可以有效实现窗格间的交互和全局注意力,却会带来窗格数量增加的问题。移动后,所有的窗格数量增加到了 9 个,带来相应计算量的提升。一种简单方法是将外围小窗格都 Padding 成原来 $M×M$ 大小,但这会带来(3×3)/(2×2)＝2.25 倍的计算量提升。S-T 中也给出了更为高效的解决方案,利用图像左上角的循环移位操作来实现。

此时 9 个窗格通过循环移位后又重新变回了 4 个窗格(图 6-33),保持了计算量的一致。此时每个窗格中包含来自原来不同窗格中的特征图,此时要计算自注意力,则需要引入一定的 Mask 机制,将不同窗格中子窗格的计算去除掉,仅仅计算同一个子窗格中的自注意力。例如,计算 A 块的自注意力,需要构造一个用于第 4 个窗格仅留下 A 块、遮挡住其余部分的模板。

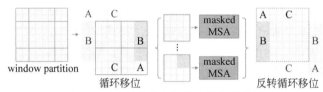

图 6-33　移动窗口自注意力的批计算法

S-T 最为关键的设计在于连续自注意力层间,特征图上的窗口划分实现了半个窗宽的移动。这使得前一层的窗口间可以实现交互和联系,大幅度提升了模型的表达能力。同时在同一窗口内的查询都拥有相同的 Key 序列,使得硬件内存大为节省,更容易实现,大大提升了模型运行的速度。

微软的研究人员分别实现了 Swin-Tiny、Swin-Small、Swin-Base、Swin-Large 4 种不同的模型,他们的实验表明,S-T 在多种视觉任务上都取得了当时最好的性能。

6.3.3　受 ViT 启发解决视觉问题的多层感知机

谷歌研究院基于 ViT 的研究提出了一种仅使用多层感知机解决视觉问题的模型 MLP-Mixer。所谓受 ViT 启发,是指图像都被分割成一些小块 Patch,把这些小块排列起来作为输入序列,即输入形式与 ViT 一致。实验表明,MLP-Mixer 达到了 CNN 和 ViT 的效果,但计算开销远小于 CNN 和 ViT。受这一研究的影响,应用于视觉的 MLP 引起了广泛重视,出现了一些有影响力的成果。

1. MLP-Mixer

Mixer 的架构完全是基于 MLPs 的,没有使用卷积或自注意力,而是将 MLPs 重复地应用于空间位置或特征通道。Mixer 仅依赖基本的矩阵乘法;数据存储布局变换(塑形,转置)和标量非线性化。

图 6-34 展示了 MLP-Mixer 的结构及组成。它由每个 Patch 的线性编码、Mixer 层和一个分类头部组成。Mixer 层包含一个 Token-Mixing MLP 和一个 Channel-Mixing MLP,每类层都包含两个全连接层和一个 GeLU 非线性激活函数。其他组成部分有 Skip-Connections、Dropout、针对通道的 Layer Norm 以及线性分类头部。

Mixer 的宏观结构如下:Mixer 将线性投影的图像 Patches 序列作为输入,输入 Mixer 之前,该序列被塑形为 Patches×Channels 的表,塑形操作需要维持输入的维度不变(Patch 的块数)。此处的 Patches 是图像被分割的 Patches 数目,对应行数,每个 Patch 的通道为一行中的元素(列数由线性变换决定),构成了各个列。

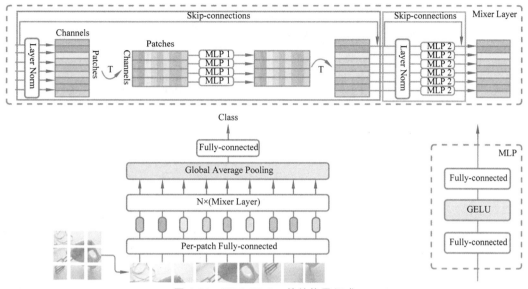

图 6-34 MLP-Mixing 的结构及组成

Token-Mixing MLPs 实现了不同空间位置,即图像的各个 Patch 之间的信息融合,它将输入表的每一列(像素)作为输入,并且独立地对每个通道进行处理。Channel-Mixing MLPs 实现了不同通道之间的信息融合,将表的每一行作为输入,并且独立地对每个 Patch 进行处理。这两类层是交错的,以此实现两个输入维度的交互。

在极端情况下,作者提出的架构可以视为一个非常特殊的 CNN,该 CNN 通过 1×1 卷积实现了 Channel Mixing,通过使用全接收域的单通道深度卷积和参数共享实现 Token Mixing。然而,反过来看是不正确的,因为典型的 CNN 不是 Mixer 的特殊情况。此外,卷积要比 MLPs 中使用的普通矩阵乘法更复杂,因为卷积需要对矩阵乘法和特定实现进行额外的优化。

2. AS-MLP

MLP-Mixer 通过矩阵转置和 Token-Mixing 投影获得全局感受野,从而抓取了长距离依赖关系。但是,MLP-Mixer 没有利用局部信息,而局部信息对于视频处理非常重要,因为并非所有像素都需要长距离依赖,而局部信息更侧重提取低层特征。

AS-MLP(An Axial Shifted MLP Architecture)通过设计简单有效的水平和垂直方向上移动特征的轴向移动策略,将不同空间位置的特征排列在相同的位置,使模型能够获得更多的局部依赖,有效提高了用于视觉的 MLP 的性能。

轴向移动策略能够像卷积核一样设计 MLP 结构,例如设计核大小和膨胀率,使其应用更加灵活广泛。这种简单而有效的方法优于所有基于 MLP 的架构,与基于 Transformer 的架构相比更具竞争力。AS-MLP 架构也可以转移到下游任务,例如目标检测等。

图 6-35 给出了 AS-MLP 的总体网络结构。AS-MLP 一共有 4 个 Stage,对于图像分类任务,经过不同 Stage 时分辨率逐渐降低,最终的输出将使用交叉熵损失做图像分类。

图 6-36 给出了在每个 Stage 中 AS-MLP block 的结构以及水平轴向位移的过程。经过 Channel Projection 之后,特征被分别使用垂直位移和水平位移来提取特征,得到的结果相

加。在水平位移的过程中，来自不同位置的特征被重新组合，之后通过 MLP。

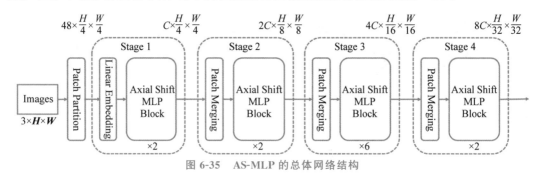

图 6-35　AS-MLP 的总体网络结构

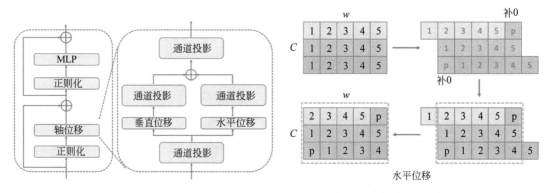

(a) AS-MLP block 的结构　　　　　(b) 水平轴向位移示例

图 6-36　As-MLP block 的结构和水平轴向位移示例

图 6-36(b)展示的是水平位移。输入维度是 $C \times h \times w$，假设图中的 $C=3$，$w=5$，将输入特征分为 3 部分，分别沿水平方向移动 $\{-1,0,1\}$ 个单位，并使用 Zero Padding，之后，虚线框中的特征将被取出，用于下一次的 Channel Projection。垂直位移执行类似的操作，可以将来自不同空间位置的信息组合在一起。

图 6-37 显示了神经网络中不同操作的感受野。在 AS-MLP 中，能够使用不同的位移尺度(Shift Size)和空洞率(Dilation Rate)，使得网络具有不同的感受野。例如，图 6-37 中的第 6 张图显示了当位移尺度为 3，空洞率为 2 时的感受野大小。

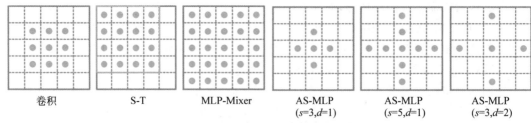

卷积　　　　　S-T　　　　　MLP-Mixer　　　　AS-MLP　　　　　AS-MLP　　　　　AS-MLP
　　　　　　　　　　　　　　　　　　　　　　($s=3,d=1$)　　　($s=5,d=1$)　　　($s=3,d=2$)

图 6-37　不同神经网络中的感受野变化

AS-MLP：给定输入 $\boldsymbol{X}$、位移尺度 s、Dilation d，首先将 $\boldsymbol{X}$ 在水平和垂直方向上分成 s 段，并轴向移位后，输出 $\boldsymbol{Y}_{ij}^{\mathrm{as}}$ 为：

$$\boldsymbol{Y}_{ij}^{\mathrm{as}} = \sum_{c=0}^{C} \boldsymbol{X}_{i+\left[\frac{c}{C}\right]-\left[\frac{s}{2}\right]d,j,c} \boldsymbol{W}_c^{\mathrm{as}-h} + \sum_{c=0}^{C} \boldsymbol{X}_{i,j+\left[\frac{c}{C}\right]-\left[\frac{s}{2}\right]d,c} \boldsymbol{W}_c^{\mathrm{as}-v} \qquad (6-5)$$

其中，C 为通道数，[ ]为取整数部分运算，W^{as-h}、$W^{as-v} \in \mathbf{R}^C$ 分别为水平方向和垂直方向的可学习的权重。

与 MLP-Mixer 相比，AS-MLP 在水平和垂直方向上使用轴向位移，更关注这两个方向上的信息交换，整体的计算量远小于自注意力机制的计算量，效率更高。

6.4　小结

本章在第 5 章介绍注意力机制的基础上，详细讨论了 Transformer 的结构和工作原理，以示例重点阐述了多头注意力，给出了 Transformer 的 Encoder 和 Decoder 的结构、Transformer 的训练方法和特点分析。Transformer 已成为各类大模型的基础模型，因此本章还介绍了以 Transformer 编码器为基础的 BERT 和以 Transformer 译码器为基础的 GPT 的原理和训练方法，为读者理解各类大语言模型奠定基础。Transformer 不仅在 NLP 中取得显著成果，也在视觉领域得到应用，为此本章还介绍了 ViT 和 S-T 等多个用于视觉的 Transformer 模型。最后介绍了受 ViT 输入启发的视觉 MLP 模型，开拓读者的视野。

思考与练习

1. 说明 Transformer 的来源，简要说明其原理和工作过程。
2. 说明多头注意力的作用。
3. 给出 Transformer 编码器的结构，说明各部分的功能。
4. 给出 Transformer 译码器的结构，说明各部分的功能。
5. BERT 适合解决自然语言领域什么类型的问题？
6. GPT 适合解决自然语言领域中什么类型的问题？
7. ViT 是用于解决什么问题的 Transformer 模型？其输入是如何形成的？
8. 简单介绍 MLP-Mixer 的原理和工作过程。

第 7 章

知 识 图 谱

知识图谱(Knowledge Graph)的概念最早由谷歌公司于 2012 年 5 月 17 日正式提出，旨在提高搜索引擎的能力，改善用户的搜索质量。2013 年以后，知识图谱开始在学术界和产业界普及，被广泛应用于智能搜索、智能问答、个性化推荐、情报分析、反欺诈等领域。

知识图谱是一种用图模型来描述知识和世界万物之间关联关系的技术方法，可以对现实世界的事物及其相互关系进行形式化描述，能够挖掘、分析、构建、绘制和显示知识及它们之间的相互联系。知识图谱由节点和边组成，节点既可以是具体的事物，如一个人、一本书等，也可以是抽象的概念，如数学、物理等。边可以描述节点与节点之间的关系，如朋友关系。知识图谱的早期理念来自语义网(Semantic Web)，其最初的目标是把基于文本链接的万维网转化为基于实体链接的语义网络。

知识图谱分为通用知识图谱和领域知识图谱。通用知识图谱强调的是广度，数据多来自互联网，而领域知识图谱应用于垂直领域，为基础数据服务。知识图谱构成一张巨大的语义网络图，现在的知识图谱已被用来泛指各种大规模的知识库。知识图谱可以帮助搜索引擎更好地理解用户的问题和需求，并提供更准确和有用的答案。在搜索引擎中，知识图谱可以提供结构化的知识，帮助搜索引擎更好地理解用户的问题，并给出更准确的答案。这些知识图谱通常包含各种类型的数据，如实体、概念、关系和属性等。使用 ChatGPT 解答各种问题时，可以利用知识图谱，通过互联网和其他资源上收集的信息来生成高质量的回答，知识图谱是 ChatGPT 的有力助手。

本章首先简介知识图谱的起源，然后介绍知识图谱的架构，包括逻辑架构和技术架构，重点讨论知识的抽取、融合和加工技术。

7.1　知识图谱的起源

知识图谱本质上是知识表示、获取及应用的方法，它是传统基于逻辑的人工智能在互联网和大数据时代的发展，是以专家系统为代表的知识工程在互联网时代的体现。

7.1.1　知识工程和专家系统

知识工程(Knowledge Engineering)是研究人类智能和高级知识的发生机制和规律，用于构造专家系统的理论。1977 年，在第五届国际人工智能会议上，美国计算机科学家 Feigenbaum 首次提出"知识工程"这一术语，专家系统是知识工程的核心问题和最终目标。

专家系统是指利用某种方法将专业领域的专家知识收集下来,并存储在程序中,然后利用程序模拟人类的思维(推理+搜索)过程,去解决某些专业领域的问题。最早的专家系统是由 Feigenbaum 主持的研究小组构造并完成的,用于诊断和治疗脑膜炎和血液传染病的系统。20 世纪 80 年代,许多专家系统得到应用。

专家系统的核心在于知识表示、知识获取以及推理机制。知识表示是指知识的组织结构与表现形式、知识在计算机中的存储形式。知识的表示直接关乎知识的获取以及推理机制。知识获取是指如何从领域专家或其他来源去获取和整理知识,获取的内容要全面,但不能冗余,而且还要准确。推理机制是指将人类的推理方法用程序代码表示出来。随着互联网时代的到来,海量数据的爆发,传统专家系统的模式对如何从海量数据中获取知识、表示知识等已经无能为力,不能满足时代发展的需要了。

2012 年,谷歌提出的知识图谱是知识工程的延续。它在知识表示方面有了一些比较重大的改变,更利于海量数据知识图谱的构建和自动化方法构建,而不是主要依赖人工构建。传统的专家系统中知识库的数据量一般在数万或数十万左右,一些经过几十年积累至今的知识库也就几千万的数据量。但是现在比较知名的知识图谱的数据量都在数十到数百亿的量级上。知识图谱中使用的自动构建主要是指一些机器学习算法、自然语言处理等方面的内容。在知识加工方面,由于是通过程序自动获取的数据,就需要对数据的内容进行处理,包括提取实体、事件来构建实体库、事件库等,还需要对内容进行匹配、链接、去冗余、融合,以及在知识库中使用推理机制进行内部构建,利用知识发现新的知识等。

在知识的应用方面,从传统专家系统的注重逻辑推理转向了注重事实知识的检索,知识图谱更多地下沉到人工智能领域的基础设施中,提供基础的结构化知识,比如基于知识图谱可以构建智能搜索、智能问答、对话机器人等应用,而不是像专家系统那样作为一个独立的应用出现。

7.1.2 语义网络、语义网、链接数据和知识图谱

语义网络(Semantic Network)是由 Quillian 于 20 世纪 60 年代提出的知识表达方法,用相互连接的节点和边来表示知识。节点表示对象、概念,边表示节点之间的关系。如图 7-1 所示,is-a 关系如"猫是一种哺乳动物";part-of 关系如"脊椎动物是哺乳动物的一部分"。

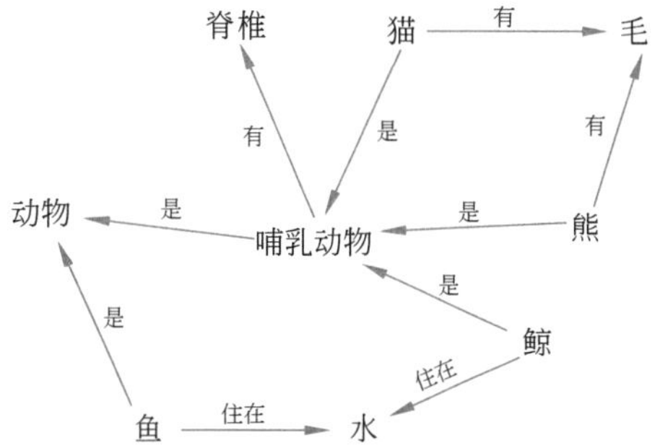

语义网络表达形式简单直白,容易理解和展示,相关概念容易聚类。但是,由于语义网络的节点和边值完全由用户定义,没有统一标准,导致难以进行多源数据融合,无法区分概念节点和对象节点,无法对节点和边的标签进行定义。

图 7-1 语义网络实例

语义网(Semantic Web)和链接数据是万维网之父 Tim Berners-Lee 分别在 1998 年和 2006 提出的。相对于语义网络,语义网和链接数据倾向描述万维网中资源、数据之间的关系。本质上说,语义网、链接数据还有 Web 3.0 都是同一个概念,只是在不同的时间节点和环境中各自描述的角度不同。它们都是指 W3C 制定的用于描述和关联万维网数据的一系列技术标准,即语义网技术栈。

万维网诞生之初,网络上的内容只是人类可读,而计算机无法理解和处理。比如,浏览一个网页,人类能够轻松理解网页上的内容,而计算机只知道这是一个网页。网页里面有图片、链接,但是计算机并不知道图片是关于什么的,也不清楚链接指向的页面和当前页面有何关系。语义网正是为了使得网络上的数据变得机器可读而提出的一个通用框架。Semantic 就是用更丰富的方式来表达数据背后的含义,让机器能够理解数据。Web 则是希望这些数据相互链接,组成一个庞大的信息网络,正如互联网中相互链接的网页,只不过基本单位变为粒度更小的数据。

链接数据起初是用于定义如何利用语义网技术在网上发布数据,强调在不同的数据集间创建链接。Tim Berners-Lee 提出了发布数据的 4 个原则,并根据数据集的开放程度将其划分为 1~5 星 5 个层次。链接数据也被当作语义网技术一个更简洁、简单的描述。当它指语义网技术时,更强调 Web,弱化了 Semantic 的部分。对应到语义网技术栈,它倾向于使用资源描述框架(Resource Description Framework,RDF)和 SPARQL(RDF 查询语言)技术,对于架构(Schema)层技术,很少使用 RDFs 或万维网本体语言(Web Ontology Language,OWL)。

链接数据是最接近知识图谱的一个概念,从某种角度说,知识图谱是对链接数据这个概念的进一步包装。

知识图谱的早期理念源于 Tim Berners-Lee 关于语义网的设想,旨在采用图结构(Graph Structure)来建模和记录世界万物之间的关联关系和知识,以便有效地实现更加精准的对象级搜索。

知识图谱与语义网络一样,也是一种知识表示方法,但不像语义网络侧重于描述概念与概念之间的关系,而更偏重描述实体之间的关联。

7.1.3　知识图谱的定义

知识是人类对信息进行处理后的认识和理解,是对数据和信息的凝练、总结后的成果。图表示一些事物(Object)与另一些事物之间相互连接的结构。知识图谱是把所有不同种类的信息连接在一起,而得到的一个关系网络。知识图谱的作用,是对于大量无序杂乱的信息,识别出其中的实体及实体属性等,形成一个关系图,如图 7-2 所示。

知识图谱是结构化的语义知识库,用于迅速描述物理世界中的概念及其相互关系。知识图谱通过对错综复杂的文档数据进行有效地加工、处理、整合,使其转换为简单、清晰的"实体、关系、属性"的三元组,最后聚合大量知

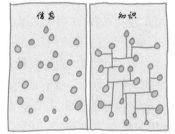

图 7-2　对知识图谱的初步理解

识,实现知识的快速响应和推理。图谱应用包括原图应用、知识检索、算法支撑、知识自动化等。

知识图谱有自顶向下和自底向上两种构建方式。所谓自顶向下构建,是借助百科类网站等结构化数据源,从高质量数据中提取本体和模式信息,加入知识库中;所谓自底向上构建,则是借助一定的技术手段,从公开采集的数据中提取资源模式,选择其中置信度较高的新模式,经人工审核之后加入知识库中。

知识图谱通过三元组"实体、关系、属性"集合的形式来描述事物之间的关系。

(1) 实体：又称本体，指客观存在并可以相互区别的事物，可以是具体的人、事、物，也可以是抽象的概念或联系，是知识图谱中最基本的元素。

(2) 关系：在知识图谱中，边表示知识图谱中的关系，用来表示不同实体间的某种联系。

(3) 属性：知识图谱中的实体和关系都可以有各自的属性。

这里所说的实体和普通意义的实体略有不同，借用 NLP 中本体的概念来理解它比较好，实体定义了组成主题领域的词汇表的基本术语及其关系，以及结合这些术语和关系来定义词汇表外延的规则，如图 7-3 所示。

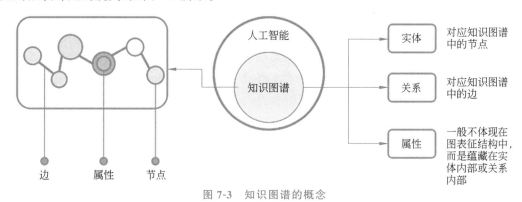

图 7-3　知识图谱的概念

7.2　知识图谱的架构

知识图谱分为模式受限知识图谱和模式自由知识图谱，模式受限知识图谱指知识图谱的内容（实体、关系和属性）满足对应的知识图谱模式的语义化约束，一般为领域应用的知识图谱：比如金融投资知识图谱、军事情报知识图谱等，其实体类型丰富、关系复杂、领域知识与实践经验沉淀为知识图谱。模式自由知识图谱指知识图谱中不对内容进行语义化的约束，任意信息和知识皆可为实体、关系和属性。一般为开放式或通用的知识图谱，比如百科构建通用的知识图谱、搜索引擎所用的知识图谱，其知识量大、以实体为主，关系简单。

知识图谱的架构包括自身的逻辑结构以及构建知识图谱所采用的技术（体系）架构。

7.2.1　逻辑架构

知识图谱在逻辑结构上可分为数据与模式两个层次，如图 7-4 所示。底层存储数据三元组的逻辑层次可以被称为数据层，通常通过实体库来管理数据层，实体库的概念相当于对象中"类"的概念。而建立在数据层之上的模式层是知识图谱的核心，通常采用实体库来管理知识图谱的模式层，借助实体库来管理公理、规则和约束条件，规范实体、关系、属性这些具体对象间的关系。实体是结构化知识库的概念模板，通过实体库形成的知识库，不仅层次结构较强，冗余程度也较小。

数据层主要是由一系列的事实组成，而知识将以事实为单位进行存储。如果用（实体 1，关系，实体 2）；（实体，属性，属性值）这样

图 7-4　知识图谱的逻辑架构

的三元组来表达事实,可选择图数据库作为存储介质,例如开源的 Neo4j、Twitter 的 FlockDB、Sones 的 GraphDB 以及中科天玑自主研发的 Golaxy Graph 等。

模式层存储经过提炼的知识,通常通过实体库来管理这一层。实体库可以理解为面向对象里的"类"的概念,实体库就储存着知识图谱的类,数据层则存储真实的数据。

可以看下面这个例子。

模式层:实体—关系—实体,实体—属性—属性值。

数据层:吴京—妻子—谢楠,吴京—导演—战狼Ⅱ。

7.2.2　技术架构

知识图谱的技术架构是指其构建模式的结构,图 7-5 为知识图谱的构建过程,同时也是知识图谱更新的过程。知识图谱构建从最原始的数据(包括结构化、半结构化、非结构化数据)出发,采用一系列自动或半自动的技术手段,从原始数据库和第三方数据库中提取知识事实,并将其存入知识库的数据层和模式层,这一过程包含知识抽取、知识表示、知识融合、知识推理 4 个过程,每一次更新迭代均包含这 4 个阶段。具体过程可以分为下面 4 步。

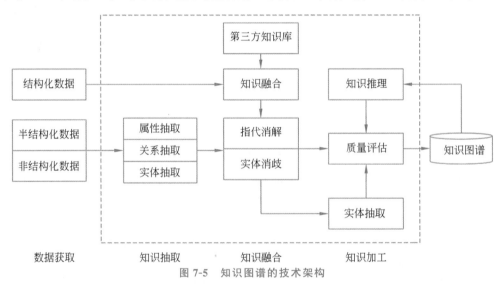

图 7-5　知识图谱的技术架构

(1) 数据源(数据获取):主要获取半结构化数据,为后续的实体与实体属性构建作准备。结构化数据则为数值属性作准备。

(2) 知识抽取:从文本数据集中自动识别命名实体,包括抽取人名、地名、机构名等;从语料中抽取实体之间的关系,形成关系网络;从不同的信息源中采集特定的属性信息。

(3) 知识融合:完成指示代词与先行词的合并;完成同一实体的歧义消除;将已识别的实体对象无歧义地指向知识库中的目标实体。

(4) 知识加工:构建知识概念模块,抽取本体;进行知识图谱推理,并对知识图谱的可信度进行量化评估,评估过关的知识图谱流入知识图谱库中存储,评估不过关的知识图谱返回一开始的数据环节进行调整,而后重复相同环节,直到评估过关。

7.3　知识抽取

知识抽取(Knowledge Extraction)是指自动地从文本中发现和抽取相关信息,并将多个文本碎片中的信息进行合并,将非结构化数据转换为结构化数据。知识抽取是实现自动构建大规模知识图谱的重要技术,其目的在于从不同来源、不同结构的数据中进行知识提取,并存入知识图谱中。图 7-6 表示了 3 种不同类型的数据通过各自不同的方法进行抽取后存入知识图谱的情况。

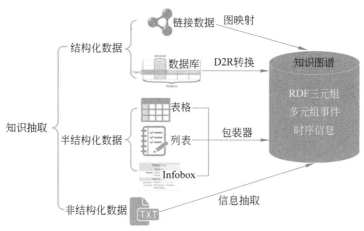

图 7-6　知识抽取主要子任务与数据源

知识抽取任务主要包括以下 3 个关键子任务。

(1)实体抽取:从文本中检测出命名实体,再将它分类到预定义的类别中,比如这个实体是属于人物类、组织类、地点类等。

(2)关系抽取:从文本中识别抽取到实体与实体之间的关系。

(3)事件抽取:从文本中识别关于事件的信息,并以结构化的形式呈现,比如可以从一条新闻报道中识别到这件事情发生的时间、地点、人物等信息。

知识抽取的数据源可以是结构化数据(如链接数据、数据库),半结构化数据(如网页中的表格、列表)或者非结构化数据(即纯文本数据),面向不同类型的数据源,知识抽取涉及的关键技术和需要解决的技术难点有所不同,如表 7-1 所示。知识抽取主要包含序列标注任务和结构化知识生成任务两种。下面主要介绍结构化知识生成任务。

表 7-1　知识抽取的数据源

数　据　源	定　义
结构化数据	• 是指由二维表结构来逻辑表达和实现的数据,严格地遵循数据格式与长度规范,主要通过关系型数据库进行存储和管理 | ID	Name	Phone	Address
1	张一	3337899	湖北省武汉市
2	王二	3337499	广东省深圳市福田区
3	李三	3339003	广东省深圳市南山区	

续表

数　据　源	定　　义
半结构化数据	• 是结构化数据的一种形式,虽不符合关系型数据库或其他数据表的形式关联起来的数据模型结构,但包含相关标记,用来分隔语义元素以及对记录和字段进行分层 • 常见的有百科类数据、网页数据、JSON、XML 等
非结构化数据	• 是数据结构不规则或不完整,没有预定义的数据模型,不方便用数据库二维逻辑表来表现的数据 • 包括所有格式的办公文档、文本、图片、HTML、各类报表、图像和音频/视频信息等

7.3.1　非结构化数据的知识抽取

大量数据以非结构化数据的形式存在,如新闻报道、科技文献和政府文件等,面向文本数据的知识抽取在工业界和学术界一直是广受关注的问题。下面主要介绍非结构化文本数据的实体抽取、关系抽取和事件抽取。

1.实体抽取

1) 定义

实体抽取:又名实体识别,从文本中检测出命名实体,并将其分类到预定义的类别中,例如人物、组织、地点、时间等。实体抽取是解决很多 NLP 问题的基础,也是知识抽取中最基本的任务。

例如,给定一段新闻报道中的句子"北京时间 9 月 22 日,中超联赛第 26 轮,上海申花主场 2:0 力克沧州雄狮"。实体抽取旨在获取图 7-7 所示的结果。例句中的"北京""9 月 22 日"分别为地点和时间类型的实体,而"上海申花"和"沧州雄狮"均为组织实体。

图 7-7　实体抽取举例

2) 方法

实体抽取问题的研究开展得比较早,该领域也积累了大量方法。想要从文本中进行实体抽取,首先需要从文本中识别和定位实体,再将识别的实体分类到预定义的类别中。总体上可以将现有实体抽取方法分为基于规则的方法、基于统计模型的方法和基于深度学习的方法,如图 7-8 所示。

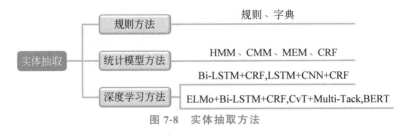

图 7-8　实体抽取方法

(1) 基于规则的方法。

早期采用人工编写规则的方式,比如正则匹配,一般由具有一定领域知识的专家手工构建,然后将规则与文本字符串进行匹配,识别命名实体。这种实体抽取方式在小数据集上可以达到很高的准确率和召回率,但随着数据集的增大,规则集的构建周期变长,并且移植性较差。

（2）基于统计模型的方法。

基于统计模型的方法需要完全标注或部分标注的语料进行模型训练,基于统计的机器学习实体识别的基本步骤如图 7-9 所示。主要采用的模型包括隐马尔可夫模型（Hidden Markov Model）、条件马尔可夫模型（Conditional Markov Model）、最大熵模型（Maximum Entropy Model）以及条件随机场模型（Conditional Random Fields）。该类方法将命名实体识别作为序列标注问题处理。与普通的分类问题相比,序列标注问题中当前标签的预测不仅与当前的输入特征相关,还与之前的预测标签相关,即预测标签序列是有强相互依赖关系的。从自然文本中识别实体是一个典型的序列标注问题。基于统计模型构建命名实体识别方法主要涉及训练语料标注、特征定义和模型训练 3 方面。

图 7-9　统计的机器学习实体识别的基本步骤

为了构建统计模型的训练语料,一般采用 Inside-Outside-Beginning（IOB 或 Inside-Outside(IO)）标注体系对文本进行人工标注。在 IOB 标注体系中,文本中的每个词被标记为实体名称的起始词（B）、实体名称的后续词（I）或实体名称的外部词（O）。而在 IO 标注体系中,文本中的词被标记为实体名称内部词（I）或实体名称外部词（O）。表 7-2 以句子"华为公司是一家中国的知名公司"为例,给出了 IOB 和 IO 实体标注示例。

表 7-2　IOB 和 IO 实体标注示例

标注体系	华	为	公	司	是	一	家	中	国	的	知	名	公	司
IOB 标注	B-ORG	I-ORG	I-ORG	I-ORG	O	O	O	B-ORG	I-ORG	O	O	O	O	O
IO 标注	I-ORG	I-ORG	I-ORG	I-ORG	O	O	O	I-ORG	I-ORG	O	O	O	O	O

训练模型之前,需要进行特征定义。统计模型需要计算每个词的一组特征作为模型的输入。这些特征具体包括单词级别特征、词典特征和文档级特征等。单词级别特征包括是否首字母大写、是否以句点结尾、是否包含数字、词性、词的 n-gram 等。词典特征依赖外部词典定义,例如预定义的词表、地名列表等。文档级特征基于整个语料文档集计算,例如文档集中的词频、共现词等。

（3）基于深度学习的方法。

随着深度学习方法在 NLP 领域的广泛应用,深度神经网络也被成功应用于命名实体识别问题,并取得了很好的效果。与传统统计模型相比,基于深度学习的方法直接以文本中词的向量为输入,通过神经网络实现端到端的命名实体识别,不再依赖人工定义的特征。

基于深度学习的实体识别方法基本步骤如图 7-10 所示。

图 7-10　深度学习的实体识别方法基本步骤

目前,用于命名实体识别的神经网络主要有卷积神经网络、循环神经网络以及引入注意力机制的神经网络。一般地,不同的神经网络结构在命名实体识别过程中扮演编码器的角色,它们基于初始输入以及词的上下文信息得到每个词的新向量表示;最后再通过 CRF 模型输出对每个词的标注结果。

图 7-11 给出一个 LSTM-CRF 神经网络结构图。

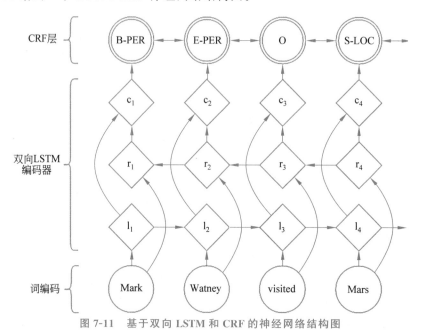

图 7-11　基于双向 LSTM 和 CRF 的神经网络结构图

2. 关系抽取

1) 定义

关系抽取(Relation Extraction,RE)是知识抽取的重要子任务之一。面向非结构化文本数据,关系抽取是自动识别实体之间具有的某种语义关系,从文本中抽取实体及实体之间的关系。关系抽取与实体抽取密切相关,一般识别出文本中的实体后,再抽取实体之间可能存在的关系,也有很多联合模型同时完成这两个任务。

实体关系识别是一项自顶向下的信息抽取任务,需要预先定义好关系类型体系,然后根据两个实体的上、下文预测这两个实体之间的语义关系属于哪一种关系类别,其目的在于将实体间的抽象语义关系用确定的关系类型描述。一般只对同一句话中的两个实体进行关系识别,因此这个任务可以描述为:给定一个句子 s 以及 s 中的两个实体 Entity1 和 Entity2,预测 Entity1 和 Entity2 在句子 s 中的关系类型 rel,rel 的候选集合是预先定义好关系类型体系 R。例如,(英国,苏纳克)在句子"苏纳克当选英国首相"中是"雇佣"关系,而在句子"苏纳克出生于印度"中是"籍贯—出生地"关系。

关系分类主要分为语义关系和句法关系。语义关系是指隐藏在句法结构后面,由语义范畴建立起来的关系。句法关系是位置关系、替换关系、同现关系等。

关系抽取的相关术语和概念如表 7-3 所示。

表 7-3 关系抽取的相关术语和概念

序号	术语概念	描述
1	句子级关系抽取	从一个句子中判别两个实体间是何种语义关系
2	篇章级关系抽取	该任务旨在判别两个实体之间是否具有某种语义关系,而不必限定两个目标实体所出现的上下文
3	限定域关系抽取	在一个或多个限定的领域内对实体间的语义关系进行抽取,通常,由于限定域,语义关系也是预设好的有限个类别
4	开放域关系抽取	与限定域关系抽取不同,开放域抽取并不限定关系的类别,依据模型对于自然语言句子理解的结果抽取关系

2)方法

关系抽取和实体抽取密切相关,一般是在识别出文本的实体后,再抽取实体之间可能存在的关系。当前,关系抽取方法可以分为基于规则的方法、基于监督学习的方法和基于弱监督学习的方法,如图 7-12 所示。

图 7-12 关系抽取方法

(1)基于规则的关系抽取方法。

基于规则的关系抽取方法主要包含模板的关系抽取方法和词典。下面以模板的关系抽取方法为例。

例句:[张三]老婆[李四]发新朋友圈。

可以简单地将上述句子中的实体替换为变量,得到如下能够获取"夫妻"关系的模板。

① 模板 1:[X]与妻子[Y]

② 模板 2:[X]老婆[Y]

利用上述模板在文本中进行匹配,可以获得新的具有"夫妻"关系的实体。基于模板的关系抽取方法的优点是模板构建简单,可以比较快地在小规模数据集上实现关系抽取系统。同样地,当数据规模较大时,手工构建模板需要耗费领域专家大量的时间。此外,基于模板的关系抽取系统可移植性较差,当面临另一个领域的关系抽取问题时,需要重新构建模板。最后,由于手工构建的模板数量有限,模板覆盖的范围不够,基于模板的关系抽取系统召回率普遍不高。

词典主要在分词时辅助分词、实体抽取时根据词典匹配实体和基于词典对实体分类 3 种情况下使用。词典构建是基于统计分析得到候选词典,然后使用人工做筛选,同时在人工提取领域中重要的术语和复用领域现有词典的基础上构建的。现有的综合中文语义词库包括 CSC、Hownet 和 Chinese Open Wordne。

（2）基于监督学习的关系抽取方法。

基于监督学习的关系抽取方法将关系抽取转换为分类问题，在大量标注数据的基础上，训练有监督学习模型进行关系抽取。利用监督学习方法进行关系抽取的一般步骤包括：预定义关系的类型；人工标注数据；选择模型；基于标注数据训练模型；对训练的模型进行评估。

已有的基于深度学习的关系抽取方法主要包括流水线方法（Pipelined Method）和联合抽取方法两大类。

流水线方法将识别实体和关系抽取作为两个分离的过程进行处理，两者不会相互影响；但关系抽取在实体抽取结果的基础上进行，因此关系抽取的结果也依赖实体抽取的结果，如CR-CNN、Att-Pooling-CNNs、Att-BLTSM。

输入一个句子，首先进行命名实体识别，然后对识别出来的实体进行两两组合，再进行关系分类，最后把存在实体关系的三元组作为输入。流水线的方法存在以下缺点：

① 错误传播，实体识别模块的错误会影响下面的关系分类性能；

② 忽视了两个子任务之间的关系，例如，如果存在 Country-President 关系，那么可以知道前一个实体必然属于 Location 类型，后一个实体属于 Person 类型，流水线的方法没办法利用这样的信息；

③ 产生了没必要的冗余信息，由于对识别出来的实体进行两两配对，然后再进行关系分类，那些没有关系的实体对就会带来多余信息，提升错误率。

联合抽取方法将实体抽取和关系抽取相结合，输入一个句子，通过实体识别和关系抽取联合模型，直接得到有关系的实体三元组。这种方法可以克服流水线方法的缺点，但是可能会有更复杂的结构，如 BERT、LSTM、DGCNN 等。

将实体对的表示分为两类不同特征表示，一类是词典特征，一类是句子全局特征。系统输入是一个带有实体对标注的句子，句子中的每一个词都会经过一个 Look up 层，最终将这两种特征串联起来，通过一个 Softmax 层进行分类，如图 7-13 所示。

特征	标注
L1	Noun1
L2	Noun2
L3	Left and right tokens of noun 1
L4	Left and right tokens of noun 2
L5	WordNet hypernyms of nouns

图 7-13　字典特征

词典特征主要包含实体对的实体词、实体对的两个相邻词，以及实体对的上位词，最终将这些词的向量表示串联起来，输入一个卷积神经网络里，并通过一个最大池化层得到该句子的向量表示，输入决策层，其表示学习过程如图 7-14 所示。

（3）基于弱监督学习的关系抽取方法。

基于监督学习的关系抽取方法需要大量的训练语料，特别是基于深度学习的方法，模型的优化更依赖大量的训练数据。当训练语料不足时，弱监督学习方法可以只利用少量的标注数据进行模型学习。基于弱监督学习的关系抽取方法主要包括远程监督方法和 Bootstrapping 方法。

远程监督方法通过将知识图谱与非结构化文本对齐的方式自动构建大量的训练数据，

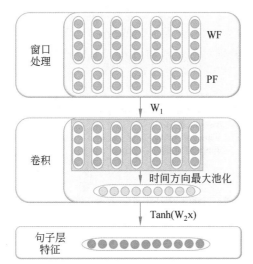

图7-14　基于卷积神经网络的句子表示学习框架图

减少模型对人工标注数据的依赖,增强模型的跨领域适应能力。远程监督方法的基本假设是如果两个实体在知识图谱中存在某种关系,则包含两个实体的句子均表达了这种关系。

例如,在某知识图谱中存在实体关系创始人(例如乔布斯,苹果公司),则包含实体乔布斯和苹果公司的句子"乔布斯是苹果公司的联合创始人和CEO"可被用作关系创始人的训练正例。远程监督关系抽取方法的一般步骤如下:

① 从知识图谱中抽取存在目标关系的实体对;

② 从非结构化文本中抽取含有实体对的句子作为训练样例;

③ 训练监督学习模型进行关系抽取。

远程监督关系抽取方法可以利用丰富的知识图谱信息获取训练数据,有效地减少人工标注的工作量。但是,基于远程监督的假设,会使大量噪声被引入训练数据中,引发语义漂移的现象。

Bootstrapping方法起源于统计学中的自主抽样方法,它利用少量的实例作为初始种子集合,然后在种子集合上学习获得关系抽取的模板,再利用模板抽取更多的实例,加入种子集合中。通过不断地迭代,Bootstrapping方法可以从文本中抽取关系的大量实例。

Bootstrapping方法的优点是关系抽取系统构建成本低,适合大规模的关系抽取任务,并且具备发现新关系的能力。但对初始种子较为敏感、存在语义漂移问题、结果准确率较低等因素也使得该方法逐渐淡出人们的视野。

3. 事件抽取

1) 定义

事件是指发生的事情,通常具有时间、地点、参与者等属性。事件的发生可能是因为一个动作的产生或者系统状态的改变。

事件抽取是指从文本中抽取用户感兴趣的事件信息,并以结构化的形式呈现。例如,从恐怖袭击事件的新闻报道中识别袭击发生的地点、时间、袭击目标和受害人等信息。

事件抽取是信息抽取领域的一个重要研究方向。事件抽取主要把人们用自然语言表达的事件以结构化的形式表现出来。根据定义,事件由事件触发词(Trigger)和描述事件结构的元素(Argument)构成。图 7-15 表述了一个事件的构成。其中,"出生"是该事件的触发词,触发的事件类别(Type)为 Life,子类别(Subtype)为 Be-Born。事件的 3 个组成元素"鲁迅""1881 年""浙江绍兴",分别对应着该类(Life/Be-Born)事件模板中的 3 个元素标签,即 Person、Time 以及 Place。

图 7-15　"出生"事件的基本组成要素

与事件抽取相关的术语如表 7-4 所示。

表 7-4　与事件抽取相关的术语

序号	中文术语	英文术语	描　述
1	事件描述	Event Mention	描述事件的句子
2	事件触发词	Event Trigger	标记事件类型的词汇
3	事件要素	Event Argument	事件的参与者
4	事件角色	Event Role	元素在事件句中扮演的角色
5	事件发现	Event Detection	事件抽取子任务之一
6	事件元素抽取	Event Agrument Extraction	事件抽取子任务之一
7	事件触发词检测	Event Trigger Detection	属于事件发现任务中的一个子任务
8	事件触发词分类	Event Trigger Typing	属于事件发现任务中的一个子任务
9	事件元素识别	Event Agrument Identification	属于事件元素抽取中的一个子任务
10	事件元素角色识别	Event Agrument Role Identification	属于事件元素抽取中的一个子任务

2) 方法

事件抽取的方法主要有基于规则的方法、基于监督学习的方法和基于弱监督学习的方法;任务包含的子任务有 5 类,分别为识别触发词以及事件类型、抽取事件元素及判断其角色、事件描述(词组或句子)、事件属性标注以及事件共指消歧,如图 7-16 所示。

事件触发词识别是一项非常具有挑战性的任务,因为一个词在不同的上下文可以触发不同的事件,例如触发词 release,如图 7-17 所示。

根据语言间的相似性可以构造一个通用事件触发词系统,通过观察发现序列和短语是一种语言独立的结构信息。不论哪一种语言,人在阅读时都是逐字进行的,并且这种序列信息相比于传统的依存信息不会损失重要信息。例如,预测图中第二个句子时,court 是一个线索词,而在句法遗存中,court 和 release 没有直接联系,因此难以预测,然而前向序列可以

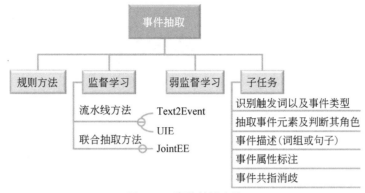

图 7-16　事件抽取方法

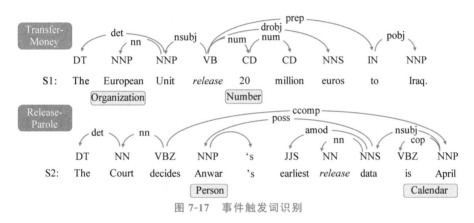

图 7-17　事件触发词识别

将 court 的信息传递给 release；任何一种语言实体短语都是连续地成块出现，预测图中第一个句子是一个关于机构和金钱的话题，用来判断 release 是一个 Transfer-Money 事件，而不是 Release-Parole。

　　得益于深度学习技术的发展，可以分别选择 LSTM 模型和 CNN 模型来模拟序列信息和局部短语信息。结构如图 7-18 和图 7-19 所示。

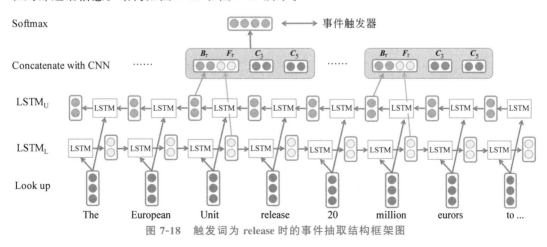

图 7-18　触发词为 release 时的事件抽取结构框架图

　　最终将这两个网络的输出进行串联，并经过一个非线性层输入 Softmax Layer 进行类别识别。

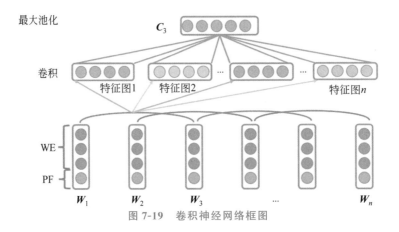

图 7-19　卷积神经网络框图

7.3.2　结构化数据的知识抽取

所谓结构化数据,是指关系库中表格形式的数据,它们各项之间往往存在明确的关系名称和对应关系。因此可以简单地将其转换为 RDF 或其他形式的知识库内容。W3C 的 RDB2RDF 工作组于 2012 年发布了两个 RDB2RDF 映射方法:直接映射(Direct Mapping,DM)和 R2RML。DM 和 R2RML 映射用于定义关系数据库中的数据如何转换为 RDF 数据的各种规则,具体包括 URI 的生成、RDF 类和属性的定义、空节点的处理、数据间关联关系的表达等。R2RML 映射输入为数据库表、视图、SQL 查询,输出为三元组。主要分为抽取类、抽取属性、抽取实例和建立类之间关系 4 步。常用的抽取工具主要有 D2R、Virtuoso、Orcle SW、Morph 等。此种转换优点是规则简单,易于实现,也存在直接转换得到的知识库语义信息不足,需要熟悉原数据库设计的专家辅助进行知识库的优化。

直接映射规范定义了从关系数据库到 RDF 图数据的简单转换,为定义和比较更复杂的转换提供了基础。它也可以用于实现 RDF 图或定义虚拟图,可以通过 SPARQL 查询或通过 RDF 图 API 访问。直接映射将关系数据库表结构和数据直接转换为 RDF 图,关系数据库的数据结构直接反映在 RDF 图中。直接映射的基本规则如表 7-5 所示。

表 7-5　关系数据映射为知识库规则

序号	映射前的关系数据库参数	映射后的知识库参数
1	表(Table)	类(Class)
2	列(Column)	RDF 属性(Property)
3	行(Row)	资源/实体(Resource/Instance),创建 IRI
4	单元(Cell)	属性值(Property Value)

7.3.3　半结构化数据的知识抽取

半结构化数据是指类似百科、商品列表等本身存在一定结构但需要进一步提取整理的数据。半结构化数据是一种特殊的结构化数据形式,该形式的数据不符合关系数据库或其他形式的数据库结构,但又包含标签或其他标记来分离语义元素并保持记录和数据字段。自万维网出现以来,半结构化数据越来越丰富,全文文档和数据库不再是唯一的数据形式,因此半结构化数据也成为知识获取的重要来源。目前,百科类数据、Web 网页数据是可被用于知识获取的重要半结构化数据,本小节将介绍面向此类数据的知识抽取方法。

1. 百科类数据知识抽取

以百度百科为代表的百科类数据是典型的半结构化数据。在百度百科中,词条页面结构如图 7-20 所示,它包含了词条标题、词条摘要、信息框等要素,这些都是关于描述对象的半结构化数据。

图 7-20　百度百科词条页面结构

词条包含丰富的半结构化数据,其中的信息也具有较高的准确度,百度百科已经成为构建大规模知识图谱的重要数据来源。目前,已经构建的知识图谱有 DBpedia、Yago、Zhishi. me、XLore 和 CN-DBpedia 等。在基于百科数据构建知识图谱的过程中,关键问题是如何准确地从百科数据中抽取结构化语义信息。其中,DBpedia 是较早发布、具有代表性的知识图谱,以此为例介绍构建方法。

DBpedia 是一个大规模的多语言百科知识图谱,是百度百科的结构化版本。DBpedia 采用固定模式对百度百科中的实体信息进行抽取,在 Linking Open Data 原则的指导下,将其以关联数据的形式在 Web 上发布与共享。DBpedia 的知识抽取流程如图 7-21 所示。抽取流程主要包含 6 个组成部分:页面集合,包含本地及远程的百度百科文章数据;目标数据,存储或序列化提取的 RDF 三元组;将特定类型的维基标记转换为三元组的提取器;支持提取器的解析器,作用是确定数据类型,在不同单元之间转换值,并将标记分解成列表;提取作业,将页面集合、提取器和目标数据分组到一个工作流程中;知识提取管理器,负责管理将维基百科文章传递给提取器,并将其输出传递到目标数据的过程。

DBpedia 使用了多种知识提取器,从百度百科中获取结构化数据,具体内容如下。

(1) 标签(Labels):抽取维基百科词条的标题,并将其定义为实体的标签。

(2) 摘要(Abstracts):抽取维基百科词条页面的第一段文字,将其定义为实体的短摘

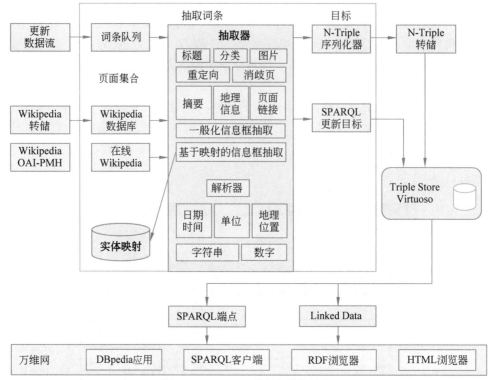

图 7-21　DBpedia 的知识抽取流程

要;抽取词条目录前最长 500 字的长摘要。

（3）跨语言链接（Inter-language Links）：抽取词条页面指向其他语言版本的跨语言链接。

（4）图片（Images）：提取指向图片的链接。

（5）重定向（Redirects）：抽取维基百科词条的重定向链接,建立其与同义词条的关联。

（6）消歧（Disambiguation）：从维基百科消歧页面抽取有歧义的词条链接。

（7）外部链接（External Links）：抽取词条正文指向维基百科外部的链接。

（8）页面链接（Pagelinks）：抽取词条正文指向维基百科内部的链接。

（9）主页（Homepages）：抽取诸如公司、机构等实体的主页链接。

（10）分类（Categories）：抽取词条所属的分类。

（11）地理坐标（Geo-Coordinates）：抽取词条页面中存在的地理位置的经纬度坐标。

（12）信息框（Infobox）：从词条页面的信息框中抽取实体的结构化信息。

2. Web 网页数据抽取

互联网中的网页含有丰富的数据,与普通文本数据相比,网页也属于半结构化的数据。图 7-22 展示了某电商网站搜索结果页面及其 HTML 代码,结果页面中列出一些手机产品的信息。从网页 HTML 代码中可以看到,产品的名称、价格等具体信息可以通过 HTML 中的标记区分获取。针对这一类网页数据进行抽取,可以使用包装器实现。包装器是一个能够将数据从 HTML 网页中抽取出来,并且将它们还原为结构化数据的软件程序,图 7-23 展示了基于包装器抽取网页信息的流程,输入为网页数据,通过包装器进行抽取,输出结构化数据。包装器的生成方法有 3 大类：手工方法、包装器归纳方法和自动抽取方法。

(a) 某电商网站搜索结果页面　　　　　　(b) 产品搜索结果页面HTML代码

图 7-22　Web 网页数据

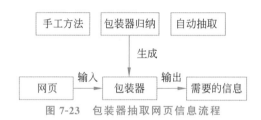

图 7-23　包装器抽取网页信息流程

1）手工方法

手工方法是通过人工分析构建包装器信息抽取的规则。通过查看网页结构和代码，在人工分析的基础上手工编写抽取表达式。表达式的形式一般可以是 XPath 表达式、CSS 选择器的表达式等。XPath 即为 XML 语言路径，它是一种用来确定 XML（标准通用标记语言的子集）文档中某部分位置的语言。借助它可以获取网页中元素的位置，从而获取需要的信息。而 CSS 选择器是通过 CSS 元素实现对网页中元素的定位，并获取元素信息的。

2）包装器归纳方法

对于一般的有规律的页面，可以使用正则表达式的方式写出 XPath 和 CSS 选择器表达式来提取网页中的元素。但这样的通用性很差，因此也可以通过包装器归纳这种基于有监督学习的方法，自动地从标注好的训练样例集合中学习数据抽取规则，用于从其他相同标记或相同网页模板抽取目标数据，其运行流程如图 7-24 所示。

图 7-24　包装器归纳流程

典型的包装器归纳流程包括网页清洗、网页标注、包装器空间生成、包装器评估 4 步。

（1）网页清洗。纠正和清理网页不规范的 HTML、XML 标记，可采用 TIDY 类工具。

（2）网页标注。在网页上标注需要抽取的数据，标注过程一般是给网页中的某个位置打上特殊的标签，表明此处是需要抽取的数据。

（3）包装器空间生成。基于标注的数据生成 XPath 集合空间，对生成的集合进行归纳，从而形成若干子集。归纳的目标是使子集中的 XPath 能够覆盖尽可能多的已标注数据项，使其具有一定的泛化能力。

（4）包装器评估。包装器可以通过准确率和召回率进行评估。使用待评估包装器对训练数据中的网页进行标注，将包装器输出的与人工标注的相同项的数量表示为 N；准确率是 N 除以包装器输出标注的总数量，而召回率是 N 除以人工标注数据项的总数量。准确率和召回率越高，表示包装器的质量越好。

3.自动抽取方法

包装器归纳方法需要大量的人工标注工作，然而对于监督学习标注数据是它的短板，因而不适用于对大量站点进行数据的抽取。此外，包装器维护的工作量也很大，一旦网站改版，就需要重新标注数据，归纳新的包装器。自动抽取方法不需要任何的先验知识和人工标注的数据，可以很好地克服上述问题。网站中的数据通常是用很少的一些模板来编码，通过挖掘多个数据记录中的重复模式来寻找这些模板是可能的。在自动抽取方法中，相似的网页首先通过聚类被分成若干组，通过挖掘同一组中相似网页的重复模式可以生成适用于该组网页的包装器。应用包装器进行数据抽取时，首先将需要抽取的页面划分到先前生成的网页组，然后应用该组对应的包装器进行数据抽取，自动抽取的流程如图 7-25 所示。

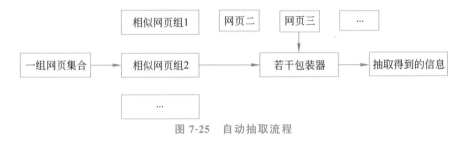

图 7-25　自动抽取流程

对比上述 3 种 Web 页面的信息抽取方法，总结各自的优点和缺点，如表 7-6 所示。

表 7-6　Web 页面信息抽取方法对比

信息抽取方法	优　点	缺　点
手工方法	适用任何网页 人工标注 抽取到感兴趣的数据	人力维护成本高 无法处理大量站点
包装器归纳方法	人工标注 抽取到感兴趣的数据	人力维护成本高 可维护性能差
自动抽取	无监督方法 可运用到大规模网站	需要相似网页作为输入 会抽取一些无关信息

7.4　知识融合

知识图谱包含描述抽象知识的实体层和描述具体事实的实例层。实体层用于描述特定领域中的抽象概念、属性、公理；实例层用于描述具体的实体对象、实体间的关系，包含大量的事实和数据。

第一，从知识图谱构建的角度来说。早期知识工程的理想是构建一个统一的知识库，但是事实上不可能构建一个覆盖万物的统一知识库。究其原因，一方面是因为人类知识体系复杂，不同人对某些知识有主观看法，同时知识也会随时间自然演化，同一领域有不同组织构建自己的知识库；交叉领域中的交叉知识往往是独立构建的；知识图谱构建优先考虑重用现有知识；这样在同一领域存在大量描述内容在语义上重叠或者关联的实体，但是使用的实体在表示语言和表示模型上却有差异，这便造成了实体异构。

第二，从知识图谱应用的角度来说。首先，不同领域的系统需要交互，然而，如果不同的系统采用的实体是异构的，它们之间的信息交互便无法正常进行，实体异构造成了大量信息交互问题。其次，系统需要处理来自不同领域的知识；同名实例可能指代不同的实体，不同名实例可能指代同一个实体，大量的共指问题会给知识图谱的应用造成负面影响。因此，知识图谱应用还需要解决实例层的异构问题，如图 7-26 所示。

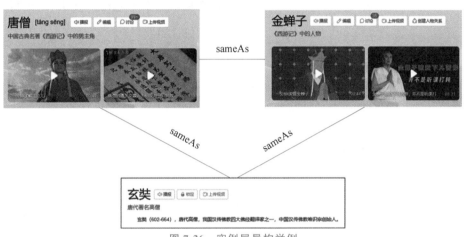

图 7-26　实例层异构举例

知识具有共享性特征的同时，还需要兼顾自治性和动态性，知识的构建过程和应用场景决定了知识异构是一种自然现象，不能完全消除。知识融合是解决知识图谱异构问题的有效途径。知识融合，即合并两个知识图谱（实体）。知识融合的目标是融合各个层面（概念层、数据层）的知识，合并两个知识图谱（实体）时，需要确认：等价实例（数据层面）、等价类/子类、等价属性/子属性。数据层的知识融合主要强调实体的知识融合，最主要的工作是实体对齐，即找出等价实例，包括 Record Linkage（传统数据库领域）、Entity Resolution（传统数据库领域）、Entity Alignment（本体对齐）。概念层的融合主要强调概念和属性等的融合，包括实体对齐（Ontology Alignment）和实体匹配（Ontology Matching）。

通过知识抽取，得到来源不同、海量的实体和关系，将其中的噪声和重复数据进行清理和整合的过程称为知识融合。知识融合建立异构实体或异构实例之间的联系，从而使异构的知识图谱能相互沟通，实现它们之间的互操作。知识融合有不同的叫法，如本体对齐、本体匹配、实体对齐等，但它们的本质是一样的。知识图谱的基本问题是怎样将来自多个来源的关于同一个实体或概念的描述信息融合起来，如图 7-27 所示。将不同表现形式的人统一起来，虽然表情不同，戴的饰品不同，但是都是同一个人。知识融合是知识图谱应用的重要预处理步骤，通过数据清洗解决构建的知识图谱可能存在的异构问题；通过数据整合解决不同源的知识图谱可能存在的知识重叠问题,从而融合多个不同来源的知识图谱数据。

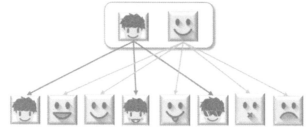

图 7-27　知识融合举例

为了进行知识融合,需要解决的技术问题主要有以下两点。

1) 数据质量的挑战

主要包含命名模糊,数据输入错误、数据丢失、数据格式不一致、缩写等语言层异构;语法、逻辑、元语和表达能力不匹配问题等。语法异构是指采用不同的描述语言,逻辑异构是指逻辑表示不匹配,元语异构是指元语的语义有差别,表达能力异构是指不同语言表达能力的差异。

2) 数据规模的挑战

主要是指数据量大(并行计算)、数据种类多样性、不再仅仅通过名字匹配、多种关系、更多链接等,主要包含概念化异构和解释不匹配的问题。

例如"动物"划分为"哺乳动物"和"鸟","动物"划分为"食肉动物"和"食草动物",这就属于概念化异构;而同义术语 Car、Auto,多义术语 Conductor(指挥家、半导体),编码格式 FullName、FirstName＋LastName 这一类属于解释不匹配。

知识融合包含两部分内容,分别为实体链接和知识合并。知识融合通过这两个过程可以清除知识抽取得到的结构化数据中可能存在的大量冗余和错误信息,整合相关数据,解决数据之间扁平化的关系,缺乏层次性和逻辑性的问题,从而提高知识的质量。

7.4.1　知识融合的基本技术流程

知识融合一般分为两步:实体对齐和实体匹配,具体技术流程如图 7-28 所示。

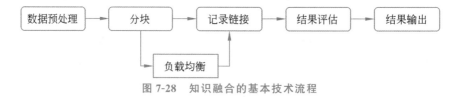

图 7-28　知识融合的基本技术流程

1. 数据预处理

在数据预处理阶段,原始数据的质量会直接影响到最终链接的结果,不同的数据集对同一实体的描述方式往往是不相同的,对这些数据进行归一化处理是提高后续链接精确度的重要步骤。数据预处理相关技术包括语法正规化,如语法匹配(联系电话的表示方法)、综合属性(家庭地址的表达方式);数据正规化移除空格、《》、""、-等符号,输入错误类的拓扑错误,用正式名字替换昵称和缩写等。

2. 分块

分块(Blocking)是从给定知识库的所有实体对中选出潜在匹配的记录对作为候选项,并将候选项的大小尽可能地缩小。分块为了使数据可以分而治之,使每一块较小的同时保证覆盖率,让显然不需要链接的、不相关的实体排除在模块外。

常用的分块方法如下。

(1) 基于 Hash 函数的分块方法:对于记录 x,有 $\text{Hash}(s)=h_i$,则 x 映射到与关键字 h_i 绑定的块 C_i 上。常见的 Hash 函数有字符串的前 n 个字、$n\text{-grams}$、结合多个简单的 Hash 函数等。

(2) 邻近分类法:Canopy 聚类、排序邻居算法、Red-Blue Set Cover 等。

3. 记录链接

假设两个实体的记录 x 和 y,x 和 y 在第 i 个属性上的值是 x_i、y_i,那么通过如下两步进行记录链接。

(1) 属性相似度:综合单个属性相似度得到属性相似度向量。

$$\left[\text{sim}(x_1,y_1),\text{sim}(x_2,y_2),\cdots,\text{sim}(x_N,y_N)\right]$$

(2) 实体相似度:根据属性相似度向量得到一个实体的相似度。

4. 负载均衡

负载均衡(Load Balance)用来保证所有块中的实体数目相当,从而保证分块对性能的提升程度。最简单的方法是进行多次 Map-Reduce 操作。

5. 结果评估

评价指标为准确率、召回率、F 值及整个算法的运行时间。

7.4.2 典型知识融合工具

1. 实体匹配工具——Falcon-AO

Falcon-AO:一个基于 Java 的自动实体匹配系统,已经成为 RDF(S)和 OWL 所表达的 Web 实体相匹配的一种实用和流行的选择,其系统框架如图 7-29 所示。

匹配算法库使用以下 4 种匹配算法。

(1) V-Doc 算法:基于虚拟文档的语言学匹配,将实体及其周围的实体、文本等信息作为一个集合,形成虚拟文档,然后可以使用如 TF-IDF 等算法进行操作。

(2) I-Sub 算法:基于编辑距离的字符串匹配。

(3) GMO 算法:基于实体 RDF 图结构的匹配。

(4) PBM 算法:基于分而治之的大实体匹配。

相似度组合策略是首先使用 PBM 分而治之,然后使用语言学算法(V-Doc、I-Sub)处理,再使用结构学算法(GMO)接收前两者结果,再作处理,最后连通前两者的输出,使用贪心算法进行选取,如图 7-30 所示。

2. 实体匹配工具——Dedupe

Dedupe 用于模糊匹配,记录去重和实体链接的 Python 库。

(1) 指定谓词集合 & 相似度函数。

主要内容是属性的定义。Dedupe 的输入需要指定属性的类型,在内部给每个属性类型指定一个谓词集合以及相似度计算方法。示例:图 7-31 是对比尔·盖茨的 name 属性的简

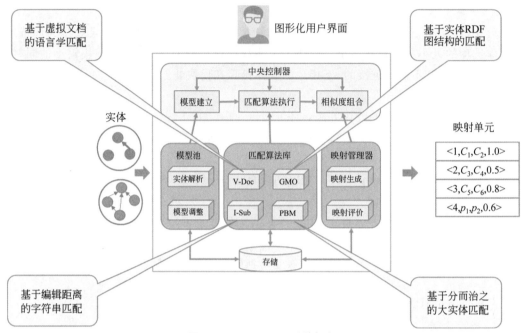

图 7-29　Falcon-AO 系统框架

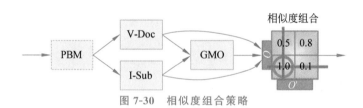

图 7-30　相似度组合策略

单描述,将每个属性都映射上去,会形成一个大的谓词集合。

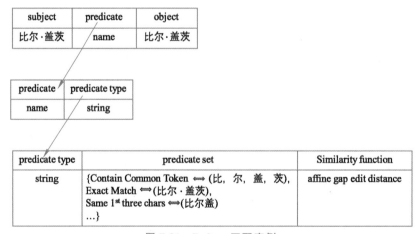

图 7-31　Dedupe 匹配实例

（2）训练 Blocking。

训练 Blocking 是通过 Red-Blue set cover 找到最优谓词集合来分块（图 7-32）。最优谓词集合至少能覆盖 95％（可以指定）的正样本对,负样本对被误分到同一个 block 中越少越好。

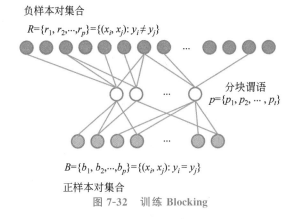

图 7-32 训练 Blocking

（3）训练逻辑回归模型。

使用用户标记的正负样本对训练逻辑回归（Logistic Regression，LR）模型，进行分类。LR 不能确定的会返回给用户进行标注。

3. 实体匹配工具——Limes

Limes 是一个基于度量空间的实体匹配发现框架，适合大规模数据链接，编程语言是 Java，其整体框架如图 7-33 所示。

图 7-33 Limes 的整体框架

具体流程如下。

（1）符号定义：源数据集 S，目标数据集 T，阈值 θ。

（2）样本选取：从目标数据集 T 中选取样本点 E 来代表 T 中的数据。样本点：能代表距离空间的点。应该在距离空间上均匀分布，各个样本之间距离尽可能大。

（3）过滤：计算 $s \in S$ 与 $e \in E$ 之间的距离 $m(s,e)$，利用三角不等式进行过滤。

三角不等式过滤：给定 (A,m)，m 是度量标准，相当于相似性函数，A 中的点 x,y 和 z 相当于 3 条记录，根据三角不等式，有：

$$m(x,y) \leqslant m(x,z) + m(z,y) \tag{7-1}$$

通过推理可以得到：

$$m(x,y) - m(x,z) > \theta \rightarrow m(x,z) > \theta \tag{7-2}$$

其中，y 相当于样本点。因为样本点 E 的数量远小于目标数据集 T 的数量，所以过滤这一步会急剧减少后续相似性比较的次数，因而对大规模的 Web 数据，这是非常高效的算法。

（4）相似度计算：计算相似度。

（5）序列化：存储为用户指定格式。

4. 实体匹配工具——Silk

Silk 用于集成异构数据源的开源框架,其整体框架如图 7-34 所示。

图 7-34　Silk 的整体框架

(1) 预处理:会将索引的结果排名前 N 的记录下来,作为候选对,进行下一步更精准的匹配(损失精度)。

(2) 相似度计算:包含很多相似度计算的方法。

(3) 过滤:过滤掉相似度小于给定阈值的记录对。

7.4.3　实体链接

实体链接(Entity Linking)是指对于从文本中抽取得到的实体对象,将其链接到知识库中对应的正确实体对象的操作。其基本思想是首先根据给定的实体指称项,从知识库中选出一组候选实体对象,然后通过相似度计算将指称项链接到正确的实体对象。

例如,对于文本"××出任复旦大学新闻学院副院长",就应当将字符串"××""复旦大学""复旦大学新闻学院"分别映射到对应的实体上。很多时候,存在同名异实体或同实体异名的现象,因此这个映射过程需要进行消歧,比如对于文本"我正在读《哈利波特》",其中的"《哈利波特》"应指的是"《哈利波特》(图书)"这一实体,而不是"《哈利波特》系列电影"这一实体。当前的实体链接一般已经识别出实体名称的范围,需要做的工作主要是实体的消歧。也有一些工作同时做实体识别和实体消歧,变成了一个端到端的任务。

实体指称项:在具体上下文中出现的待消歧实体名,是实体消歧任务的基本单位。

实体消歧:判断知识库中的同名实体是否代表不同的含义,可以理解为解决实体概念的一词多义现象。经典的例子是"苹果"指的是水果,还是手机。实体消歧是实体链接下的一个子任务。

属性对齐:把同一个属性的不同描述方式进行融合。

共指消歧:知识库中是否存在其他命名实体和当前实体表示相同的含义。

实体链接的基本思想是首先根据给定的实体指称项,从知识库中选出一组候选实体对象,然后通过相似度计算将指称项链接到正确的实体对象。实体链接的基本流程如图 7-35 所示,包括实体指称识别、候选实体生成和候选实体消歧 3 个步骤,每个步骤都可以采用不同的技术和方法。下面以图 7-36 为例介绍实体链接:中国证券网讯(记者 王雪青)中国证券记者今日获悉,万达集团的文明产业版图将再添世界级新军——传奇影业,具体收购情况或于下周二正式发布。

1. 实体指称识别

实体链接的第一步是要从文本中通过实体抽取得到实体指称项。主要通过命名实体识别技术或词典匹配技术实现,实体识别方法已经在 7.3.1 节进行了介绍,此处不再赘述。词典匹配方法需要首先构建问题领域的实体指称词典,通过直接与文本的匹配识别指称。例如,从图 7-37 给出的文本中识别[乔丹][美国][NBA]等。

2. 候选实体生成

候选实体生成是确定文本中的实体指称可能指向的实体集合。上述例子中实体指称

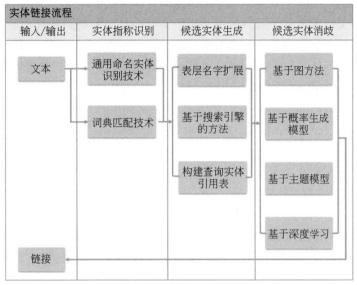

图 7-35　实体链接的基本流程

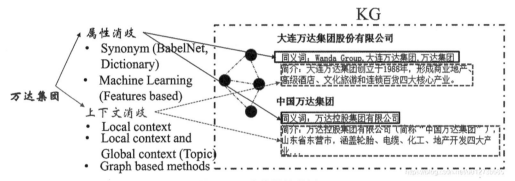

图 7-36　实体链接举例

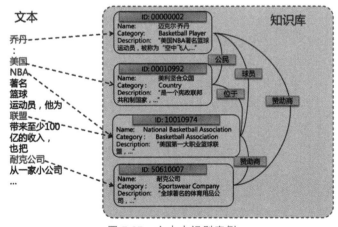

图 7-37　文本中识别实例

[乔丹]，可以指代知识库中的多个实体，如[篮球运动员迈克尔·乔丹][足球运动员迈克尔·乔丹][运动品牌飞人乔丹]等。生成实体指称的候选实体有以下 3 种方法。

（1）表层名字扩展。

实体对象的文本跨度称为实体提及。某些实体提及是缩略词或其全名的一部分，这类实体提及可以使用表层名字扩展技术识别其他可能的扩展变体（例如全名），形成实体提及的候选实体集合。表层名字扩展可以采用启发式的模式匹配方法提取实体提及的邻近括号中的缩写作为扩展结果，也可以用有监督学习技术实现从文本中抽取复杂的实体名称缩写。例如，常用的模式是提取实体提及的邻近括号中的缩写作为扩展结果，如 University of Illinois at Urbana-Champaign（UIUC）、Hewlett-Packard（HP）等。

（2）基于搜索引擎的方法。

将实体提及和上下文文字提交至搜索引擎，可以根据搜索引擎返回的检索生成候选实体。例如，将实体指称作为搜索关键词提交至谷歌搜索引擎，并将其返回结果中的维基百科页面作为候选实体。

（3）构建查询实体引用表。

很多实体链接系统都基于维基百科数据构建查询实体引用表，建立实体提及与候选实体的对应关系。实体引用表如表 7-7 所示，它可以看作是一个＜键—值＞映射；一个键可以对应一个或多个值。完成引用表构建后，可以通过实体提及直接从表中获得其候选实体。

表 7-7　实体引用表示例

实 体 提 及	实 体
Michael Jordan	Michael I.Jordan Michael Jordan（footballer） Michael Jordan（mycologist）
Apple	Apple（fruit） Apple Inc. Apple（band） …
HP	Hewlett-Packard

3.候选实体消歧

由于一个指称可能指向多个实体，确定文本中的实体指称和它们的候选实体后，实体链接系统需要为每一个实体指称确定其指向的实体，称为候选实体消歧。一般地，候选实体消歧被作为排序问题进行求解，也被称作候选实体排序，即给定实体提及，对它的候选实体按照链接可能性由大到小进行排序。候选实体消歧方法包括基于图的方法、基于概率生成模型的方法和基于深度学习的方法等。

（1）基于图的方法。

基于图的方法将实体指称、实体以及它们之间的关系通过图的形式表示出来，然后在图上对实体指称之间、候选实体之间、实体指称与候选实体之间的关联关系进行协同推理。

（2）基于概率生成模型的方法。

基于概率生成模型对实体提及和实体的联合概率进行建模，可以通过模型的推理求解实体消歧问题。实体提及被作为生成样本进行建模，其生成过程如图 7-38 所示。

首先，模型依据实体的概率分布 $P(e)$ 选择实体提及对应的实体，如例子中的［Michael

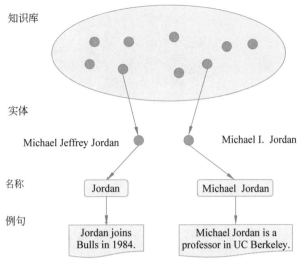

图 7-38 实体提及生成过程示例

Jeffrey Jordan]和[Michael I.Jordan];然后,模型依据给定实体 e 实体名称的条件概率 $P(s\mid e)$ 选择实体提及的名称,如例子中的[Jordan]和[Michael Jordan];最后,模型依据给定实体 e 上下文的条件概率 $P(c\mid e)$ 输出实体提及的上下文。根据上述实体提及的生成过程,实体和实体提及的联合概率可以定义为

$$P(m,e)=P(s,c,e)=P(e)P(s\mid e)P(c\mid e) \tag{7-3}$$

在该方法中,$P(e)$ 对应了实体的流行度,$P(s\mid e)$ 对应了实体名称知识,$P(c\mid e)$ 对应了上下文知识。当给定实体提及 m 时,候选实体消歧通过以下公式实现

$$e=\arg\max_e\frac{P(m,e)}{P(m)}=\arg\max_e P(e)P(s\mid e)P(c\mid e) \tag{7-4}$$

(3)基于深度学习的方法。

在候选实体消歧过程中,准确计算实体的相关度十分重要。因为在利用上下文中信息或进行协同实体消歧时,都需要评价实体与实体的相关度,如图 7-39 所示。在输入层,每个实体对应的输入信息包括实体 E、实体拥有的关系 R、实体类型 ET 和实体描述 D。基于词袋和独热表示的输入经过词散列层进行降维,然后经过多层神经网络的非线性变换,得到语义层上实体的表示;两个实体的相关度被定义为它们语义层表示向量的余弦相似度。

4.无链接提及预测

由于知识图谱的不完备性,并不是每个实体提及在知识图谱中都能够找到对应的实体,部分实体提及在知识图谱中没有相对应的实体。对于这类实体提及,实体链接系统通常将其链接到一个特殊的"空实体(NIL)"上去,称为无链接提及预测(Unlinkable Mention Prediction)。

无链接提及预测任务常用的策略有以下 3 种。

① 如果一个实体提及对应的候选实体生成结果是空集,那么该实体提及的链接结果是 NIL。

② 如果一个实体提及对应排名最高的候选实体得分低于一个预先设定的阈值,那么该实体提及的链接结果是 NIL。这里用到的阈值通常根据系统在标注数据上的表现进行预设。

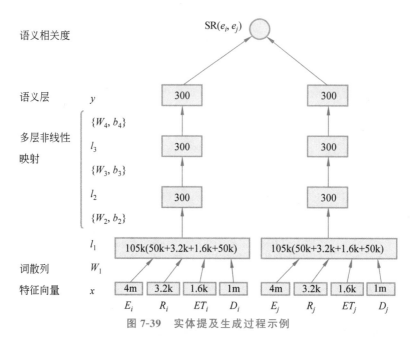

图 7-39　实体提及生成过程示例

③ 给定一个实体提及及其对应排名最高的候选实体,使用二分类器对其进行分类。如果分类结果是 1,则返回候选实体作为实体链接结果。否则,该实体提及的链接结果是 NIL。此外,也可以将 NIL 作为一个特殊的实体直接加到每个实体提及对应的候选实体集合中进行打分和排序。

5.实体链接应用

实体链接的常见用途如下。

① 知识图谱构建。知识图谱的构建过程,就是将一个个三元组添加到已有知识库的过程。实体链接技术可以自动实现三元组中实体与知识库中实体的匹配。

② 知识图谱融合。知识图谱的融合,可以粗暴地理解为批量地向已有知识库添加三元组信息,使用实体链接技术可以实现添加操作的自动化。

③ 词语消歧。指代、重名等现象,不利于机器准确理解文本的语义。可以使用实体链接技术,把"神木原名麟州,这可是个好地方"中的"这"的真实身份,即"神木"给判断出来(当然使用三元组抽取等方式);也可以用实体链接技术,判断出"小米重塑了手机市场,让智能手机价格不再'赶人'"中的"小米"是一个企业。

7.4.4　知识合并

构建知识图谱时,可以从第三方知识库产品或已有结构化数据获取知识输入。将现有的知识库与第三方知识库进行合并,第三方知识库可能是关系数据库,也可能是外部知识库。常见的知识合并需求有两方面:一是合并外部知识库,二是合并关系数据库。

(1) 合并外部知识库。

将外部知识库融合到本地知识库需要处理两个层面的问题:数据层的融合和模式层的融合。

数据层的融合:包括实体的指称、属性、关系以及所属类别等,主要问题是如何避免实例以及关系的冲突问题,造成不必要的冗余。

模式层的融合:主要是将得到的实体融入已有的实体库中。

(2)合并关系数据库。

在知识图谱构建过程中,一个重要的高质量知识来源是企业或机构自己的关系数据库。为了将这些结构化的历史数据融入知识图谱中,可以采用资源描述框架(RDF)作为数据模型。业界和学术界将这一数据转换过程形象地称为 RDB2RDF,其实质就是将关系数据库的数据换成 RDF 的三元组数据。

7.5 知识加工

通过信息抽取,可以从原始语料中提取出实体、关系与属性等知识要素,再经过知识融合,可以消除实体指称项与实体对象之间的歧义,得到一系列基本的事实表达。然而,事实本身并不等于知识,要想最终获得结构化、网络化的知识体系,还需要经历知识加工的过程。知识加工主要包括 3 方面内容:实体构建、知识推理和质量评估。

7.5.1 实体构建

实体是对概念进行建模的规范,是描述客观世界的抽象模型,以形式化的方式对概念及其之间的联系给出明确定义。实体最大的特点在于它是共享的,实体反映的知识是一种明确定义的共识,如"人""事""物"。实体概念模板构建,通常由领域专家制定或实体相似度计算,进行粗略归类之后,再经过人工统计归纳得到。

实体是同一领域内的不同主体之间进行交流的语义基础。实体是树状结构,相邻层次的节点(概念)之间有严格的隶属(IsA)关系。在知识图谱中,实体位于模式层,用于描述概念层次体系,是知识库中知识的概念模板。

实体可以采用人工编辑的方式手动构建,如借助实体编辑软件。但是人工方式的工作量巨大,因此一般以数据驱动的方式构建实体,包含 3 个阶段:实体并列关系相似度计算、实体上下位关系抽取和实体的生成。

(1)实体并列关系相似度计算。

实体并列关系相似度计算适用于考查任意给定的两个实体在多大程度上属于同一概念分类的指标测度。相似度越高,表明这两个实体越有可能属于同一语义类别。所谓并列关系,是相对于纵向的概念隶属关系而言的。目前主流的实体并列关系相似度计算方法有两种,分别为模式匹配法和分布相似度。其中,模式匹配法采用预先定义实体对模式的方法,通过模式匹配取得给定关键字组合在同一语料单位中共同出现的频率,据此计算实体对之间的相似度。在相似的上下文关系中频繁出现的实体之间具有语义上的相似性,则可以应用分布相似度方法。

(2)实体上下位关系抽取。

实体上下位关系抽取用于确定概念之间的隶属关系,称为上下位关系。实体上下位关系抽取是该领域的研究重点,主要研究方法是基于语法模式(如 Hearst 模式)抽取 IsA 实体对。也有方法利用概率模型判定 IsA 关系和区分上下位词,通常会借助百科类网站提供的概念分类知识来帮助训练模型,以提高算法精度。

（3）实体的生成。

实体生成的主要任务是对各层次得到的概念进行聚类，并对其进行语义类的标定，为该类中的实体指定一个或多个公共上位词。

图 7-40 中的实体为百度、腾讯、阿里、无人车，得到这 4 个实体时，四者并无任何区别，通过计算四者之间的相似度，得到结果：百度、阿里、腾讯三者相似度较高，与无人车差别较大。计算相似度后，发现实体之间的相似度不同，但无上下位差异，所以接下来进行上下位关系抽取，生成实体，发现百度、阿里、腾讯对应的实体是公司，属于公司实体下的细分实体；无人车对应的实体是交通工具，属于交通工具实体下的细分实体，它们不属于一类。

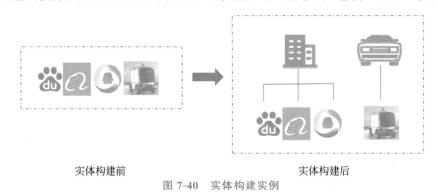

实体构建前　　　　　　　　　　　　　　实体构建后

图 7-40　实体构建实例

7.5.2　知识推理

完成实体构建后，一个知识图谱的雏形便已经搭建好。但是这时候，可能知识图谱之间大多数的关系都是残缺的，缺失值非常严重。知识推理是指从知识库中已有的实体关系数据出发进行计算机推理，建立实体间的新关联，从而拓展和丰富知识网络。知识推理是知识图谱构建的重要手段和关键环节，通过知识推理能够从现有知识中发现新的知识。

假设，A 的孩子是 Z，B 的孩子是 Z，那么 A、B 的关系很有可能是配偶关系。

知识推理就是指从知识库中已有的实体关系数据出发，经过计算机推理建立实体间的新关联，从而扩展和丰富知识网络。

例如，康熙是雍正的父亲，雍正是乾隆的父亲，对于康熙和乾隆这两个实体，通过知识推理可以获得他们之间是祖孙关系。

知识推理的对象也并不局限于实体间的关系，也可以是实体的属性值、实体的概念层次关系等。

（1）推理属性值：已知某实体的生日属性，可以通过推理得到该实体的年龄属性。

（2）推理概念：已知（老虎，科，猫科）和（猫科，目，食肉目）可以推出（老虎—目：食肉目）

知识的推理方法可以分为两大类：基于逻辑的推理和基于图的推理。

（1）基于逻辑的推理方法。

基于逻辑的推理主要包括一阶逻辑谓词、描述逻辑以及基于规则的推理。一阶谓词逻辑建立在命题的基础上，在一阶谓词逻辑中，命题被分解为个体（Individuals）和谓词（Predication）两部分。个体是指可以独立存在的客体，可以是一个具体的事物，也可以是一个抽象的概念。谓词是用来刻画个体性质及事物关系的词。比如（A，friend，B）就是表达个体 A 和 B 关系的谓词。对于复杂的实体关系,可以采用描述逻辑进行推理。描述逻辑(Description Logic)是一种基于对象知识表示的形式化工具,是一阶谓词逻辑的子集,它是实体语言推理的重要设计基础。基于规则的推理可以利用专门的规则语言,如 SWRL(Semantic Web Rule Language)。

(2) 基于图的推理方法。

基于图的推理方法主要基于神经网络模型或 Path Ranking 算法。Path Ranking 算法的基本思想是将知识图谱视为图(以实体为节点,以关系或属性为边),从源节点开始,在图上执行随机游走。如果能够通过一个路径到达目标节点,则推测源节点和目标节点可能存在关系。即从图的角度来看,可以看作标签的有向图,有向图以实体为节点,以关系为有向边,并且每个关系边从头实体节点(源节点)指向尾实体节点(目标节点),如图 7-41 所示。

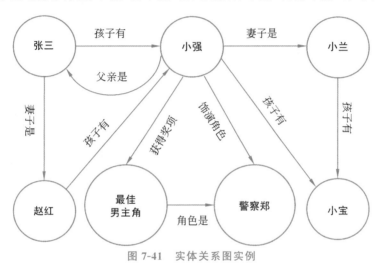

图 7-41　实体关系图实例

丰富的图结构反映了知识图谱丰富的语义信息。在知识图谱中,典型的图结构是两个实体之间的路径。例如,上面的示例中描述了不同人物之间的关系以及人物的职业信息,包含了图 7-42 所示的路径。

这是一条从头实体节点(源节点)小强到尾实体节点(目标节点)小宝的路径,表述的信息是小强的妻子是小兰,小兰的孩子有小宝。从语义角度来看,这条由关系"妻子是"和"孩子有"组成的路径揭示了小强和小宝之间的父子关系,这条路径推测出源节点实体小强和目标节点实体小宝可能存在关系,如图 7-43 所示。

图 7-42　实体关系路径　　　　　　图 7-43　推测实体关系

这个推理过程不仅仅存在于这个包含小强、小兰和小宝的子图中,也存在于张三、赵红和小强的子图中,而图 7-44 所示路径和推测关系常常同时出现在知识图谱中。其中 A、B、C 是 3 个代表关系的变量,由"妻子是"和"孩子有"两种关系组成的路径与关系"孩子有"在图谱中是经常共现的,且其共现与 A、B、C 具体是什么实体没有关系。这说明了路径是一种重要的进行关系推理的信息,也是一种重要的图结构。

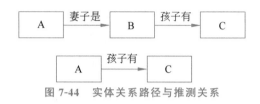

图 7-44　实体关系路径与推测关系

7.5.3　质量评估

质量评估也是知识图谱构建技术的重要组成部分。其意义在于可以对知识的可信度进行量化,通过舍弃置信度较低的知识保障知识库的质量。

7.5.4　知识更新

从逻辑上看,知识的更新主要包括概念层的更新和数据层的更新两方面。概念层的更新是指新增数据后获得了新的概念,需要自动将新的概念添加到知识库的概念层中。数据层的更新主要是新增或更新实体、关系、属性值,对数据层进行更新需要考虑数据源的可靠性和数据的一致性(是否存在矛盾或冗杂等问题),选取可靠数据源,并选择在各数据源中出现频率高的事实和属性加入知识库。

知识图谱的内容更新有两种方式,一种是全面更新,另一种是增量更新。

全面更新是指以更新后的全部数据为输入,从零开始构建知识图谱。这种方法比较简单,但资源消耗大,而且需要耗费大量人力资源进行系统维护。

增量更新是指以当前新增数据为输入,向现有知识图谱中添加新增知识。这种方式资源消耗小,但目前仍需要大量人工干预(定义规则等),因此实施起来十分困难。

7.6　小结

本章简述了知识图谱的起源,介绍了知识图谱的架构,并详细介绍了知识图谱的构建过程,包括知识的抽取、知识的融合和知识的加工。首先确定知识表示模型,然后根据数据来源选择不同的知识获取手段,把知识导入模型中,构建知识图谱;接着综合利用知识推理、知识融合、知识挖掘等技术对构建的知识图谱进行质量提升;最后根据场景需求设计不同的知识访问方法,如语义搜索、问答交互等。帮助读者了解知识建模、关系抽取、图存储、关系推理、实体融合等相关内容。

思考与练习

1. 什么是知识图谱?
2. 简述知识图谱的发展历程。
3. 知识图谱架构如何分类?
4. 简述知识抽取的方法和过程。
5. 如何进行知识的融合?
6. 简述知识加工的关键技术。

第 8 章

图神经网络

深度神经网络在处理图像、视频、语音、文字等具有规则关系的数据中取得了巨大成功，有力地推动了人工智能技术的进步。但是现实中，并不是所有事物都具有规则关系，例如现实中的电子商务系统就很难用深度神经网络来处理。在电子商务中，用图（Graph）却可以很容易描述用户和产品之间的交互关系，基于图的学习系统能够为用户做出准确的产品推荐。但是图的复杂性使得现有的深度神经网络在处理时面临巨大的挑战，这是因为图是不规则的，每个图都有一个大小可变的无序节点，图中的每个节点都有不同数量的相邻节点，导致一些重要的操作（例如卷积）在图像（Image）上很容易计算，但在图上却不容易。

图结构普遍存在于人类社会生活中，如人与人之间的社交网络、地铁线路及高铁线路、互联网中网页间的互相链接、论文的引用等，都可以用图结构来描述。但是传统的图结构没有学习功能，难以直接利用它们解决现实中的预测、分类等问题。

图描述的普遍性和神经网络的学习能力，使研究人员早在 1997 年就开始了将它们相互结合进行研究。2005 年，"图神经网络"一词已被提出，2009 年被进一步阐述，但并未引起重视。直到 2012 年，卷积神经网络和循环神经网络的成功有力促进了图神经网络的研究，2018 年之后，图神经网络已成为人工智能的热点研究领域。

图神经网络（Graph Neural Network，GNN）自提出以来，除了在计算机视觉、自然语言处理等领域应用之外，还在物理、生物、化学、社会科学等跨学科的网络分析、推荐系统、生物化学、交通预测等诸多领域应用。

本章在介绍图论基础与图谱理论的基础上，给出图神经网络的基本原理和图神经网络的分类，进而给出几种典型的图卷积神经网络、图循环神经网络、图注意力网络、图生成网络以及图时空网络等模型。

8.1 图论基础与图谱理论

8.1.1 图论基础

1. 图的定义与表示

在图论中，图是一种数学结构，由一组对象（称为顶点（nodes）或节点（edges））和一组连接组成，它们连接顶点对。符号 $\mathcal{G}=(\mathcal{V},\mathcal{E})$ 用于表示一个图，其中 $\mathcal{G}$ 是图，$\mathcal{V}=\{v_i \mid i=1, 2,\cdots,N\}$ 表示顶点或节点，其中 N 表示节点的个数。$\mathcal{E}=\{e_{ij} \mid v_i,v_j \in \mathcal{V}\}$，$|\mathcal{E}| \leqslant N^2$ 表示顶点与顶点之间所连接的边。

节点代表一个实体或对象,比如用户或原子,它具有实体的属性。这些节点属性构成了一个节点的特征(即"节点特征"或"节点编码")。通常,这些特征可以用 R^d 中的向量来表示。例如,在社交媒体图中,用户节点具有年龄、性别、政治倾向、关系状态等属性,它们可以用数字表示。这些节点特征是 GNN 的输入,在接下来的部分中,每个节点 i 都有关联的节点特征 $x_i \in R^d$ 和标签 y_i,比如独热码(one-hot)。

边的特征可以表示为 $a_{ij} \in R^d$。例如,可以把分子想象成一个图,其中原子是节点,化学键是边。虽然原子节点本身具有各自的特征向量,但边可以具有编码不同类型键(单键、双键、三重键)的不同边特征。

2. 无向图与有向图

图最基本的性质之一是它是有向的还是无向的,如图 8-1 所示。在一个有向图中,每条边都有一个方向或两个方向。这意味着该边沿着一个特定的方向连接两个节点,其中一个节点是源节点,另一个节点是目的地节点。相比之下,无向图的边没有方向。这意味着两个顶点之间的边可以在任意一个方向上遍历,而访问节点的顺序并不重要。

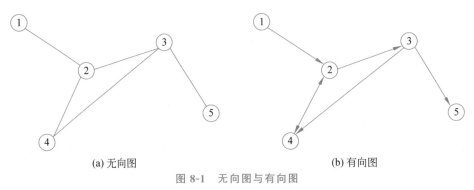

(a) 无向图　　　　　　　　　　(b) 有向图

图 8-1　无向图与有向图

3. 权值图

图的另一个重要性质是这些边是有权重还是无权重的。在一个权值图中,如图 8-2 所示,每条边都有一个与之相关联的权重或代价。这些权重可以代表各种因素,如距离、旅行时间或成本。例如,在一个交通网络中,边的权重可能代表不同城市之间的距离或在它们之间旅行所花费的时间。相比之下,无权图没有与其边相关联的权重。这些类型的图通常用于节点之间的关系是二进制的情况,而边只是表示它们之间是否存在连接。

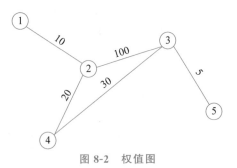

图 8-2　权值图

4. 邻接矩阵

图在计算机上的表示一般有两种方式,分别为邻接矩阵和邻接链表,邻接矩阵是最常用的表达方式。邻接矩阵在 n 个顶点的图需要有一个 $n \times n$ 大小的矩阵 A,在一个无权图中,矩阵坐标中每个位置的值为 1,代表两个点是相连的,0 表示两点是不相连的;在一个有权图中,矩阵坐标中每个位置值代表该两点之间的权重,0 表示该两点不相连;对于无向图,邻接矩阵是对称的,而对于有向图,矩阵不一定是对称的。图 8-3 显示了与该无向图关联的邻接矩阵。

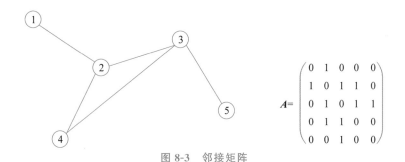

图 8-3 邻接矩阵

邻接矩阵是一种直观的表示方法,可以被轻松地可视化为一个二维数组。使用邻接矩阵的一个关键优势是检查两个节点是否相连的时间复杂度是常数。此外,它还可直接用于执行矩阵运算,这对于某些图算法非常有用,比如计算两个节点之间的最短路径。

5. 邻域与度矩阵

邻域(Neighborhood)表示与某个顶点有边连接的点集,定义为 $\mathcal{N}\{(v_j)\} = \{v_j \mid e_{ij} \in \mathcal{E}\}$。

度矩阵(Degree matrix)是一个 D_{ii} 为节点的度的对角矩阵,定义为 $D \in \mathbb{R}^{N \times N}$,$D_{ii} = \sum_j A_{ij}$。根据图 8-3 的邻接矩阵,可以得到其度矩阵 D 为

$$D = \begin{pmatrix} 1 & 0 & 0 & 0 & 0 \\ 0 & 3 & 0 & 0 & 0 \\ 0 & 0 & 3 & 0 & 0 \\ 0 & 0 & 0 & 2 & 0 \\ 0 & 0 & 0 & 0 & 1 \end{pmatrix}$$

8.1.2 图谱理论

1. 拉普拉斯矩阵及性质

定义 $L = D - A$,L 称为拉普拉斯矩阵,其中 D 为图 $\mathcal{G}$ 的度矩阵,A 为图 $\mathcal{G}$ 的邻接矩阵。标准拉普拉斯矩阵 L 的形式为

$$L_{ij} = \begin{cases} D_{ii}, & i = j \\ -1, & i, j \text{ in edge set} \\ 0, & \text{otherwise} \end{cases} \tag{8-1}$$

拉普拉斯矩阵的对角线上取值为节点的度。如果节点 i 和节点 j 相邻,那么取值为 -1。显然,拉普拉斯矩阵为对称的矩阵。

归一化的拉普拉斯矩阵 L_{sym},各元素取值如下:

$$L_{ij} = \begin{cases} 1, & i = j \\ \dfrac{-1}{\sqrt{D_{ii}} \sqrt{D_{jj}}}, & i, j \text{ in edge set} \\ 0, & \text{otherwise} \end{cases} \tag{8-2}$$

更常见的形式为

$$L_{\text{sym}} = D^{-\frac{1}{2}} L D^{-\frac{1}{2}} = I - D^{-\frac{1}{2}} A D^{-\frac{1}{2}} \tag{8-3}$$

假设度矩阵取值为

$$D = \begin{pmatrix} 2 & 0 & 0 \\ 0 & 3 & 0 \\ 0 & 0 & 4 \end{pmatrix}, \text{then } D^{-\frac{1}{2}} = \begin{pmatrix} \dfrac{1}{\sqrt{2}} & 0 & 0 \\ 0 & \dfrac{1}{\sqrt{3}} & 0 \\ 0 & 0 & \dfrac{1}{\sqrt{4}} \end{pmatrix}$$

2. 谱分解

图 $\mathcal{G}$ 的拉普拉斯矩阵 L 是一个实对称矩阵,由于实对称矩阵可以被正交对角化(特征值分解):

$$\begin{aligned} L &= U\Lambda U^{\mathrm{T}} \\ &= U \begin{pmatrix} \lambda_1 & & & \\ & \lambda_2 & & \\ & & \ddots & \\ & & & \lambda_n \end{pmatrix} U^{\mathrm{T}} \end{aligned} \tag{8-4}$$

其中,$U \in \mathbb{R}^{n \times n}$,$U = (u_1, u_2, \cdots, u_n)$,每个特征向量包含 n 个元素。拉普拉斯矩阵分解有 n 个特征值,λ_k 对应的特征向量为 u_k,利用对角阵来表示特征值矩阵 $\Lambda = \text{diag}([\lambda_1, \lambda_2, \cdots, \lambda_N])$。由于 $U \in \mathbb{R}^{n \times n}$ 是正交矩阵,满足如下性质:

特征向量之间满足 $u_i u_i^{\mathrm{T}} = 1$ 且 $u_i u_j^{\mathrm{T}} = 0$;

特征值 $\lambda_i = u_i^{\mathrm{T}} L u_i$。

特征值反映了特征向量的平滑度,值越小,代表对应的特征向量变化越平缓,取值差异不明显。

U 是稠密向量,因此与 U 有关的矩阵相乘,时间复杂度为 $\mathcal{O}(n^2)$。

U 和特征值 Λ 的维度与图中的节点个数有关,对于大规模的、存在亿级节点的图网络,其参数量巨大,存储代价大。

另外,矩阵分解的时间复杂度较高,为 $\mathcal{O}(n^3)$。

利用 $X \in \mathbb{R}^{n \times 1}$ 或者 $x \in \mathbb{R}^{n \times 1}$ 来表示图 $\mathcal{G}$ 中各个节点的取值构成的特征矩阵,当每个节点包含多维数据时,可以看作是多个 X 拼接而成的多通道数据,这里为了简化,假定每个节点仅包含一个取值。在图傅里叶变换中,将傅里叶变换式(8-5)和傅里叶逆变换(8-6)定义如下:

$$\hat{x} = U^{\mathrm{T}} x \tag{8-5}$$

$$x = U\hat{x} \tag{8-6}$$

显然,上述变换利用了拉普拉斯矩阵特征向量矩阵 U 的正交性,$U^{\mathrm{T}} x = U^{\mathrm{T}} U \hat{x} = \hat{x}$,这种定义下的图傅里叶变换转换起来十分方便。如果将图傅里叶逆变换直观地展开成矩阵相乘的形式,根据矩阵相乘的计算过程,可以得到如下表示:

$$x = U\hat{x}$$

$$= \begin{pmatrix} \vdots & \vdots & \vdots & \cdots & \vdots \\ \boldsymbol{u}_1 & \boldsymbol{u}_2 & \boldsymbol{u}_3 & \cdots & \boldsymbol{u}_n \\ \vdots & \vdots & \vdots & \cdots & \vdots \end{pmatrix}^{n \times n} \begin{pmatrix} \hat{\boldsymbol{x}}_1 \\ \hat{\boldsymbol{x}}_2 \\ \vdots \\ \hat{\boldsymbol{x}}_n \end{pmatrix}^{n \times 1}$$

$$= \hat{\boldsymbol{x}}_1 \boldsymbol{u}_1 + \hat{\boldsymbol{x}}_2 \boldsymbol{u}_2 + \cdots + \hat{\boldsymbol{x}}_n \boldsymbol{u}_n \tag{8-7}$$

从 $\boldsymbol{x} = \boldsymbol{U}\hat{\boldsymbol{x}} = \hat{\boldsymbol{x}}_1 \boldsymbol{u}_1 + \hat{\boldsymbol{x}}_2 \boldsymbol{u}_2 + \cdots + \hat{\boldsymbol{x}}_n \boldsymbol{u}_n$,可以看出:

图 $\mathcal{G}$ 上的信号 $\boldsymbol{x}$ 可以通过拉普拉斯矩阵的特征向量的线性加权表示,因此也将拉普拉斯矩阵 $\boldsymbol{L}$ 的特征向量叫作图傅里叶基。

通过傅里叶变换后的信号 $\hat{\boldsymbol{x}}$,被称为图傅里叶系数。

本质上看,傅里叶系数 $\hat{\boldsymbol{x}}$ 是图信号 $\boldsymbol{x}$ 在傅里叶基 $\boldsymbol{U}$ 上的投影。

8.2 图神经网络基本原理

8.2.1 图神经网络的基本操作

单个图神经网络的层(Layer)在图中的每个节点上执行消息传递(Message Passing)、聚合(Aggregate)以及更新(Update)等操作,共同构成了 GNN 的基本模块,GNN 的创新主要涉及这 3 个步骤的改变。

1. 消息传递

在社交媒体网络中,具有相似特征或属性的节点相互连接。GNN 利用这一事实,学习特定节点如何以及为什么相互连接,因此 GNN 需要查看节点的邻域。节点 i 的邻域 $\mathcal{N}_i$ 被定义为通过一条边连接到 i 的节点 j 的集合,$\mathcal{N}_i = \{j: e_{ij} \in \mathcal{E}\}$。对于 GNN 层,消息传递被定义为获取邻域节点特征,对其进行转换,并将其"传递"到源节点 i 的过程。对于图 8-4 中的所有节点,并行地重复这个过程,直到所有的邻域都被检查。

以图 8-4 节点 2 为例,其邻域为 $\mathcal{N}_i = \{1,3,4\}$,取每个节点特征 $\boldsymbol{x}_1$、$\boldsymbol{x}_3$ 与 $\boldsymbol{x}_4$,使用函数 F 对特征进行变换,得到 $F(\boldsymbol{x}_1)$、$F(\boldsymbol{x}_3)$ 与 $F(\boldsymbol{x}_4)$,F 可以是简单的 MLP、RNN 或者简单的线性变换。因此,一个"消息"就是从源节点进来的转换后的节点特征。

2. 聚合

现在 $F(x_1)$、$F(x_3)$ 与 $F(x_4)$ 已经传递到节点 2,需要使用某种方式聚合它们(图 8-5)。常用的聚合方式包括求和、平均、最大与最小,见式(8-8)~式(8-11)。

$$\text{Sum} = \sum_{j \in \mathcal{N}_i} \boldsymbol{W}_j \cdot \boldsymbol{x}_j \tag{8-8}$$

$$\text{Mean} = \frac{\sum_{j \in \mathcal{N}_i} \boldsymbol{W}_j \cdot \boldsymbol{x}_j}{|\mathcal{N}_i|} \tag{8-9}$$

$$\text{Max} = \max_{j \in \mathcal{N}_i}(\{\boldsymbol{W}_j \cdot \boldsymbol{x}_j\}) \tag{8-10}$$

$$\text{Min} = \min_{j \in \mathcal{N}_i}(\{\boldsymbol{W}_j \cdot \boldsymbol{x}_j\}) \tag{8-11}$$

假设使用函数 G 来聚合邻域的消息(可以使用 Sum、Mean、Max 或 Min),最终聚合的消息可以表示如下:

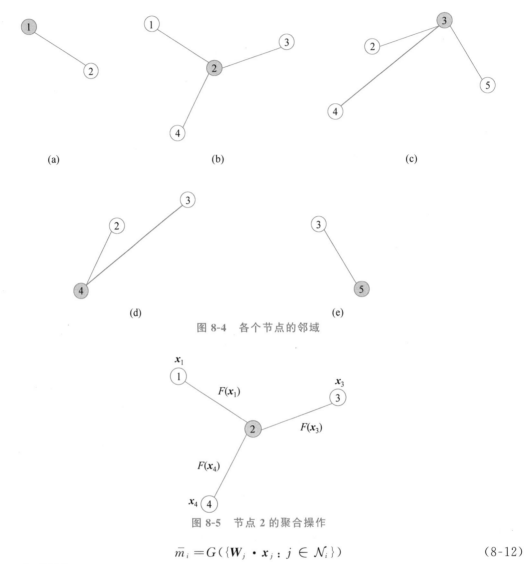

图 8-4　各个节点的邻域

图 8-5　节点 2 的聚合操作

$$\overline{m}_i = G(\{W_j \cdot x_j : j \in \mathcal{N}_i\}) \tag{8-12}$$

3. 更新

要使用这些聚合消息,GNN 层需要更新源节点 i 的特征。在这个更新步骤的最后,节点不仅应该知道自己,还应该知道它的邻域,可以使用简单的加(式(8-13))或级联(式(8-14))操作,将节点 i 的特征向量与聚合的消息合并到一起。

$$h_i = \sigma(K(H(x_i) + \overline{m}_i)) \tag{8-13}$$

$$h_i = \sigma(K(H(x_i) \oplus \overline{m}_i)) \tag{8-14}$$

其中,σ 是一个激活函数(ReLU、ELU、Tanh),H 是一个简单的神经网络(MLP)或线性变换,K 是另一个 MLP,用于将添加的向量投影到另一个维度。

通过第 1 个 GNN 层后,将节点特征改为 h_i。假设有更多的 GNN 层,则可以将节点特征表示为 h_i^l,其中 l 为当前 GNN 层索引。很明显,$h_i^0 = x_i$ 就是 GNN 的输入。

完成了消息传递、聚合和更新步骤后,在单个节点 i 上形成单个 GNN 层,为

$$h_i = \sigma\left(W_1 \cdot h_i + \sum_{j \in N_i} W_2 \cdot h_j\right) \tag{8-15}$$

如果 $\boldsymbol{h}_i \in \mathbb{R}^d$，$\boldsymbol{W}_1$、$\boldsymbol{W}_2 \in \mathbb{R}^{d' \times d}$，其中 d' 为嵌入维数。

当处理边特征时，需要找到一种 GNN 向前传递的方法。假设边有特征 $a_{ij} \in \mathbb{R}^d$，为了在特定的层 l 更新它们，可以考虑边两侧节点的嵌入。在形式上表示为

$$\boldsymbol{a}_{ij}^l = T(\boldsymbol{h}_i^l, \boldsymbol{h}_j^l, \boldsymbol{a}_{ij}^{l-1}) \tag{8-16}$$

其中，T 是一个简单的神经网络（MLP 或 RNN），它从连接节点 i 和 j 以及前一层的边嵌入 a_{ij}^{l-1} 中获取嵌入。

在正常的 MLP 正向传递中，想要对特征向量 x_i 中的项进行加权，这可以看作是节点特征向量 $\boldsymbol{x}_i \in \mathbb{R}^d$ 和参数矩阵 $\boldsymbol{W} \in \mathbb{R}^{d' \times d}$ 的点积，其中 d' 是嵌入维数。

$$\boldsymbol{z}_i = \boldsymbol{W} \cdot \boldsymbol{x}_i \in \mathbb{R}^{d'} \tag{8-17}$$

如果想对数据集中的所有样本都这样做，只需要将参数矩阵和特征矩阵相乘，就可以得到变换后的节点特征（消息）：

$$\boldsymbol{Z} = (\boldsymbol{WX})^\mathsf{T} = \boldsymbol{XW} \in \mathbb{R}^{N \times d'} \tag{8-18}$$

从邻接矩阵中的单行 $\boldsymbol{A}_i$ 可知节点 i 与哪些节点 j 相连，对于 $\boldsymbol{A}_{ij} = 1$ 的索引 j，说明节点 i 与 j 相连，即 $e_{ij} \in E$。

例如，如果 $\boldsymbol{A}_2 = [1,0,1,1,0]$，可以知道节点 2 与节点 1、3 和 4 相连。所以，将 $\boldsymbol{A}_2$ 与 $\boldsymbol{Z} = \boldsymbol{XW}$ 相乘时，只考虑了 1、3、4 列，而忽略了 2、5 列。因此，为了根据图 8-3 中所有 N 个节点的连接得到聚合消息，可以将整个邻接矩阵 $\boldsymbol{A}$ 与转换后的节点特征矩阵相乘，即

$$\boldsymbol{Y} = \boldsymbol{AZ} = \boldsymbol{AXW} \tag{8-19}$$

另外，观察到聚合的消息没有考虑节点 i 自己的特征向量。为了做到这一点，向 $\boldsymbol{A}$ 添加了自环连接（每个节点 i 都与自身相连），意味着在每个位置 $\boldsymbol{A}_{ii}$（对角线）将 0 更改为 1，可以使用单位矩阵做到这一点（图 8-6）。自此，可以使用矩阵而不是单个节点来做 GNN 正向传递。

$$\widetilde{\boldsymbol{A}} = \boldsymbol{A} + \boldsymbol{I}_N \tag{8-20}$$

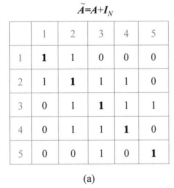

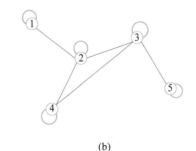

(a)   (b)

图 8-6 自环邻接矩阵

8.2.2 多层 GNN

既然已经弄清楚了单个 GNN 层是如何工作的，那么如何构建这些层的整个"网络"呢？信息如何在层之间流动？GNN 如何改进节点（和/或边）的嵌入呢？

(1) 第 1 个 GNN 层的输入是节点特征 $\boldsymbol{X} \subseteq \mathbb{R}^{N \times d}$，输出是中间节点嵌入 $\boldsymbol{H}^1 \subseteq \mathbb{R}^{N \times d_1}$，

其中 d_1 是第一个嵌入维度，$\boldsymbol{H}^1$ 由 $\boldsymbol{h}^1_{i;1\to N}\in\mathbb{R}^{d_1}$ 组成。

（2）$\boldsymbol{H}^1$ 是第二层的输入，下一个输出是 $\boldsymbol{H}^2\subseteq\mathbb{R}^{N\times d_2}$，其中 d_2 是第二层的嵌入维数。同样，$\boldsymbol{H}^2$ 由 $\boldsymbol{h}^2_{i;1\to N}\in\mathbb{R}^{d_2}$ 组成。

（3）在输出层 L 处，输出为 $\boldsymbol{H}^L\subseteq\mathbb{R}^{N\times d_L}$。最后，$\boldsymbol{H}^L$ 由 $\boldsymbol{h}^L_{i;1\to N}\in\mathbb{R}^{d_L}$ 组成。

$\{d_1,d_2,\cdots,d_L\}$ 的选择完全取决于 GNN 的超参数。节点特征/嵌入（"表示"）通过 GNN 传递。结构保持不变，但节点表示在各层中不断变化（图 8-7）。同样，边的表示也会改变，但不会改变连接或方向。

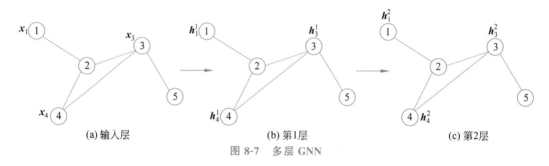

(a) 输入层 (b) 第1层 (c) 第2层

图 8-7 多层 GNN

8.2.3 GNN 应用场景

针对输出层结果 $\boldsymbol{H}^L$，沿着第一轴累加 $\left(\sum\limits_{k=1}^{N}\boldsymbol{h}^L_k\right)$，从而在 $\mathbb{R}^{d_L}$ 中得到一个向量。这个向量是整个图的最新维度表示，可以用于图的分类（例如：这是什么分子?），如图 8-8 所示。

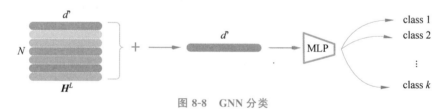

图 8-8 GNN 分类

可以在 $\boldsymbol{H}^L$ 中级联向量（即 $\bigoplus_{k=1}^{N}\boldsymbol{h}_k$，其中 $\oplus$ 是向量连接操作），并将其传递给图自编码器（Graph Autoencoder）。当输入图有噪声或损坏，想要重建去噪后的图时，就可以采用图自编码器处理，如图 8-9 所示。

图 8-9 GNN 自编码器

GNN 还可以做节点分类。在特定索引的节点嵌入 $\boldsymbol{h}^L_i(i;1\to N)$，可以通过分类器（如 MLP）分类（例如：这是碳原子、氢原子还是氧原子?），如图 8-10 所示。

可以执行链接，预测某个节点 i 和 j 之间是否存在链接。$\boldsymbol{h}^L_i$ 和 $\boldsymbol{h}^L_j$ 的节点嵌入可以输入另一个基于 Sigmoid 的 MLP 中，该 MLP 会给出这些节点之间存在一条边的概率。

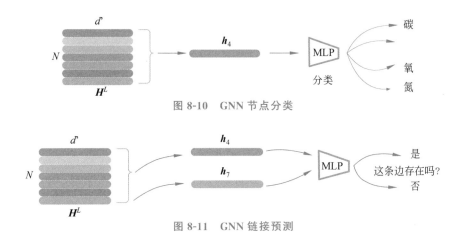

图 8-10　GNN 节点分类

图 8-11　GNN 链接预测

8.3　图神经网络分类

　　Sperduti 等于 1997 年首次将神经网络应用于有向无环图,激发了人们对 GNN 的早期研究。图神经网络的概念最初是 Gori 等于 2005 年阐述的,Scarselli 等于 2009 年和 Gallicchio 等于 2010 年给出了进一步阐述。这些早期研究属于循环图神经网络的范畴。它们通过迭代传播邻域信息来学习目标节点的表示,直到达到一个稳定的不动点。这个过程的计算成本很高,最近已经有越来越多的努力克服这些挑战。

　　受 CNN 在计算机视觉领域成功的鼓舞,人们并行开发了大量重新定义图数据卷积概念的方法。这些方法都在卷积图神经网络的框架下。卷积图神经网络(ConvGNN)分为两大主流:基于谱的方法和基于空间的方法。Bruna 等于 2013 年提出了基于图谱的卷积图神经网络。从那时起,基于频谱的卷积图神经网络有了越来越多的改进、扩展和近似。基于空间卷积图神经网络的研究比基于谱卷积图神经网络的研究起步更早。2009 年,Micheli 等首先通过架构复合的非循环层解决了图的相互依赖性,同时继承循环图神经网络的消息传递思想。然而,这项工作的重要性被忽视了。直到最近,许多基于空间的卷积图神经网络出现。除了循环图神经网络(RecGNN)和卷积图神经网络,过去几年已经开发出许多替代的 GNN,包括图注意力网络(GAT)、图生成网络(GraphGAN)以及时空图神经网络(STGNN)。这些学习框架可以构建在循环图神经网络、卷积图神经网络或其他用于图建模的神经网络架构上。

　　卷积图神经网络将卷积的操作从网格数据推广到图数据。主要思想是通过聚合节点 v、自己的特征 x_v 和邻域的特征 x_u 来生成节点 v 的表示,其中 $u \in N(v)$。与循环神经网络不同的是,卷积图神经网络堆叠多个图卷积层来提取高级节点表示。卷积图神经网络在建立许多其他复杂的 GNN 模型中起着核心作用。图 8-12 显示了用于节点分类的卷积图神经网络,其中图卷积层通过聚合来自相邻节点的特征信息来封装每个节点的隐藏表示,在特征聚合后,对结果输出进行非线性变换,通过堆叠多层,每个节点的最终隐藏表示接收来自另一个邻域的消息。

　　图注意力网络可以简单理解为借助注意力模块取代一般卷积图神经网络中的卷积激活

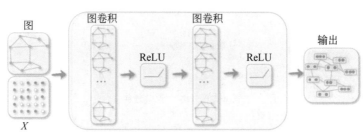

图 8-12   用于节点分类的卷积图神经网络

器。在不同的方法中,可以结合门控信息来提升注意力机制感受域的权重参数,达到更好的推理和应用性能。卷积图神经网络实现了对图结构数据的节点分类,而注意力机制目前在 NLP 领域有非常好的效果和表现。

对于 GAT 而言,邻域节点的特征做累加求和的过程与卷积图神经网络完全不同,通过全局注意力机制替代卷积分层传递的固化操作,可以有效地选择在图结构中更为重要的节点或子图、模型、路径,给它们分配更大的注意力权重。

图生成网络的目标是基于一组可观察图来生成图。其中的很多方法都是针对特定领域的。例如,在分子图生成方面,一些研究将分子图的表征建模为字符串。在 NLP 中,生成语义图或知识图通常需要一个给定的句子。近年来,研究人员又提出了一些通用方法,主要有两个方向:一是将生成过程看成节点或边的形成,另一些则使用生成对抗训练。该领域的方法主要使用卷积图神经网络作为构造块。

时空图神经网络的目标是从时空图中学习隐藏的模式,这在交通速度预测、驾驶员机动预期和人类动作识别等各种应用中变得越来越重要。时空图神经网络的关键思想是同时考虑空间依赖性和时间依赖性。目前已有许多方法整合图卷积来捕获 RNN 或 CNN 的空间依赖性来建模时间依赖性。图 8-13 展示了一个用于时空图预测的 STGNN。其中,一个图的卷积层后面是一个 1D-CNN 层。图卷积层在 A 和 $X^{(t)}$ 上进行操作,以捕获空间依赖性,而 1D-CNN 层沿着时间轴滑过 X,以捕获时间依赖性。输出层是一个线性变换,为每个节点生成一个预测,例如它在下一个时间步中的未来值。

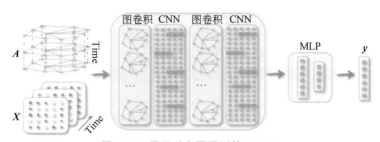

图 8-13   用于时空图预测的 STGNN

8.4   卷积图神经网络

卷积图神经网络与循环图神经网络密切相关。不同于通过缩小约束迭代节点状态,ConvGNN 在架构上使用了固定数量的层,每层具有不同的权重,从而解决了循环的互相依赖关系问题。由于图卷积更高效且更方便与其他神经网络组合,因此 ConvGNN 近年来快速普及。ConvGNN 分为两类:基于谱的和基于空间的方法。基于谱的方法通过引入滤波器从图信号处理的视角定义图卷积,其中图卷积操作被解释为从图信号中去除噪声。基于空间的方法继承了循环图神经网络的思想,通过信息传播定义图卷积。

8.4.1 基于图谱理论的 ConvGNN

8.1.2 节基于图谱的方法在图信号处理方面有坚实的数学基础。现在将输入信号 x 与滤波器 $g \in \mathbf{R}^n$ 的图卷积定义为

$$
\begin{aligned}
(x * g)_G &= \mathcal{F}^{-1}\big[\mathcal{F}(x) \odot \mathcal{F}(g)\big] \\
&= U(U^{\mathrm{T}} x \odot U^{\mathrm{T}} g)
\end{aligned}
\tag{8-21}
$$

其中,$\odot$ 表示点积运算,假设将 $g_\theta = diag(U^{\mathrm{T}} g)$ 认为是一个滤波器,则图卷积可以简化为

$$
(x * g_\theta)_G = U g_\theta U^{\mathrm{T}} x
\tag{8-22}
$$

基于谱的 ConvGNN 都遵循这个定义,其中关键的区别在于滤波器 g_θ 的选择。谱卷积神经网络(Spectral CNN)假设滤波器 $g_\theta = \Theta_{i,j}^{(k)}$ 是一组可学习的参数。考虑具有多个通道的图信号,Spectral CNN 的图卷积层定义为

$$
H_{:,j}^{(k)} = \sigma\Big(\sum_{i=1}^{f_{k-1}} U \Theta_{i,j}^{(k)} U^{\mathrm{T}} H_{:,i}^{(k-1)}\Big) \ (j=1,2,\cdots,f_k)
\tag{8-23}
$$

其中,k 是层索引,$H^{(k-1)} \in \mathbf{R}^{n \times f_{k-1}}$ 是输入图信号,$H^{(0)} = X$,f_{k-1} 是输入通道的数量,f_k 是输出通道的数量,$\Theta_{i,j}^{(k)}$ 是包含可学习参数的对角矩阵。由于拉普拉斯矩阵的特征分解,谱 CNN 面临 3 个限制。首先,对图的任何扰动都会导致特征基的变化。其次,学习到的过滤器是依赖区域(Domain)的,这意味着它们不能应用于具有不同结构的图。第三,特征分解需要 $O(n^3)$ 的计算复杂度。在后续工作中,ChebNet 和 GCN 通过几种近似和简化,将计算复杂度降低到 $O(m)$。

切比雪夫谱 CNN(ChebNet)通过特征值对角矩阵的切比雪夫多项式近似滤波器 g_θ,即 $g_\theta = \sum_{i=0}^K \theta_i T_i(\widetilde{\Lambda})$,其中 $\widetilde{\Lambda} = 2\Lambda/\lambda_{\max} - I_n$,$\widetilde{\Lambda}$ 的值为 $[-1,1]$。切比雪夫多项式由 $T_i(x) = 2x T_{i-1}(x) - T_{i-2}(x)$ 循环定义,其中 $T_0(x) = 1$ 和 $T_1(x) = x$。因此,图信号 x 与所定义的滤波器 g_θ 的卷积为

$$
(x * g_\theta)_G = U\Big(\sum_{i=0}^K \theta_i T_i(\widetilde{\Lambda})\Big) U^{\mathrm{T}} x
\tag{8-24}
$$

其中,$\widetilde{L} = 2L/\lambda_{\max} - I_n$。因为 $T_i(\widetilde{L}) = U T_i(\widetilde{\Lambda}) U^{\mathrm{T}}$,可以通过归纳证明,ChebNet 可以采取如下形式

$$
(x * g_\theta)_G = \sum_{i=0}^K \theta_i T_i(\widetilde{L}) x
\tag{8-25}
$$

作为对谱 CNN 的改进,由 ChebNet 定义的滤波器在空间上是局部的,这意味着滤波器可以独立于图的大小提取局部特征。

一些研究通过探索替代对称矩阵,对 GCN 进行了增量改进。自适应图卷积网络(AGCN)学习图邻接矩阵未指定的隐藏结构关系。它通过一个以两个节点特征为输入的可学习距离函数来构造一个所谓的残差图邻接矩阵。

8.4.2　基于空间的 ConvGNN

类似传统的 CNN 在图像上的卷积操作,基于空间的方法基于节点的空间关系来定义图卷积。图像可以被认为是一种特殊形式的图,每个像素代表一个节点。每个像素都直接连接到其附近的像素,如图 8-14(a)图所示。通过取每个通道中中心节点及其相邻节点的像素值的加权平均值,得到 3×3 Patch。类似地,基于空间的图卷积将中心节点的表示与其邻域的表示进行卷积,得到中心节点的更新表示,如图 8-14(b)图所示。从另一个角度看,基于空间的 ConvGNN 与 RecGNN 共享相同的信息传播/信息传递思想。空间图的卷积运算,本质上是沿着边传播节点信息。

NN4G 是第一个针对基于空间的 ConvGNN 的工作,每一层具有独立的学习参数,通过直接汇总一个节点的邻域信息来进行图卷积,还应用残差连接与跳跃连接(Skip Connection)记忆每一层的信息。NN4G 通过式(8-26)推导获得下一层节点的状态:

$$\boldsymbol{h}_v^{(k)} = f\left(\boldsymbol{W}^{(k)\mathrm{T}} x_v + \sum_{i=1}^{k-1} \sum_{u \in N(v)} \boldsymbol{\Theta}^{(k)\mathrm{T}} \boldsymbol{h}_u^{(k-1)}\right) \tag{8-26}$$

其中,$f(\cdot)$ 是激活函数,$h_v^{(0)} = 0$,v 表示节点索引,k 为图卷积层索引,$N(v)$ 表示节点 v 的邻域节点数,$\boldsymbol{W}$ 与 $\boldsymbol{\Theta}$ 是要学习的参数。式(8-26)可以写为如下的矩阵形式:

$$\boldsymbol{H}^{(k)} = f\left(\boldsymbol{X}\boldsymbol{W}^{(k)} + \sum_{i=1}^{k-1} \boldsymbol{A}\boldsymbol{H}^{(k-1)} \boldsymbol{\Theta}^{(k)}\right) \tag{8-27}$$

式(8-27)类似 GCN 的形式。不同之处是,NN4G 使用了非标准化的邻接矩阵,可能会导致隐藏的节点状态具有很大的尺度差异。

Hamilton 等于 2017 年引入了 GraphSAGE,作为用于在大型图(具有超过 100 000 个节点)上进行归纳表示学习的框架。其目标是为下游任务生成节点嵌入,例如节点分类。此外,它还解决了 GCN 和 GAT 面临的两个问题——在大型图上进行扩展和高效地推广到未见数据。

在 GraphSAGE 方法中,每个 GNN 层都根据它们的邻居计算节点嵌入。这意味着计算一个嵌入只需要这个节点的直接邻居(1 跳)。如果 GNN 有两个 GNN 层,需要这些邻居和它们自己的邻居(2 个跳),以此类推(如图 8-15)。网络的其余部分与计算这些单个节点嵌入无关。

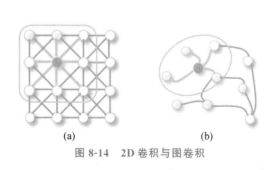

图 8-14　2D 卷积与图卷积

(a)　　　　(b)

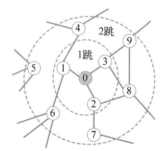

图 8-15　节点 0 的 1 跳和 2 跳邻居图

从图 8-16 可以看出,需要聚合 2 跳邻居,以计算 1 跳邻居的嵌入。然后对这些嵌入进行聚合，以获得节点 0 的嵌入。

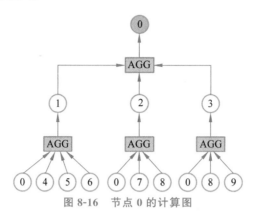

图 8-16　节点 0 的计算图

　　上述方法存在两个问题，一是计算图相对跳数呈指数级增长，二是具有高度连接性的节点（比如在线社交网络上的名人和社交网络），也被称为枢纽节点，会创建出巨大的计算图。因此在 GraphSAGE 中，作者提出了一种称为邻居采样的技术。邻居采样没有在计算图中添加每个邻居，而是采样一个预定义的数量，如图 8-17 所示。例如，只选择在第 1 跳中保留（最多）3 个邻居，在第 2 跳中保留 5 个邻居。因此，在这种情况下，计算图不会超过 3×5＝15 个节点。

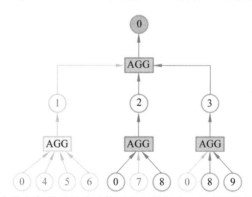

图 8-17　一个具有邻居采样的计算图来保持两个 1 跳邻居和两个 2 跳邻居

　　现在已经看到了如何选择相邻的节点，后续仍然需要计算嵌入。这将由聚合操作完成。在 GraphSAGE 中，作者提出了 3 种解决方案：平均聚合器、LSTM 聚合器与池化聚合器。

　　这里重点关注平均聚合器，因为它是最容易理解的。首先平均聚合器对目标节点及其采样邻居的嵌入进行平均。然后将一个具有权重矩阵的线性变换应用于这个结果。平均聚合器可以用以下公式总结，其中 σ 为一个非线性函数，如 ReLU 或 Tanh

$$\boldsymbol{h}_v^k \leftarrow \sigma(\boldsymbol{W} \cdot \text{MEAN}(\{\boldsymbol{h}_v^{k-1}\} \cup \{\boldsymbol{h}_u^{k-1}, \forall u \in \mathcal{N}(v)\})) \tag{8-28}$$

其中，k 为卷积层数，u 为 v 的邻居节点，v 是目标节点。

8.5　图注意力网络

　　注意力机制已成功用于许多基于序列的任务，如机器翻译、机器阅读等。与 GCN 平等对待节点的所有邻居相比，注意力机制可以为每个邻居分配不同的注意力得分，从而识别出更重要的邻居。将注意力机制纳入图谱神经网络的传播步骤是很直观的。图注意力网络也可以看作是图卷积网络家族中的一种方法。

GAT 背后的主要思想是,一些节点比其他节点更重要。但是图卷积层已经做过归一化操作,邻居很少的节点比其他节点更重要。这种方法是有局限的,因为它只考虑了节点的度。另一方面,图注意力层的目标是产生考虑节点特征重要性的加权因子,如图 8-18 所示。

单个注意力层的输入是一组节点特征,$h = \{\vec{h}_1, \vec{h}_2, \cdots, \vec{h}_N\}, \vec{h}_i \in \mathbb{R}^F$,其中 N 是节点数,F 是每个节点中的特征数。该层产生一组新的节点特征(潜在不同的特征数 F'),$h' = \{\vec{h}_1', \vec{h}_2', \cdots, \vec{h}_N'\}, \vec{h}_i' \in \mathbb{R}^{F'}$,作为其输出。为了获得足够的表达能力,将输入的特征转换为更高级的特征,至少需要一个可学习的线性变换。为此,作为一个初始步骤,对每个节点应用一个由权重矩阵 $\boldsymbol{W} \in \mathbb{R}^{F' \times F}$ 参数化的共享线性变换。然后在节点上计算自注意系数

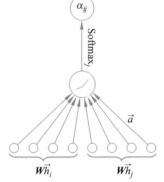

图 8-18 注意力系数计算

$$e_{ij} = a(\boldsymbol{W}\vec{h}_i, \boldsymbol{W}\vec{h}_j) \tag{8-29}$$

式(8-29)表明了节点 j 的特征对节点 i 的重要性,只计算节点 $j \in \mathcal{N}_i$ 的 e_{ij},其中 $\mathcal{N}_i$ 是图中节点 j 的某个邻域。为了使系数易于在不同节点之间比较,使用 Softmax 函数对 j 的所有选择进行归一化

$$\alpha_{ij} = \text{Softmax}_j(e_{ij}) = \frac{\exp(e_{ij})}{\sum_{k \in \mathcal{N}_i} \exp(e_{ik})} \tag{8-30}$$

在文献 *Graph Attention Network* 中,注意力机制 a 是一个单层前馈神经网络,由一个权值向量 $\boldsymbol{a} \in \mathbb{R}^{2F'}$ 参数化,并应用 LeakyReLU 非线性化(负输入斜率 $\alpha = 0.2$)。完全扩展后,由注意机制计算的系数(图 8-18)可以表示为

$$\alpha_{ij} = \frac{\exp(\text{LeakyReLU}(\vec{a}^{\mathrm{T}}[\boldsymbol{W}\vec{h}_i \| \boldsymbol{W}\vec{h}_j]))}{\sum_{k \in \mathcal{N}_i} \exp(\text{LeakyReLU}(\vec{a}^{\mathrm{T}}[\boldsymbol{W}\vec{h}_i \| \boldsymbol{W}\vec{h}_k]))} \tag{8-31}$$

其中,T 表示转置,$\|$ 为级联操作。

一旦获得后,规范化的注意力系数用来计算与之对应的特征的线性组合,以作为每个节点的最终输出特征(可能会应用非线性函数 σ)。

$$\vec{h}_i' = \sigma\Big(\sum_{j \in \mathcal{N}_i} \alpha_{ij} \boldsymbol{W}\vec{h}_j\Big) \tag{8-32}$$

为了稳定自注意力的学习过程,可以将这个机制扩展到使用多头注意力。具体来说,K 个独立的注意力机制执行式(8-32)的变换,然后将它们的特征连接起来,得到以下输出特征表示

$$\vec{h}_i' = \|_{k=1}^{K} \sigma\Big(\sum_{j \in \mathcal{N}_i} \alpha_{ij}^k \boldsymbol{W}^k \vec{h}_j\Big) \tag{8-33}$$

其中,k 表示连接,α_{ij}^k 为由第 k 个注意力机制(a^k)计算的归一化注意力系数,$\boldsymbol{W}^k$ 是对应的输入线性变换的权重矩阵。请注意,在此设置中,最终返回的输出 h' 将由每个节点的 KF' 特性(而不是 F')组成。但是,如果是最后一层,则 K 个 Attention 的输出不进行拼接,而是求

平均，如图 8-19 所示。

$$\vec{h}'_i = \sigma\left(\frac{1}{K}\sum_{k=1}^{K}\sum_{j\in\mathcal{N}_i}\alpha_{ij}^k\boldsymbol{W}^k\vec{h}_j\right) \tag{8-34}$$

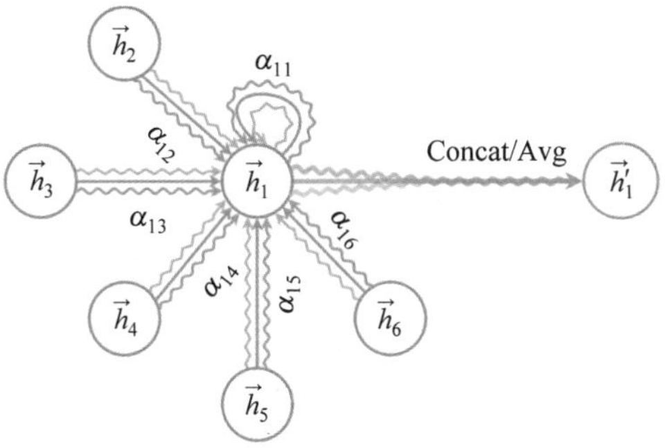

图 8-19 图多头注意力机制

自注意力层的操作可以在所有边上并行化进行，而输出特征的计算可以在所有节点上并行化进行。不需要特征分解或类似的高成本矩阵操作。单个 GAT 注意力头计算 F' 特征的时间复杂度可以表示为 $O(|V|FF'+|E|F')$，其中 F 是输入特性的数量，$|V|$ 和 $|E|$ 分别表示图中节点和边的数量。这种复杂度与图卷积网络（GCNs）等基线方法相当。应用多头注意力机制需要将存储和参数需求乘以 K 倍，其中每个头的计算是完全独立的，可以并行化。

8.6 图生成网络

建模和生成图是研究生物工程和社会科学网络的基础。图生成网络（Graph Generative Network，GGN）是一类用来生成图数据的 GNN，其使用一定的规则对节点和边进行重新组合，最终生成具有特定属性和要求的目标图。然而，在图上模拟复杂分布，并从这些分布中有效地采样是比较困难的。因为有些图数据具有非唯一性、高维性质，图中边缘之间存在复杂的非局部依赖性。因此不能假设所有的图数据都来自同一个先验分布，尤其是对于异质图，模型在识别过程中必须具有平移不变性。因此，GGN 着重用来解决这类问题和克服其中的难点。GGN 的输入可以是节点或边向量，也可以是给定的图嵌入表示，然后对采样的数据学习后合成各种任务所需要的图。

GAN（生成对抗网络，详见 9.2 节）是一种著名的生成模型。在这个框架中，两个神经网络在一个具有两个不同目标的零和博弈中竞争。第一个神经网络是一个创建新数据的生成器，第二个是一个鉴别器，它将每个样本分类为真实的（来自训练集的）或假的（由生成器制作的）。

多项工作将这个框架应用于深度图的生成。与以前的技术一样，GAN 可以模拟图形或生成优化某些约束的网络。后一种选择在寻找具有特定性质的新化合物等应用中很方便。由于其离散性，这个问题非常庞大（超过 1060 种可能的组合）和复杂。

由 De Cao 和 Kipf 在 2018 年提出的 MolGAN 是解决这一问题的一个流行方案。它结合了 WGAN 和直接处理图结构数据的梯度惩罚和 RL（强化学习，详见 10.4 节）目标，以生成具有所需化学性质的分子。这个强化学习目标基于深度确定性策略梯度（DDPG）算法，使用确定性策略梯度的非策略演员—评论家模型。MolGAN 的体系结构总结如图 8-20 所示。

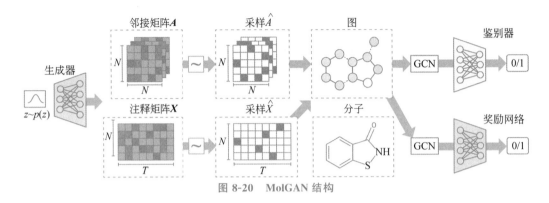

图 8-20　MolGAN 结构

这个框架分为 3 个主要部分。

（1）生成器从一个先验分布中提取一个样本，生成一个密集邻接张量 $\boldsymbol{A}$ 和一个注释矩阵 $\boldsymbol{X}$。随后，通过分类抽样，分别从 $\boldsymbol{A}$ 和 $\boldsymbol{X}$ 中得到稀疏和离散的 $\hat{\boldsymbol{A}}$ 和 $\hat{\boldsymbol{X}}$。$\hat{\boldsymbol{A}}$ 和 $\hat{\boldsymbol{X}}$ 的组合代表的分子图对应一个特定的化合物。

（2）判别器接收来自生成器和数据集的图，学习区分它们，并使用 WGAN 损失进行训练。

（3）奖励网络对每个图表进行评分。它是根据外部系统提供的真实分数，使用 MSE 损失进行训练的。

判别器和奖励网络使用 Relational-GCN，即一种支持多种边缘类型的 GCN 变体。经过几层图卷积，节点嵌入聚合成一个图级向量输出：

$$\boldsymbol{h}_G = \mathrm{Tanh}\Big(\sum_{i \in V} \sigma(\mathrm{MLP}_1(\boldsymbol{h}_i, \boldsymbol{x}_i)) \Big) \odot \mathrm{Tanh}(\mathrm{MLP}_2(\boldsymbol{h}_i, \boldsymbol{x}_i)) \qquad (8\text{-}35)$$

其中，σ 表示 Sigmoid 函数，MLP_1 和 MLP_2 是两个具有线性输出的多层感知机，$\odot$ 为点积。后续还有一个多层感知机进一步处理这个图的嵌入，为奖励网络产生一个 $0\sim1$ 的值，为鉴别器产生一个 $-\infty$ 和 $+\infty$ 之间的值。

8.7　图时空网络

许多现实世界应用中的图在图结构和图输入方面都是动态的。空间—时间图神经网络（STGNNs）在捕捉图表的动态性方面占据着重要位置。这类方法旨在对动态节点输入进行建模，同时假设相连节点之间存在相互依赖关系。例如，一个交通网络由放置在道路上的速度传感器组成，其中边的权重由传感器对之间的距离决定。由于一个道路的交通状况可能取决于其相邻道路的状况，进行交通速度预测时有必要考虑空间依赖性。作为解决方案，STGNN 同时捕捉了图的空间和时间依赖性。STGNN 的任务可以是预测未来节点值或标签，或者预测空间—时间图表的标签。现有的 STGNN 融合神经结构可分为解耦和耦合神经结构两类。

在解耦神经架构中，空间学习网络和时间学习网络像积木一样逐层并行或串行堆叠。在 STGNN 模型中，有两个典型的因子分解神经架构的例子，分别如图 8-21 和图 8-22 所示。第一个例子是 STGCN，其时间学习网络是 TCN。在 STGCN 的每个 ST-Conv 模块中，两个 TCN 和一个 GCN 串联堆叠，形成三明治结构。由于该模型通过卷积结构学习时间信息,因此其时空学习方法是并行化的,即同时接收给定时间窗口长度的所有信息作为输入。在数学上,该模型中每个 ST-Conv 块的计算可以定义为

$$v^{l+1} = \boldsymbol{\Gamma}_1^l * \mathcal{T}\text{ReLU}(\boldsymbol{\Theta}^l *_{\mathcal{G}} (\boldsymbol{\Gamma}_0^l * \mathcal{T}v^l)) \tag{8-36}$$

其中,Γ_0^l 和 Γ_1^l 表示第 1 块内的上、下时态卷积核,Θ^l 为图卷积的谱核,$\mathcal{T}$ 为切比雪夫多项式。

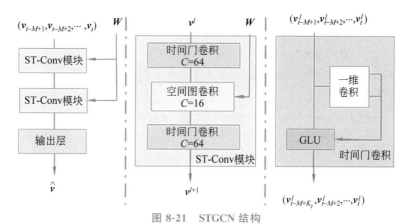

图 8-21 STGCN 结构

第二个是 T-GCN,它利用 GRU 进行时间学习。该模型以递归的方式捕获时空依赖关系。对于每个时间步长,图信号由 GCN 和 GRU 依次处理,分别学习空间和时间依赖性。该模型中每个堆叠的 GCN 和 GRU 的整个过程可以表示为

$$
\begin{aligned}
f(\boldsymbol{X}, \boldsymbol{A}) &= \sigma(\boldsymbol{A}\boldsymbol{X}\boldsymbol{W}_0), \\
\boldsymbol{u}_t &= \sigma(\boldsymbol{W}_u[f(\boldsymbol{A}, \boldsymbol{X}_t), \boldsymbol{h}_{t-1}] + \boldsymbol{b}_u), \\
\boldsymbol{r}_t &= \sigma(\boldsymbol{W}_r[f(\boldsymbol{A}, \boldsymbol{X}_t), \boldsymbol{h}_{t-1}] + \boldsymbol{b}_r), \\
\boldsymbol{c}_t &= \text{Tanh}(\boldsymbol{W}_c[f(\boldsymbol{A}, \boldsymbol{X}_t), (\boldsymbol{r}_t * \boldsymbol{h}_{t-1})] + \boldsymbol{b}_c), \\
\boldsymbol{h}_t &= \boldsymbol{u}_t * \boldsymbol{h}_{t-1} + (1 - \boldsymbol{u}_t) * \boldsymbol{c}_t
\end{aligned}
\tag{8-37}
$$

其中,$f(\boldsymbol{A}, \boldsymbol{X}_t)$ 为时间步长 t 时空间 GCN 的输出。然后将 $f(\boldsymbol{A}, \boldsymbol{X}_t)$ 引入 GRU 中,得到 t 处的隐藏状态。

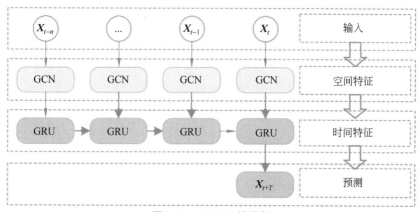

图 8-22 T-GCN 的结构

在耦合神经结构中,空间学习网络通常作为嵌入式组件集成到时间学习网络的结构中。在 STGNN 中,这种类型的神经结构几乎只发生在基于 GNN 的空间学习网络和基于 RNN

的时间学习网络的组合中。STGNNs 中耦合神经结构的一个例子是 DCRNN,它将 GCN 集成到 GRU 体系结构中,如图 8-23 所示。在该模型中,将 LSTM 中原始的线性单位替换为一个图卷积算子,可以写成

$$r^{(t)} = \sigma(\boldsymbol{\Theta}_r * \mathcal{G}[\boldsymbol{X}^{(t)}, \boldsymbol{H}^{(t-1)} \| + \boldsymbol{b}_r),$$
$$u^{(t)} = \sigma(\boldsymbol{\Theta}_u * \mathcal{G}[\boldsymbol{X}, \boldsymbol{H}^{(t-1)}] + \boldsymbol{b}_u),$$
$$c^{(t)} = \mathrm{Tanh}(\boldsymbol{\Theta}_C * \mathcal{G}[\boldsymbol{X}^{(t)}, (r^{(t)} \times \boldsymbol{H}^{(t-1)})] + \boldsymbol{b}_c),$$
$$\boldsymbol{H}^{(t)} = \boldsymbol{u}^{(t)} \times \boldsymbol{H}^{(t-1)} + (1 - \boldsymbol{u}^{(t)}) \times c^{(t)} \tag{8-38}$$

其中,$\boldsymbol{\Theta}_r * \mathcal{G}$ 表示图卷积操作。与原始 GRU 相比,除了内部图卷积算子外,循环网络的外部计算方法并没有太大的不同。

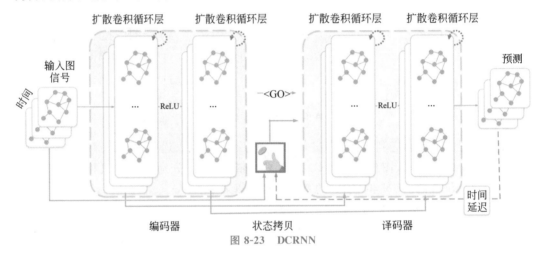

图 8-23　DCRNN

8.8　小结

本章介绍了图论基础与图谱理论、图神经网络基本原理、图神经网络分类、图卷积神经网络、图注意力网络、图生成网络以及图时空网络。图神经网络作为当下的研究热点,为图数据的建模提供了关键的工具和方法,对图神经网络更进一步的研究是促进深度神经网络发展,迈向更好的人工智能时代的重要一步。

思考与练习

1. 图数据与图像数据的区别是什么?
2. 图神经网络都包含什么基本操作,各有什么用途?
3. 图卷积神经网络有几种类型,各有什么特点?
4. 图谱理论中的图傅里叶基是什么?
5. GraphSAGE 为什么使用邻居采样技术?
6. 图注意力网络的优点是什么?
7. 图生成网络有什么用途?
8. 图时空网络适合解决什么类型的问题?

第 9 章

生成式人工智能模型

生成式人工智能模型(AI Generated Content,AIGC)是基于统计学习算法和深度神经网络的人工智能模型,能够从数据中学习并生成新的、与原始数据类似或不同的数据。生成式人工智能模型的目标是通过生成数据来模仿人类创作的过程。AIGC 目前已经在许多领域得到了广泛应用,如 NLP、图像生成、音频合成、视频生成等。在生成式人工智能技术中,意义较为深远或影响力较大的几种基础模型有变分自编码器(Variational Autoencoder,VAE)、生成对抗网络(Generative Adversarial Network,GAN)、流模型(Flow-based Model)、GPT 模型、扩散模型(Diffusion Model)以及稳定扩散模型(Stable Diffusion)。

VAE 是 2013 年德国马普学会的计算生物学研究所的两位科学家 Hinton 和 Welling 提出的。其主要思想是通过学习数据的隐变量(一种潜在的表示形式),使用神经网络实现隐变量的表示,进而通过最小化重构误差和 KL 散度(衡量两个分布之间的差异程度的指标)来训练网络,以实现数据的生成和重构。VAE 引入 KL 散度来衡量隐变量的概率分布与标准高斯分布的差异,从而约束隐变量的复杂度和多样性。

GAN 是 2014 年 Ian J. Goodfellow 等发表在 NIPS 大会的论文 *Generative Adversarial Nets* 中提出的。与分类的判别模型不同,GAN 网络通过训练,可以让生成器网络和判别器网络进行对抗,以此不断提升生成器的生成质量和判别器的判别能力,以生成新的、与原始数据类似或不同的数据。

流模型(Flow-based Model)的研究起源于 2013 年的论文 *A Family of Nonparametric Density Estimation Algorithms*。其主要思想是通过一系列可逆变换建立较为简单的先验分布与较为复杂的实际数据分布之间的映射关系,即将复杂分布数据多次转换生成简单数据分布,利用转化的可逆性,实现将简单数据逐步生成出相同风格的复杂分布数据,以达到数据生成的目的。

扩散模型是 2015 年的论文 *Deep Unsupervised Learning using Nonequilibrium Thermodynamics* 提出的,它通过控制分子运动达到控制最终分布的目的。扩散模型的最初目的是消除训练图像的高斯噪声,可以将其视为一系列去噪自编码器。它使用了一种称为"潜在扩散模型(Latent Diffusion Model,LDM)"的变体,训练自动编码器将图像转换为低维潜在空间。2020 年提出的 Denoising Diffusion Probabilistic Models 在生成能力方面优于 GAN,且性能更出色,目前成为 AIGC 的主流模型,主要应用于图片生成领域。从 OpenAI 公司的 DALL-E2 和 Imagen 模型到 Stability AI 公司发布的 Stable Diffusion 模型,生成模型开始更加趋向多模态的生成方式,即文本生成图像、文本生成视频、生成 3D 数据等,2024 年 2 月 OpenAI 公司发布的文本—视频生成模型 Sora,已能够根据用户输入的提示生成逼真的视频。这些无不标志着生成式人工智能技术的蓬勃发展。

2022 年底,人工智能研究公司 OpenAI 发布了 ChatGPT 版本的 NLP 模型,能够对人们提出的问题给出更加流畅、更接近人类表达方式的回答,更容易被人们理解,甚至已经难以区分是否是真人在回答问题。因此,有人认为 ChatGPT 发布的时刻是人工智能发展的"奇点"时刻,人工智能已经超过了人类的思维模式。作为 NLP 的大模型代表,ChatGPT 模型是一种生成式模型,完全由机器给出对人类问题的理解,由机器内部参数产生输出结果。ChatGPT 模型使用大规模的无标注文本数据对其进行"无监督"的训练,使机器学习语言规则,进而达到高性能语言生成效果。ChatGPT 是在以 Transformer 的译码器为基础的 GPT 上发展起来的,第 6 章已经详细介绍,本章不再重复。

本章重点阐述几种经典生成模型的工作原理与应用,包括 VAE、GAN 以及流模型,特别是目前 AICG 的主流模型——扩散模型与稳定扩散模型。

9.1　变分自编码器

变分自编码器(VAE)是一种生成式深度学习模型,它在图像、文本等数据的生成和处理领域有着广泛应用。VAE 通过学习数据的潜在表示生成具有多样性的样本,同时它也是一种强大的深度学习模型。

9.1.1　原理概念

VAE 是一种对自编码网络改进的生成模型,其基本结构由编码器与译码器组成,如图 9-1 所示。

编码器-译码器的训练是以无监督方式进行的,将无标签的训练数据作为输入送入编码器-译码器,同时也将其作为期望输出,使用有监督算法,例如 BP 算法,进行训练。通常编码器将输入编码为低维数据,即将数据"压缩"或转换为一种低维的编码特征,实现降维与压缩,建立一种高维形象数据与低维度抽象特征码的对应关系。译码器则是从特征码空间重构出等同于输入数据的形象数据,建立了一种低维度特征码与高维度形象数据的映射关系。由于采用了无监督的训练方式,这种结构也称为自编码器。

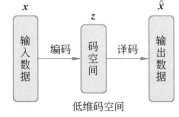

图 9-1　自编码器结构

编码器-译码器基于训练数据所产生的特征码空间与训练数据样本一一对应,没有训练的数据则无法从特征码空间生成。VAE 的关键创新在于引入了变分推理的思路。传统的自编码器通常会直接优化输出重构误差(Reconstruction Error),而 VAE 引入了一个隐含变量(Latent Variable)z,并通过最大化后验概率(Posterior Probability)$P(z|x)$ 来推断这个隐含变量的值。由于直接最大化后验概率是困难的,因此转而最大化其变分下界(Variational Lower Bound),这个下界是由重构误差和隐含变量 z 的 KL 散度(KL Divergence,常用于衡量两个分布之间的差异程度。两者差异越小,KL 散度越小;当两分布

一致时,KL 散度为 0)组成的。这个下界可以用来近似推断后验概率。

VAE 利用一种混合高斯模型表达隐变量编码,译码器从高斯分布码中重构等同于输入的形象数据,从而令低维度的特征高斯码具备了一种分布特性,产生类似训练数据的新数据,实现了数据生成功能。图 9-2 为一种基本的 VAE 结构。

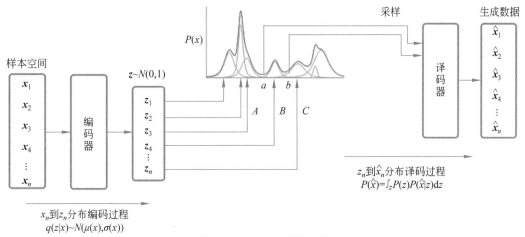

图 9-2　变分自编码器结构

自编码器虽然能够产生对应于训练样本的编码空间,但是无法生成训练集之外的数据,为使网络能够生成与训练集相似的数据,将低维的编码空间更改为一种混合高斯模型,每个样本通过编码器后产生一个对应的高斯分布 z,进而形成一个混合的高斯分布,混合的高斯噪声由均值 m、方差 σ 与噪声 ε 表征。为避免训练时发生方差为 0 的情况,陷入一般的自编码器状态,在模型中引入随机噪声 ε 参数。该噪声有助于提升模型的鲁棒性,并且使得前后样本尽量相似或相同,这样中间隐变量就能展现原来样本的特征。译码器在生成新的样本空间时,从混合高斯分布中采样生成,因此译码器能够产生类似两个样本之间的数据,进而实现数据生成的目的。

综上所述,VAE 首先采用无监督训练,其目的在于训练出隐含变量 z,形成高斯混合编码分布,再从该高斯混合分布中采样进行译码,以实现数据的生成。

9.1.2　训练方法

VAE 的训练方式属于没有标签的无监督训练方式。训练集给出了欲生成数据的类似样本,从而期望网络能够生成相同风格特点的数据。网络在训练时产生的码空间与训练数据产生一一对应关系,如图 9-2 中的 A、B、C 点。基于高斯混合模型,译码器通过在概率密度函数上采样,以生成风格相同且不完全一样的中间数据,如图 9-2 中 a、b 采样点生成的数据同时包含了 A 与 B、B 与 C 的特点。混合概率密度函数可表示如下:

$$P(\hat{x}) = \int_z P(z) P(\hat{x} \mid z) \mathrm{d}z \tag{9-1}$$

然而,编码空间 z 无法一一穷举,难以直接计算积分,因此从样本空间 x 对编码产生 z 时引入概率密度 $q(z \mid x)$,即编码训练产生对应样本的方差与均值,编码产生的方差与均值将作为码空间,式(9-1)的参数将从码空间处估计出来,估计方法采用极大似然法,似然函

数可表达为

$$\log P(\boldsymbol{x}) = \int_z q(\boldsymbol{z} \mid \boldsymbol{x}) \log P(\hat{\boldsymbol{x}}) \mathrm{d}z \tag{9-2}$$

将式(9-2)中的 $P(\hat{\boldsymbol{x}})$ 用贝叶斯公式展开,得到式(9-3):

$$\log P(\boldsymbol{x}) = \int_z q(\boldsymbol{z} \mid \boldsymbol{x}) \log\left(\frac{P(\boldsymbol{z})}{q(\boldsymbol{z} \mid \boldsymbol{x})}\right) \mathrm{d}z + \int_z q(\boldsymbol{z} \mid \boldsymbol{x}) \log(P(\hat{\boldsymbol{x}} \mid \boldsymbol{z})) \mathrm{d}z \tag{9-3}$$

式(9-3)的第一项是 KL 散度,表达了在 $P(\boldsymbol{z})$ 分布下,可将给定样本 $\boldsymbol{x}$ 编码为 z,即

$$\int_z q(\boldsymbol{z} \mid \boldsymbol{x}) \log\left(\frac{P(\boldsymbol{z})}{q(\boldsymbol{z} \mid \boldsymbol{x})}\right) \mathrm{d}z = -\mathrm{KL}(q(\boldsymbol{z} \mid \boldsymbol{x}) \| P(\boldsymbol{z})) \tag{9-4}$$

若使似然函数式(9-3)最大,则 KL 散度需要为 0,而第二项可利用最大似然进一步求解。$q(\boldsymbol{z}|\boldsymbol{x})$ 为编码器的训练模型,而 $P(\boldsymbol{x}|\boldsymbol{z})$ 为译码器的训练模型。因此,VAE 神经网络的损失函数表达如下,其中 l_1 由 KL 散度确定,l_2 则基于译码器,输入样本与译码器生成的输出数据之间尽可能接近,表达如下:

$$\mathrm{Loss}_1 = \sum_{i=1}^{n} (\exp(\sigma_i) - (1 + \sigma_i) + m_i^2) \tag{9-5}$$

$$\mathrm{Loss}_2 = \| \boldsymbol{x} - f(\boldsymbol{z}) \|^2 \tag{9-6}$$

式中的 m_i 和 σ_i 为高斯分布的均值和方差。

9.1.3　应用方法

变分自编码器的主要实现思想是将原始数据映射到一个已知分布,如高斯混合分布,然后再从已知分布中随机采样,利用编码器生成与原始数据近似的数据。其本质上是对数据分布进行拟合,然后从分布中采样得到新数据。因此,该算法能够生成与原始数据类似但不完全相同的数据,广泛应用于图像、数据、音频等,尤其在图像领域方面的应用,如图 9-3 所示,虽然在清晰度和精确度上存在误差,但已经初具效果。

图 9-3　由 VAE 模型生成的人脸

由于目前稳定扩散模型的广泛应用且具有更强的性能,将 VAE 直接应用于图像输出的情况相对较少,因此通常先利用稳定扩散模型生成对应的场景,再通过 VAE 模型实现"滤镜"的添加,如图像风格的迁移、图像锐化、图像色调调整等。

VAE 模型除了能够实现数据的生成,还能应用于某种类似异常的检测。例如,当某些图像之间相似度非常高,人眼对分布类似的图像识别相对困难且容易出错。此时,可以利用正常数据训练 VAE 模型,学习到的特征是正常数据的分布,即输入正常数据时,模型能够产生与正常数据相近的结果,输入与输出误差较小。然而当异常的样本输入该模型时,由于特征发生的变化,译码器产生的数据将与预先训练的样本差异增大,从而可以通过生成数据误差与设定阈值判断输入数据是否存在异常。VAE 还能应用于基于图像的信息搜索,给定某特定图像,基于 VAE 搜索与之相似的其他图像信息。

9.2　生成对抗网络

生成对抗网络(GAN)也是一种生成式模型,目的是生成与源数据分布类似的数据,简单来说就是"照猫画虎"的过程。生成对抗网络由一个生成器与一个判别器组成。生成器学习从潜在空间到感兴趣数据分布的映射,判别器则将生成器生成的候选者与真实数据分布区分开来,而生成器则要尽可能地欺骗判别器。生成器和判别器相互对抗,不断调整参数,最终目的是使判别器无法判断生成器输出结果的真假。

9.2.1　GAN 的基本原理

GAN 是受二人零和博弈启发提出的,零和博弈又叫零和游戏,是指在竞争中各个玩家的收益总和为零,这也意味着一方的利益来自另一方的损失。以制造假币为例,假币制造者制造假币,而警察负责鉴别假币,在二者的对抗中,假币制造工艺和鉴别技术越发高超,最后达到纳什均衡,结果是制造出了以假乱真的假币,同时警察鉴别假币成功的概率为 0.5。

图 9-4 给出了 GAN 的整体结构,可以通过一个示例对其进行进一步说明。假设需要生成器生成一个老虎的图像,那么训练集将设定为一系列的老虎图像。开始时,生成器从噪声中也许能生成一只狗的图像,判别器给出的狗与虎的相似度很小,进而反馈回生成器,以调整生成器的参数。进行若干次循环后,生成器从生成狗的图像逐渐能够生成出一只猫之后,判别器无法从颜色、外形等简单特征中分辨出猫和虎的区别,则对自身进行参数修正,以学习虎的纹理细节,以判断猫和虎的区别,进而在两者参数不断更新且相互博弈对抗中使生成器逐渐生成与训练集相似的图像,以达到最终实现生成的目的。

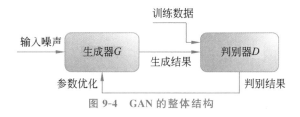

图 9-4　GAN 的整体结构

GAN 能够实现文字序列的生成、图像与音频的生成任务。然而 GAN 是通过两种网络的对抗工作,因此存在运行不稳定的问题,且两个网络之间的不均衡或梯度消失等问题导致训练不收敛。此外,GAN 的训练需要大量的训练数据和计算资源,且没有通用的评估指标来衡量其生成性能,因此评估 GAN 的性能通常需要人工进行。尽管 GAN 在某些任务上表现出色,但并不适用于所有任务。例如,GAN 不适合用于回归或分类等任务,因为它们的主要目标是生成新的样本,而不是对输入进行分类或回归。

GAN,本质是生成与判别为极大极小值优化问题,可用式(9-7)表示:

$$\min_G \max_D V(D,G) = E_{x \sim p_{\text{data}}(x)}[\log D(x)] + E_{x \sim p_z(z)}[\log(1 - D(G(z)))] \quad (9\text{-}7)$$

式中,x 为真实数据;p_{data} 为真实数据的分布;z 为随机噪声;p_z 为先验的随机噪声分布;$G(x)$ 为生成器,输入为一个概率为 $p(x)$ 的噪声,代表数据空间的映射;$D(x)$ 为判别器,接收输入数据,并判别其真假,其输出为 $0 \sim 1$ 的数值;V 为生成器与判别器二者博弈的值函数。

判别器 D 的目的在于增加 V 值,生成器 G 需要减小 V 值,二者进行对抗。因此,GAN 的训练采用判别器和生成器交替训练的方式,先训练判别器 D,再训练生成器 G,通常训练 n 次判别器后再训练 1 次生成器,多次重复直至收敛。

首先固定生成器 G,训练判别器,使式(9-7)右端取最大值(max)。通过对判别器 D 的训练,希望真实数据被分成 1(真),生成数据被分成 0(假)。若真实数据被错分为 0,前项则会变为负无穷,同理,若生成数据被分为 1,则后项同样负无穷。若出现多个错分的情况,就有很大的优化判别器 D 的余地,通过修正判别器 D 的参数来提高 V 值。

接下来训练生成器 G(固定判别器 D),使式(9-7)右端取最小值(min),其目的在于减小 V 值,使得判别器无法区分真实数据和生成数据。因为式(9-7)的第一项不包含生成器 G,所以它可以被忽略,仅需最小化第二项。由于生成器输出的数据希望可以被判别器判别为真,即生成数据的判别结果为 1。那么式(9-7)的第二项可以等价转换为

$$\max_G [E_{z \sim p_z(z)}(\log(D(G(z))))] \quad (9\text{-}8)$$

这样生成器的训练就变成取最大值的训练了。

在 GAN 中,生成器和判别器可以是任意可微分的函数,故生成器可用神经网络构成,可以是最简单的全连接网络,也可以是卷积神经网络,目的是捕捉真实数据样本的潜在分布,并生成新的数据样本,完成由随机噪声到样本的转换。判别器也同样可用神经网络构成,结构则较为简单,其目的在于对输入数据判断真假,是一个二分类问题。对于真实数据,希望其可以被判断为真,对于生成数据,则希望可以被判断为假。

损失函数(也称为目标函数或价值函数,式(9-7))将两个优化模型合并起来,通过数学方式将两者联系起来,既包含了判别模型的优化,也包含了生成模型的以假乱真的优化。损失函数限制了生成样本分布的方向(类似数据集样本分布的方向),同时通过损失函数共享了生成器与判别器的信息,即在"对抗"中"良性竞争"。此外,对于不同生成任务的损失函数,是基本的 GAN 损失函数与该任务函数的融合。

9.2.2 GAN 网络的几种结构

1. 基于 MLP 与 CNN 的 GAN 结构

GAN 是一种对神经网络的训练思路,具体的网络结构可由各种神经网络模型实现,这里以 MLP 为例,令生成器和判别器为 MLP 模型,如图 9-5 所示。通常情况下,生成器要比判别器复杂一些,这从直观感受上也容易理解,即判断一幅图像或一段文字是不是正确比生成一幅图像或写一段文字要相对简单一些。

MLP 为基础的 GAN 使用了全连接神经网络,直接通过神经网络实现生成问题。为进一步提取训练样本特征值,也可以使用 CNN 作为整体网络结构。

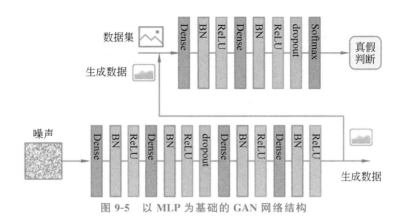

图 9-5　以 MLP 为基础的 GAN 网络结构

2. LSGAN

以上以 MLP 为基础的传统 GAN 结构,在训练过程中经常出现梯度消失问题。深度神经网络依靠损失函数计算的误差,通过反向传递进行网络参数更新,如一个多层网络在训练时,如果发生梯度消失,则越靠近输入层的参数,由于梯度数值传递很小而难以更新,从而导致训练停滞,其结果导致只有靠近输出层的参数更新,而使网络性能不能得到整体提升。

GAN 在训练过程中,生成器和判别器交替训练时,若生成器梯度消失,则生成的数据不再发生质量提升,则无论判别器是否更新,均不能改进生成性能。反之,判别器性能下降后,生成器性能同样无法再提升了。

在 GAN 训练中,判别器梯度消失后不能再向生成器提供参数更新信息。为了解决这个问题,最小二乘生成对抗网络(LSGAN)采用最小二乘的损失来缓解。从平方误差的角度出发,判别器对生成样本和真实样本进行编码,分别为 a 和 b,生成器将生成样本编码为 c,并以此对判别器进行欺骗,进而目标函数式(9-7)可改写如下:

$$\min_D V_{\text{LSGAN}}(D) = \frac{1}{2}E_{x \sim p_{\text{data}}(x)}\left[(D(x)-b)^2\right] + \frac{1}{2}E_{x \sim p_z(z)}\left[(D(G(z))-a)^2\right] \quad (9\text{-}9)$$

$$\min_G V_{\text{LSGAN}}(G) = \frac{1}{2}E_{x \sim p_z(z)}\left[(D(G(z))-c)^2\right] \quad (9\text{-}10)$$

其中,当 $b-c=1, b-a=2$ 时,LSGAN 目标函数将等价于皮尔森卡方散度,这 3 个参数还可以有其他配置方法,令 $b=c=1$ 且 $a=0$ 时,则是一种 0-1 编码方案。在实际操作中,LSGAN 使用 ReLU 与 LeakyReLU 激活函数,实验结果表明 LSGAN 可以缓解训练过程中梯度消失的问题,与常规 GAN 相比,LSGAN 更稳定,生成的图像质量更高。

3. EBGAN

EBGAN 是一种将能量模型应用到 GAN 网络的成功案例,判别器取代概率形式而作为能量函数(或对比函数),明确地构建了 EBGAN 框架。该能量函数被看作是一个可以训练的惩罚函数(Penalty Function),将低能量值赋予高数据密度的区域,将高能量值赋予低数据密度的区域。生成器在训练时依据该能量函数进行调整,使其生成样本能量逐渐减小,判别器针对每个样本赋予能量值,在迭代训练中希望判别器对训练集数据赋予低能,为生成器样本赋予高能量。此外,判别器需要对最高能量进行数值限制,以避免生成器样本被赋予无穷大能量而导致收敛变慢。因此,训练目标函数可将式(9-7)改写如下:

$$\min_{D} V(D,G) = \min_{D} E_{x \sim p_{\mathrm{data}}(x)} \left[D(x) \right] + E_{z \sim p_z} \left[\max(0, (m - D(G(z)))) \right] \quad (9\text{-}11)$$

因此,判别器更像是在"塑造"能量函数,生成器的训练目标是生成样本使能量值尽量小。EBGAN 中的判别器是由编码器与译码器加均方误差组成的,如图 9-6 所示。

图 9-6　EBGAN 的判别器示意图

输入样本进入判别器后,首先经过编码器,再经过译码器,为避免其形成简单恒等映射,即样本仅仅是发生转换后立即反变换回来,通常需要对编码器添加约束正则项,使之为近似复制,生成器即为该正则项,因为生成器的目的是产生与训练集一样的样本,而不是生成器自己生成的样本。EBGAN 相比传统的 GAN 网络减少了训练时间,一开始就能获得比较大的"能量驱动",使判别器一开始就有较高的性能。

4. WGAN

模式崩溃是 GAN 在生成器训练时经常发生的问题,即生成器产生的数据分布非常狭窄,生成器只能生成非常相似的样本,如 MNIST 数据集中只能生成某个单一的数字,生成样本单一。但在 GAN 训练过程中,没有指标可以显示出收敛情况,仅从生成器和判别器的目标函数中无法看出生成结果或与收敛相关的信息。想观察 GAN 训练的结果,或可视化生成过程,可以通过手动时不时地查看生成器生成的数据,以监控训练效果。然而在通常情况下,判别器越好,生成器梯度消失越严重。

GAN 训练的重点在于生成器与判别器的平衡,生成器的损失函数可以等价变换为最小化真实分布与生成分布之间的 JS 散度。判别器多次训练会接近最优,最小化生成器的目标函数也会越接近最小化真实分布与生成分布之间的 JS 散度。其关键点就在于如何评价生成图片和真实图片之间的差异。真实分布与生成分布之间越接近,则其 JS 散度越小,进而通过优化,JS 散度就能将生成分布拉向真实分布,达到以假乱真的目的。该思路只有当两个分布有重叠时是可行的,如果两个分布完全没有重叠部分,即生成结果与训练数据相差甚远,没有任何相似之处,利用 JS 散度训练时,就无法对生成结果进行优化。

可以用 Wasserstein 距离解决上述问题。其优点在于即使两个分布没有任何重叠或相距甚远时,也可以反映它们之间的距离。该方法将在 9.2.3 节中详细介绍。

9.2.3　GAN 训练中生成与训练集之间的相似评价方法

近年来,GAN 研究广泛,生成效果逼真,已有很多图像生成、图像转换和文字转换为图像等实际应用。然而,尽管可用的 GAN 模型很多,但对它们的评估仍是定性评估为主,通常需要借助人工检验生成图像的视觉保真度来进行,这种评估非常耗时,主观性较强。鉴于定性评估的固有缺陷,恰当的定量评估指标对于 GAN 的发展和更好模型的设计至关重要。

现有的评估指标大多是基于样本的评估度量,这些度量方法均是对生成样本与真实样本提取特征,然后在特征空间做距离度量。本节介绍 6 种表征方法:Inception 分数、Mode 分数、核最大均值差异(Kernel MMD)、Wasserstein 距离、Fréchet Inception 距离与基于

1-NN 双样本测试。所有这些度量方法都不需要已知特定的模型,只需从生成器中获取有限的样本就能逼近真实距离。

1. Inception 分数

Inception 分数(IS)是目前采用最多的度量方法之一。对于一个在 ImageNet 训练良好的 GAN,其生成的样本送入 Inception 网络测试时,对于同一个类别的图片,其输出的概率分布应该趋向于一个脉冲分布,以保证生成样本的准确性;而对于所有类别,其输出的概率分布应该趋向于一个均匀分布,以保证生成样本的多样性,不出现模式崩溃的问题。

Inception 分数使用一个图像分类模型 M 和在 ImageNet 上预训练的 Inception 网络,因而计算:

$$IS(P_g) = e^{E_{x \sim P_{data}}[KL(p_M(y|x) \| p_M(y))]} \tag{9-12}$$

其中,$p_M(y|x)$ 表示由模型 M 在给定样本 x 下预测的标签分布,即

$$p_M(y) = \int p_M(y \mid x) \mathrm{d}P_g \tag{9-13}$$

即边缘分布 $p_M(y|x)$ 在概率度量 P_g 上的积分。$p_M(y|x)$ 上的期望和积分都可以通过从 P_g 中采样的独立同分布逼近。更高的 IS 表示 $p_M(y|x)$ 接近点密度,这只有在当 Inception 网络非常确信图像属于某个特定的 ImageNet 类别时才会出现,且 $p_M(y)$ 接近均匀分布,即所有类别都能等价地表征。这表明生成模型既能生成高质量也能生成多样性的图像,Inception 分数与人类对图像质量的判断有一定的相关性。但是,Inception 分数在大部分情况下并不合适,因为它仅评估 P_g(作为图像生成模型),而不是评估其与 P_{data} 的相似度。一些简单的扰动(如混入来自完全不同分布的自然图像)能够造成欺骗。因此,其可能会鼓励模型只学习清晰和多样化图像(甚至一些对抗噪声),而不是 P_{data}。同时,IS 的计算没有用到真实数据,具体值取决于模型 M 的选择,它在一定程度上衡量生成样本的多样性和准确性,但是无法检测过拟合。

2. Mode 分数

Mode 分数是 Inception 分数的改进,添加了关于生成样本和真实样本预测的概率分布相似性度量,可以通过式(9-14)求出:

$$MS(P_g) = e^{E_{x \sim P_{data}}[KL(p_M(y|x) \| p_M(y))] - KL(p_M(y) \| p_M(y^*))} \tag{9-14}$$

其中

$$p_M(y^*) = \int p_M(y \mid x) \mathrm{d}P_r \tag{9-15}$$

为在给定真实样本下边缘标注分布在真实数据分布上的积分。与 Inception 分数不同,它能通过 $KL(p_M(y) \| p_M(y^*)$ 散度度量真实分布 P_{data} 与生成分布 P_g 之间的差异。Mode 分数与 Inception 分数一样,无法检测过拟合,不推荐在和 ImageNet 数据集差别比较大的数据上使用。

3. 核最大均值差异

核最大均值差异(Kernel MMD)可以定义为:

$$MMD^2(P_{data}, P_g) = E_{x_{data} \sim P_{data}, x_g \sim P_g}[k(x_{data}, x'_{data}) - 2k(x_{data}, x_g) + k(x_g, x'_g)] \tag{9-16}$$

对于 Kernel MMD 值的计算,首先要选择一个核函数 k,该核函数把样本映射到再生希

尔伯特空间。在给定一些固定的核函数 k 下，它度量了真实分布 P_{data} 与生成分布 P_{g} 之间的差异。给定分别从 P_{data} 与 P_{g} 中采样的两组样本，两个分布间的经验性 MMD 可以通过有限样本的期望逼近计算。MMD 值越小，表示 P_{g} 更接近 P_{data}，两个分布越接近，可以在一定程度上衡量模型生成图像的优劣性，且计算代价小。在预训练的 ResNet 网络中运行时，Kernel MMD 的性能十分出色，能够识别生成、噪声图像和真实图像，且样本复杂度和计算复杂度都比较低。

4. Wasserstein 距离

Wasserstein 距离也叫推土机距离，根据 Wasserstein 距离度量 P_{g} 与 P_{data} 分布之间为

$$\text{WD}(P_{\text{data}}, P_{\text{g}}) = \inf_{\gamma \in \Gamma(P_{\text{data}}, P_{\text{g}})} E_{(x_{\text{data}}, x_{\text{g}}) \sim \gamma} \left[d(\boldsymbol{x}_{\text{data}}, \boldsymbol{x}_{\text{g}}) \right] \tag{9-17}$$

其中，$\Gamma(P_{\text{data}}, P_{\text{g}})$ 表示边缘分布分别为 P_{data} 与 P_{g} 的所有联合分布（即概率耦合）集合，且 $d(x_{\text{data}}, x_{\text{g}})$ 表示两个样本之间的基础距离。对于密度为 P_{data} 与 P_{g} 的离散分布，等价于解最优传输问题：

$$\text{WD}(P_{\text{data}}, P_{\text{g}}) = \min_{w \in \mathbf{R}^{n \times m}} \sum_{i=1}^{n} \sum_{j=1}^{m} w_{ij} d(\boldsymbol{x}_i^{\text{data}}, \boldsymbol{x}_j^{\text{g}}) \tag{9-18}$$

该式表示实际中 $\text{WD}(P_{\text{data}}, P_{\text{g}})$ 的有限样本逼近，以衡量两个分布之间的相似性。与 MMD 相似，Wasserstein 的距离越小，两个分布就越相似。当选择了合适的特征空间，评估度量效果较好，但是计算复杂度随着样本数量的增加而增高。

5. Fréchet Inception 距离

Fréchet Inception 距离（FID）是计算真实样本和生成样本在特征空间之间的距离来评估 GAN 的度量方法。对于适当的特征函数 φ（默认为 Inception 网络提取特征），FID 将 $\varphi(P_{\text{data}})$ 和 $\varphi(P_{\text{g}})$ 建模为高斯随机变量，且其样本均值为 μ_{data} 与 μ_{g}、样本协方差为 C_{data} 与 C_{g}。根据高斯模型的均值和协方差来计算两个高斯分布的 Fréchet 距离（或等价于 Wasserstein-2 距离），即

$$\text{FID}(P_{\text{data}}, P_{\text{g}}) = \| \mu_{\text{data}} - \mu_{\text{g}} \| + \text{Tr}(C_{\text{data}} + C_{\text{g}} - 2(C_{\text{data}} C_{\text{g}})^{1/2}) \tag{9-19}$$

FID 尽管只计算了特征空间的前两阶矩，但有良好的判别力，且鲁棒性较好，计算效率高效。

6. 1-NN 双样本测试

1-NN 双样本测试（1-NN two-sample test）采用最近邻分类器（无须特殊的训练，并只需要少量超参数调整），对成对样本检验，以评估两个分布是否相同。给定两组样本，如果二者接近，则精度接近 50%，否则接近 0。对于 GAN 的评价，可分别用正样本的分类精度、生成样本的分类精度去衡量生成样本的真实性和多样性。对于真实样本 X_{data}，进行 1-NN 分类的时候，如果生成的样本越真实。则真实样本空间 R 将被生成的样本 X_{g} 包围，那么 X_{data} 的精度会很低。

1-NN 分类器几乎是评估 GAN 的完美指标，具备其他指标的所有优势，其输出分数为 $[0,1]$。当生成分布与真实分布完美匹配时，可获取完美分数（即 50% 的准确率）。但对于生成的样本 X_{g} 多样性不足时，由于生成的样本聚在几个模式中，则 X_{g} 很容易就和 X_{data} 区分开，导致精度很高，即此种评估方法无法度量模式崩溃问题。

实验表明，MMD 和 1-NN 双样本测试是最为合适的评价指标，它们可以较好地区分真实样本和生成样本，有效应对模式崩溃，且计算高效。但总体说来，GAN 的学习是一个无

监督学习过程,仍难以找到一个比较客观的、可量化的评估指标。有许多指标在数值上虽然高,但是并不代表有较好的生成效果。

9.3 流模型

作为生成模型,GAN 与 VAE 是经典的成功案例。GAN 在生成器与判别器共同对抗工作下不断提升性能,目前已经具有非常杰出的效果。然而 GAN 网络在训练时,需要生成器和判别器具有相对平衡的"判断"与"生成"能力,否则容易出现模式坍塌或训练困难的局面,合理的评价方法是一个难点。虽然 VAE 在一定程度上解决了 GAN 网络训练不收敛、采样生成数据简单等问题,然而 VAE 模型需要优化下边界函数,存在计算复杂、训练时间长等问题。为简化生成模型结构,提高模型训练速度以及收敛,一种新的生成模型被提出。流模型(Flow-based Model)是一种不同于上述两种模型的新思路。其核心思想是将复杂分布数据多次转换生成简单数据分布,利用转换的可逆性,实现将简单数据逐步生成相同风格的复杂分布数据,以达到数据生成的目的。

9.3.1 流模型的工作原理

流模型基于一系列具有可逆双向变换函数,建立一种先验分布与实际数据分布间的映射关系。其中先验分布较简单,而实际数据分布较复杂。根据概率密度的变量替换公式,不需要显式地计算实际数据分布的概率密度函数,而是通过先验分布的概率密度以及映射过程产生的 Jacobian 行列式来求取。通过复合多个可逆函数可以增强模型复杂度及非线性拟合能力。因此,模型的数据流向像水管中的流水一样汇聚,从而被称为流模型。流模型显式地给出概率分布的表达式,因此,其对数似然函数可直接采用极大似然估计计算。

图 9-7 显示了流模型的基本生成原理。在训练阶段,将复杂已知的数据分布进行编码转换,实际操作中直接对编码过程的转换进行计算。但直接计算存在两点困难:①直接计算往往存在高维度的 Jacobian 矩阵,计算量异常巨大,必须优化后才能实现计算;②生成模型的目标是需要计算出转换函数 f,需要对转换关系进行巧妙设计,使得正向和逆向运算均容易进行,这往往是困难的。从最基本的架构开始构思,f 必须是存在的且能被算出,因此,f 的输入和输出的维度必须是一致的,且 f 的行列式不能为 0。

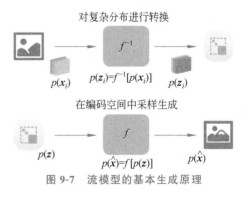

图 9-7 流模型的基本生成原理

流模型由先验分布和可逆函数 f 唯一确定。由于通过一步转换存在模型的复杂性,f 往往难以一步设计成功,必须通过逐步转换生成结果,设计简单转换并多次执行,逐步产生最终的复杂分布结果,如图 9-8 所示。

在流模型中,寻找或给定一种已知的可逆变换 f,将给定复杂分布数据(如训练集数据)转换为简单数据分布,从而实现给定随机简单分布后生成特定复杂数据。流模型的转换过程可通过式(9-20)表示:

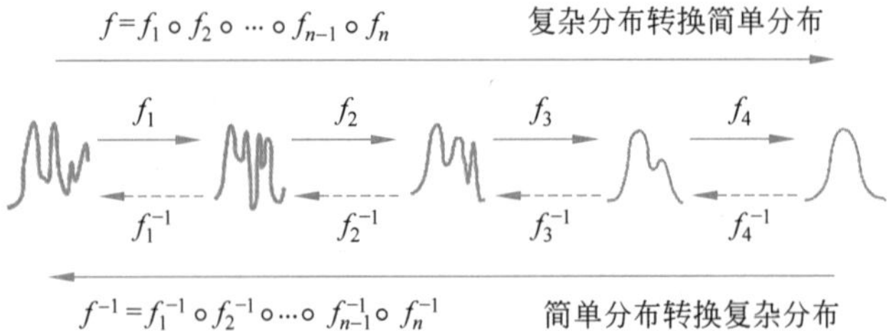

$$f = f_1 \circ f_2 \circ \cdots f_{n-1} \circ f_n \qquad \text{复杂分布转换简单分布}$$

$$f^{-1} = f_1^{-1} \circ f_2^{-1} \circ \cdots \circ f_{n-1}^{-1} \circ f_n^{-1} \qquad \text{简单分布转换复杂分布}$$

图 9-8　复杂分布与简单分布之间的流模型映射双向转换示意图

$$p_x(\boldsymbol{x}) = p_z(f(x)) \mid \det Df(\boldsymbol{x}) \mid \tag{9-20}$$

其中,欲生成的复杂数据 $\boldsymbol{x}$ 的分布函数 $p_x(\boldsymbol{x})$ 可以由 $f(\boldsymbol{x})$ 的分布通过某种对 $f(\boldsymbol{x})$ 的转换来表达,其中 $\det Df(x)$ 为函数 $f(x)$ 的 Jacobian 矩阵行列式的值,$f(x)$ 为可逆函数。因此,复杂的生成问题转化为复杂的变换问题。然而该方法中一个较苛刻的条件是需要一个可逆的转化函数。

关于 Jacobian 矩阵,若存在函数 $f: \mathbb{R}^m \times \mathbb{R}^n$,并且处处连续可微,则该函数的所有一阶偏导数组成的矩阵称为 Jacobian 矩阵,通常使用符号 $\boldsymbol{J}$ 表示如下:

$$\boldsymbol{J} = \begin{bmatrix} \dfrac{\partial f_1}{\partial x_1} & \cdots & \dfrac{\partial f_1}{\partial x_n} \\ \cdots & \ddots & \cdots \\ \dfrac{\partial f_m}{\partial x_1} & \cdots & \dfrac{\partial f_m}{\partial x_n} \end{bmatrix} \tag{9-21}$$

当 $m = n$ 时,Jacobian 矩阵为方阵。实际上,在流模型思路中,针对模型转换或映射,Jacobian 矩阵在描述不同函数变量间的变化速度及其导数中起到了重要作用,即通过导数来感知变化关系,实现复杂坐标变换,并且该变换是双向的。

9.3.2　流模型的常见分类方法

根据流模型中转化函数 f 的设计,流模型通常分为线性流模型(Linear Flow-based Model)、非线性流模型(Nonlinear Flow-based Model)、潜在流模型(Latent Flow Model)以及能量守恒流模型(Energy-based Flow Model)。

1. 线性流模型

线性流模型是最简单的一种流模型,它将生成过程拆分为一系列线性变换。在每个步骤中,输入变量与一个可学习的权重矩阵进行乘法操作,然后将结果加上一个可学习的偏置向量。线性流模型的参数可以通过最大似然估计进行学习,通过 BP 算法进行优化。

2. 非线性流模型

相对于线性流模型,非线性流模型具有更强的表达能力和更灵活的变换形式。非线性流模型的变换通常采用复杂的非线性函数,如神经网络。非线性流模型的参数学习通常采用变分自编码器或类似的方法,通过最小化重构误差和 KL 散度来优化模型参数。

3. 潜在流模型

潜在流模型是一种基于潜变量(Latent Variables)的流模型,它对输入数据进行潜变量变换,使得潜变量与输入数据具有相同的统计性质。潜在流模型通常采用层次结构来建模潜变量与输入数据之间的关系,从而实现更灵活的生成过程。潜在流模型的学习和优化通常采用基于似然的推理方法进行。

4. 能量守恒流模型

能量守恒流模型是一种基于能量函数的流模型,它将生成过程看作是从一个初始分布向目标分布转移的过程。能量守恒流模型的参数学习是通过最小化生成数据与真实数据之间的能量差异实现的。能量守恒流模型的优点是可以直接对概率分布进行建模,并且可以实现对复杂分布的有效建模。

总之,流模型的难点在于转换过程的设计。此外,一些常见的经典流模型也被单独命名,如归一化流、耦合流以及自回归流。

9.3.3　常见的流模型转换函数设计

1. 逐函数流模型

顾名思义,逐函数流模型即对每步的转换均设计转换方法,在逐步转换中,$f_1, f_2, \cdots,$ f_n采用独立函数,以完成流模型的建立。然而分别采用不同函数无法将复杂采样数据特征联系在一起,同时难以做到多个步骤,且十分烦琐,训练也存在困难。

2. 线性函数流模型

采用线性函数作为流模型中的$f(x)$可逆函数是一种处理方法。然而线性函数表现力有限,多个线性函数的乘积仍然是线性的,虽然计算简单,但在计算行列式时并没有减少计算量,具体可表达如下:

$$f(\boldsymbol{x}) = \boldsymbol{A}x + b \tag{9-22}$$

$$f^{-1}(\boldsymbol{z}) = \boldsymbol{A}^{-1}(\boldsymbol{z} - b) \tag{9-23}$$

$$\det D f(\boldsymbol{x}) = \det \boldsymbol{A} \tag{9-24}$$

线性模型对Jacobian矩阵进行行列式求解时,计算量约为维度的三次方,尤其在针对尺寸较大图片的处理中,计算量不能忽视。虽然能够通过线性变换等方法改变$\boldsymbol{A}$矩阵的形状,简化计算过程,但线性模型的特征表现能力总是有限的。

3. 耦合流模型

考虑计算量的问题以及计算复杂性问题,可以将训练数据进行拆分,仅对一部分数据实施转换。不管何种转换方法,均可以在原有基础上降低一半的运算量。在转换函数设计中,选择一种可分割的可逆函数来实现。具体地,将样本$\boldsymbol{x}$分割为$\boldsymbol{x}^A$和$\boldsymbol{x}^B$两个部分,一部分直接作为输出,另一部分相互作用后输出合并,实现流的转换,被称为耦合流,图9-9与图9-10显示了耦合流模型的处理过程。

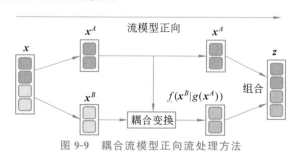

图 9-9　耦合流模型正向流处理方法

在耦合流模型中,首先将输入数据分块,作为图像数据,可考虑将图像数据分割为小块,

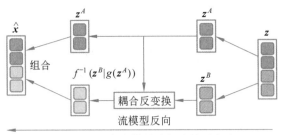

图 9-10　耦合流模型反向流处理方法

作为多通道分块数据,如 $100×100×3$ 的数据变换为 $50×50×12$,其中按照 6 通道与 6 通道分为 x^A 与 x^B 两部分。其中,x^A 部分数据不作任何处理,直接作为输出,而 x^B 部分通过某种耦合变换后输出,直接与 x^A 相结合。进行反向处理时,则通过求解耦合函数的逆运算,以获得 $\hat{x}$。其中耦合函数的处理方法有很多可能方案,以下给出两种耦合变换方法:

$$f(x \mid t) = x + t \tag{9-25}$$

$$f(x \mid s, t) = s \circ x + t \tag{9-26}$$

简单的处理方法是将 x^A 与 x^B 直接相加,或通过 x^A 与 x^B 生成新的 s 后再相加,而后实现流模型正向处理结果。通过对数据拆分后处理的耦合流方法,不仅可以拆成两部分,也可以拆分成多个数据块,分别处理后再合并,也能起到相应的效果。

4. 自回归流模型

自回归意味着新数据的预测是基于模型过去的数据进行的。如果某图像数据的概率分布为 $p(x)$,则像素的联合概率分布为 $p(x_1, x_2, \cdots, x_n)$。在流模型中,高维复杂分布转换函数难以直接建立。在自回归流模型中,由于考虑到要使用自己的数据预测下一次的数据,对于当前像素的预测是以前一像素为条件预测的,因此设计 $p(x_i) = p(x_i \mid x_{i-1})p(x_{i-1})$,进而像素的联合概率近似为条件概率的乘积如下:

$$p(x) = p(x_n \mid x_{n-1}) \cdots p(x_3 \mid x_2)p(x_2 \mid x_1)p(x_1) \tag{9-27}$$

联合概率分布 x 的传递过程作为条件概率模型,即 x_2 的产生是由 x_1 引起的,x_3 的产生是由 x_2 引起的,最终的结果为所有概率公式的乘积,即 x_t 是前 $t-1$ 次的最大后验概率事件。该方法的训练速度虽然较快,但产生采样数据时速度较慢。流模型的转换函数设计属于数学设计过程,难度较大且计算量大,效果却与 VAE 相似,且有时并不比 GAN 或 VAE 更好,因此流模型并没有成为主流的生成模型。

9.4　扩散模型

扩散模型(Diffusion Model)是 2020 年提出的一种生成模型,但其处理问题的思路可追溯至 2015 年,所涉及理论为随机过程与随机微分方程。扩散模型借鉴了分子随机运动的现象,在微观上每个分子的运动为布朗运动,但通过能量调控能使其在宏观上展现出不同的特征。我们无法直接调控每个分子团的运动方式,但能够得知其无规则运动服从的分布。通过外力作用,每次改变一小步,逐步将完全随机运动的分子团约束在特定状态下,完成"生成"过程。

扩散过程首先对欲生成风格的数据进行扩散,通过深度神经网络学习扩散过程,逐步加入"噪声",直到将数据完全变成随机噪声。而生成过程是一个反向过程,从完全随机噪声中,利用扩散过程所学习的扩散特点,逐步对噪声进行"滤波",从噪声中将图像信息提取出来以重构出图像。

上述通过加噪去噪生成图像的方法是最早公认的去噪扩散概率模型(Denoising Diffusion Probabilistic Model,DDPM),通过上述条件难以实现稳定生成结果。在 DDPM 模型推导过程中,假设扩散过程的每个转换步的概率分布仅由上一个转换步的概率加上当前高斯噪声获得,每步扩散添加的噪声为高斯噪声,即假设扩散过程是一个马尔可夫链,扩散过程没有"记忆性"。

9.4.1　去噪扩散概率模型 DDPM

扩散模型是一种基于神经网络的生成模型,经过样本数据训练后,能够从简单分布数据中生成特定复杂分布数据,即将纯高斯噪声生成指定类型的数据。为从简单分布数据中生成指定风格的复杂分布数据,扩散模型的基本思路是对已知复杂分布的数据不断添加高斯分布噪声,随着噪声的增加,图像逐渐模糊,最终成为完全高斯噪声的数据。如果能学习到扩散过程的模型,则反扩散过程能实现将简单噪声分布数据逐渐反扩散生成复杂特定分布的数据,扩散模型的处理结构如图 9-11 所示。

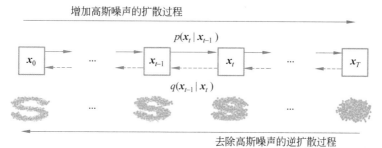

图 9-11　扩散模型处理结构

假设初始分布数据为 x_0,对其不断添加高斯噪声分布,逐步产生 $x_1,x_2,\cdots,x_{t-1},x_t$ 直至 x_T,成为完全高斯分布噪声。即 x_{t-1} 添加噪声可得 x_t,所添加的噪声是已知的,通常为高斯噪声,多次添加噪声的操作过程是一个平稳马尔可夫链。对复杂特定分布数据的模糊扩散操作是一个正向操作过程,可以直接计算获得,即给定 t 参数就能获得该步骤下的扩散结果。然而从一个完全混乱的噪声中逐步恢复出特定分布数据是非常困难的,因为难以得知由 x_t 逆扩散至 x_{t-1} 的处理方法,其中需要假定真实情况下 x_0~x_t 的退化图像是一个平稳马尔可夫链,且服从正态分布。由于无法确切得知逆过程的计算方法,因此使用神经网络来推断由 x_t 重构 x_{t-1} 的模型,在神经网络搭建中,将 t 参数与 x_t 作为输入,x_{t-1} 作为输出,构建逆过程的推断模型,通过给定模糊步骤 t 以及对应模糊退化数据 x_t 可获得 x_{t-1} 数据,进而通过多次逆扩散操作,以推断出最终结果 x_0。因此扩散模型最终实现了输入一幅完全混乱的高斯噪声后,可生成与训练集类似的新的分布数据。

扩散模型的实现过程分为正向扩散与逆向去扩散。为了实现逆扩散的数据生成过程,正向扩散操作生成了后续的模型训练数据,由于正向扩散的处理方法是对样本数据进行多次高斯噪声添加,因此数据 x_t 的获取是由 x_{t-1} 加标准高斯噪声 z_1 获得的,可表达如下:

$$x_t = \sqrt{\alpha_t}\, x_{t-1} + \sqrt{1-\alpha_t}\, z_1 \tag{9-28}$$

其中，α_t 为给定参数，然而该种表达方式在计算过程中难以操作，并且计算频繁，给定训练集时只有 x_0，获取不同 t 步骤的扩散数据需要每次都从 x_0 开始计算。由于式(9-28)是一个递推公式，且 z_1 为标准高斯噪声，因此式(9-28)可进一步推导如下：

$$x_t = \sqrt{\alpha_t}\,(\sqrt{\alpha_{t-1}}\, x_{t-2} + \sqrt{1-\alpha_{t-1}}\, z_2) + \sqrt{1-\alpha_t}\, z_1$$

$$x_t = \sqrt{\alpha_t \alpha_{t-1}}\, x_{t-2} + \sqrt{\alpha_t(1-\alpha_{t-1})}\, z_2 + \sqrt{1-\alpha_t}\, z_1$$

$$x_t = \sqrt{\bar{\alpha}}\, x_0 + \sqrt{1-\bar{\alpha}}\, z, \quad \bar{\alpha} = \prod_{j=0}^{t} \alpha_j \tag{9-29}$$

推导表明，当给定样本数据 x_0，以及设定好初始参数 α 值，可以获得任意扩散步骤的数据 x_t。至此，正向扩散计算可以通过式(9-29)完全获取，即条件概率密度 $p(x_t | x_{t-1})$ 是已知的。

扩散模型的根本任务是从纯高斯噪声数据中生成特定数据，是从 x_t 重构生成 x_0，然而直接从 x_t 到 x_0 的生成计算是十分困难的，因此基于已知概率密度 $p(x_t | x_{t-1})$ 推算概率密度 $q(x_{t-1} | x_t)$，进而经多次推算重构出 x_0。因此，概率密度 $q(x_{t-1} | x_t)$ 是在给定 x_0 条件下进行推算，利用贝叶斯公式可表达如下：

$$q(x_{t-1} | x_t, x_0) = q(x_t | x_{t-1}, x_0)\, \frac{q(x_{t-1} | x_0)}{q(x_t | x_0)} \tag{9-30}$$

其中，

$$q(x_{t-1} | x_0) = \sqrt{\bar{\alpha}_{t-1}}\, x_0 + \sqrt{1-\bar{\alpha}_{t-1}}\, z, \quad z \sim N(\sqrt{\bar{\alpha}_{t-1}}\, x_0, 1-\bar{\alpha}_{t-1})$$

$$q(x_t | x_0) = \sqrt{\bar{\alpha}_t}\, x_0 + \sqrt{1-\bar{\alpha}_t}\, z, \quad z \sim N(\sqrt{\bar{\alpha}_t}\, x_0, 1-\bar{\alpha}_t)$$

$$q(x_t | x_{t-1}, x_0) = \sqrt{\alpha_t}\, x_{t-1} + \sqrt{1-\alpha_t}\, z, \quad z \sim N(\sqrt{\alpha_t}\, x_{t-1}, 1-\alpha_t)$$

进而，式(9-30)可写成如下表达：

$$q(x_{t-1} | x_t, x_0) = \exp\left(-\frac{1}{2}\left(\frac{(x_t - \sqrt{\alpha_t}\, x_{t-1})^2}{1-\alpha_t} + \frac{(x_{t-1} - \sqrt{\bar{\alpha}_{t-1}}\, x_0)^2}{1-\bar{\alpha}_{t-1}} - \frac{(x_t - \sqrt{\bar{\alpha}_t}\, x_0)^2}{1-\bar{\alpha}_t}\right)\right)$$

$$= \exp\left(-\frac{1}{2}\left(\left(\frac{\alpha_t}{1-\alpha_t} + \frac{1}{1-\bar{\alpha}_{t-1}}\right)x_{t-1}^2 \right.\right.$$

$$\left.\left. -\left(\frac{2\sqrt{\alpha_t}}{1-\alpha_t}x_t + \frac{2\sqrt{\bar{\alpha}_{t-1}}}{1-\bar{\alpha}_{t-1}}\right)x_{t-1} + C(x_t, x_0)\right)\right) \tag{9-31}$$

基于正态分布基本形式如下：

$$\exp\left(-\frac{(x-\mu)^2}{2\sigma^2}\right) = \exp\left(-\frac{1}{2}\left(\frac{1}{\sigma^2}x^2 - \frac{2\mu}{\sigma^2}x + \frac{\mu^2}{\sigma^2}\right)\right)$$

因此，式(9-30)最后分布结果中的均值可表达为：

$$\bar{\mu}_t = \frac{\sqrt{\alpha_t}(1-\bar{\alpha}_{t-1})}{1-\bar{\alpha}_t}x_t + \frac{\sqrt{\bar{\alpha}_{t-1}}(1-\alpha_t)}{1-\bar{\alpha}_t}x_0, \quad x_0 = \frac{1}{\sqrt{\bar{\alpha}_t}}(x_t - \sqrt{1-\bar{\alpha}_t}\,\bar{z}_t)$$

$$\bar{\mu}_t = \frac{1}{\sqrt{\alpha_t}}\left(x_t - \frac{1-\alpha_t}{\sqrt{1-\bar{\alpha}_t}}\bar{z}_t\right) \tag{9-32}$$

然而,式中的分布 $\bar{z}_t$ 是未知的,即从 x_t 推断 x_{t-1} 时,噪声的分布情况是未知的,$\bar{z}_t$ 为式(9-29)中所添加的噪声,逆扩散生成数据的步骤中 x 是未知的,反推难以获取。因此,基于神经网络训练一种对 $\bar{z}_t$ 的近似表达模型,从而解决上述逆扩散求解问题,即式(9-30)的求解问题。

由于 $\bar{z}_t$ 是来源于前向扩散时的噪声,在已知 x_{t-1} 情况下添加 z 获取了 x_t,而 $\bar{z}_t$ 是用于估计从 x_t 重构 x_{t-1} 时的噪声模型,因此训练 $\bar{z}_t$ 的近似神经网络模型时,输入数据为 x_t 和 t,输出数据为能够形成 x_{t-1} 的噪声,不同模糊步骤 t 的情况下输出噪声不同,所以损失函数表达如下:

$$\text{Loss} = \| N - N(\sqrt{\bar{\alpha}_t}x_0 + \sqrt{1-\bar{\alpha}_t}z_t, t) \|^2 \tag{9-33}$$

其中,N 为标准正态分布。

损失函数表明,神经网络将输出一个正态分布噪声,并且正态分布噪声的均值、方差与模糊步骤 t 和数据 x_t 是相关的,即输出了在当前步骤下模糊数据的去噪声数据,进而有 $\bar{z}_t = NN(x_t, t)$,其中的训练数据 x_t 来源于样本的前向扩散计算过程,特别地,在图像生成应用中,神经网络模型可使用 U-Net 实现。最终生成结果可用式(9-30)计算出来。

9.4.2 基于分数匹配的随机微分方程扩散模型

在扩散模型中,噪声增加与减少可以采用一种分数评价方法(Score-Based Generative Modeling,SGM)。通常采用 Stein 分数,又称为分数函数,其分数函数定义为对数概率密度的梯度 $\nabla_x \log p(x)$,是一个指向似然函数增长率最大的方向梯度。基于分数的生成模型,核心思想是对训练数据添加一系列逐渐增强的高斯噪声,并且训练一个深度神经网络模型进行表征,主要用以评价噪声的强度,该评价分数同时可作为生成模型的条件分数。在样本生成阶段,可以同时使用噪声逐渐减小的分数函数和基于分数的采样生成,如常见的朗之万-蒙特卡洛、随机微分方程、常微分方程等。由于评价分数与训练之间相互独立,所以能够使用分数作为噪声估计的同时评价采样技术,以生成新样本。

将 DDPM 和 SGM 拓展到无限扩散步长或无穷噪声的情况中,其扰动过程和去噪过程是随机微分方程的解(Stochastic Differential Equation,SDE)。在扩散过程中,通过微小扰动添加噪声,使得复杂的数据分布平滑过渡到简单已知先验分布,进而反向求解 SDE,逐渐去除噪声转换为复杂分布。反向过程中求解 SDE 以得分作为目标函数,采用神经网络估计分数,最终生成结果。基于分数的随机微分方程扩散模型实际上是用缓慢增加的噪声破坏训练数据,然后学习扭转这种破坏形成的过程,以生成新模型,其中采用了评价分数的机制。图 9-12 显示了这种过程,表示了一种 Score SDE 的生成与去噪过程。

Score SDE 在噪声扩散阶段采用如下方程进行加噪处理:

$$\mathrm{d}x = f(x, t)\mathrm{d}t + g(t)\mathrm{d}w \tag{9-34}$$

其中,$f(x, t)$ 和 $g(t)$ 为 SDE 的偏移与扩散系数;w 为标准的布朗运动。对于任何形式的扩散过程,通过求解以下逆向 SDE,结果可以被逆转:

$$\mathrm{d}x = [f(x, t) - g^2(t)\nabla_x \log q_t(x)]\mathrm{d}t + g(t)\mathrm{d}\bar{w} \tag{9-35}$$

在计算处理过程中,将式(9-34)离散化后可表示为:

$$x_{i+1} = x_{i+1} - f_{i+1}(x_{i+1}) + G_{i+1}G_{i+1}^{\mathrm{T}}\varphi(x_{i+1}, i+1) + G_{i+1}z_{i+1} \tag{9-36}$$

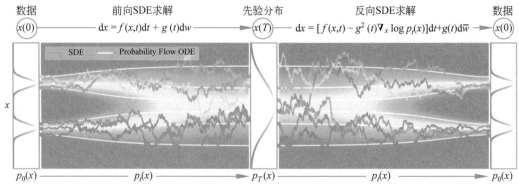

图 9-12 分数匹配的随机微分方程模型 Score SDE 生成与去噪过程示意图

其中,$\varphi(\boldsymbol{x}_{i+1}, i+1)$ 为需要训练的分数评价模型。

基于 SGM 的生成模型可以不同于 DDPM 那样逐步反向估计生成结果,最终生成结果有许多采样方法,这里基于朗之万动力学介绍一种朗之万-蒙特卡洛采样生成法,有关其数学原理的介绍可见随机过程理论中的 Important-Sampling 内容。

假设已经训练好了一个评分网络 $\varphi(\boldsymbol{x}_i, i)$,它可以作为 $\nabla_{\boldsymbol{x}_t} \log(q(\boldsymbol{x}_t | \boldsymbol{x}_0))$ 的近似,进而能够利用该网络进行分布预估,给定扩散步长以及迭代次数,即可实现反向生成过程,朗之万-蒙特卡洛采样方法的具体执行过程可表述如下:

(1) 随机采样一个 T 足够大的样本 $\boldsymbol{x}_T^0 \sim N(0, 1)$;

(2) 使用迭代函数 $\boldsymbol{x}_t^{i+1} = \boldsymbol{x}_t^i + \dfrac{1}{2} \phi^* \phi(\boldsymbol{x}_t^i, t) + \sqrt{\phi^*} z$,其中迭代次数 $i = 1 \sim N$;

(3) 令 $\boldsymbol{x}_{t-1}^0 = \boldsymbol{x}_t^T, t = t - 1$;

(4) 重复第②、③步,直到 $t = 0$。

9.4.3 扩散模型的采样生成

Score SDE 进行离散化数值求解,实际也是对其解进行离散化近似,因此存在离散误差。离散的步数影响最终的采样误差,步数越小,数量越多,生成结果越精确,然而势必导致计算时间长的问题。因此,在采样生成问题上,存在无学习采样和有学习模型提高采样效率两类方法,下面介绍 3 种采样生成方法。

1. SDE 求解器

SDE 求解器在生成模型的采样过程中有两个步骤:离散化和数值求解。首先,将 SDE 离散化为一系列离散时间点上的等式,通常采用欧拉方法或 Euler-Maruyama 方法进行离散化。然后使用数值求解器(如 Runge-Kutta 法)来求解离散化的等式。

欧拉方法是将 SDE 在时间区间 $[0, T]$ 上进行离散化,将时间区间分成 N 个小区间,时间步长为 $\Delta t = \dfrac{T}{N}$。假设 SDE 在时间 $t = 0$ 时初始状态为 $\boldsymbol{x}(0)$,则 SDE 的离散化等式可以表示为:

$$\boldsymbol{x}(t_{n+1}) = \boldsymbol{x}(t_n) + f(t_n, \boldsymbol{x}(t_n)) \Delta t + g(t_n, \boldsymbol{x}(t_n)) \sqrt{\Delta t} \boldsymbol{\xi}_n \qquad (9\text{-}37)$$

其中,$f(t, \boldsymbol{x})$ 是 SDE 的确定性项,$g(t, \boldsymbol{x})$ 是 SDE 的随机干扰项,$\boldsymbol{\xi}_n$ 是服从标准正态分布的随机变量。欧拉方法是一种显式方法,它的稳定性条件比较严格,需要满足 $\Delta t < h(T)$,其

中 $h(T)$ 是与时间区间 T 有关的函数。Euler-Maruyama 方法是欧拉方法的改进版,它是一种隐式方法,稳定性条件比欧拉方法更加宽松,不需要满足 $\Delta t < h(T)$ 的条件。

离散化之后,使用数值求解算法 Runge-Kutta 法来求解离散化的等式。Runge-Kutta 法是一种隐式方法,它将离散化的等式转换为迭代公式进行求解。假设使用四阶 Runge-Kutta 方法进行求解,则迭代公式可以表示为:

$$x_{n+1} = x_n + f(t_n, x_n)\Delta t + \sum_{i=1}^{4} \frac{1}{i}(g(t_n, x_n)\sqrt{\Delta t})^i \xi_{(i-1)\Delta t} + g(t_n, x_n)\sqrt{\Delta t}\xi_{(i+1)\Delta t} \quad (9\text{-}38)$$

其中,$\xi_{(i-1)\Delta t}$ 和 $\xi_{(i+1)\Delta t}$ 是服从标准正态分布的随机变量。迭代公式中的系数是根据 Runge-Kutta 法的阶数和步长确定的。通过迭代求解离散化的等式,可以得到时间区间 $[0,T]$ 上的数值解。

需要注意的是,SDE 是一种随机过程,因此数值解也具有随机性。为了获得更加准确的数值解,可以使用更多的样本路径来计算平均值,或使用蒙特卡洛方法来计算概率分布。

2. ODE 求解器

ODE(Ordinary Differential Equation)求解器,即常微分方程求解器,是一种专门用于解决常微分方程的算法。ODE 求解器的基本原理是将常微分方程组转化为一系列离散时间点上的等式,然后使用数值求解器来求解这些等式。常微分方程组的一般形式为:

$$\frac{dy}{dt} = f(t, y) \quad (9\text{-}39)$$

其中,y 是未知函数,t 是自变量,$f(t,y)$ 是已知函数,表示 y 关于 t 的导数。为了将这个微分方程转化为离散化的等式,需要将其在时间区间 $[0,T]$ 上进行离散化。

一种常见的离散化方法是采用欧拉方法,将时间区间分成 N 个小区间,时间步长为 $\Delta t = \frac{T}{N}$。假设在时间 $t=0$ 时初始状态为 $y(0)$,则常微分方程组的离散化等式可以表示为:

$$y(t_{n+1}) = y(t_n) + f(t_n, y(t_n))\Delta t \quad (9\text{-}40)$$

其中,n 表示时间步长编号,即 $t_n = n\Delta t$。通过使用数值求解器(如 Runge-Kutta 法)来求解离散化的等式,可以得到时间区间 $[0,T]$ 上的数值解。

在扩散模型中,ODE 求解器可以用于解决由扩散模型离散化后得到的一阶常微分方程组。假设扩散模型的微分方程为

$$\frac{\partial u}{\partial t} = D\nabla^2 u + f(u) \quad (9\text{-}41)$$

其中,u 是未知函数,D 是扩散系数,∇^2 是拉普拉斯算子,$f(u)$ 是已知函数,表示其他因素对 u 的影响。使用 ODE 求解器来求解这个常微分方程组,可以得到时间区间 $[0,T]$ 上的数值解。需要注意的是,由于扩散模型中可能存在随机性干扰,因此使用 ODE 求解器时需要考虑随机性对结果的影响。一种常见的方法是在 ODE 求解器中引入随机干扰项,例如:

$$\frac{du}{dt} = D\nabla^2 u + f(u) + \sqrt{\Delta t}\xi(t) \quad (9\text{-}42)$$

其中,$\xi(t)$ 是服从标准正态分布的随机变量,$\sqrt{\Delta t}$ 是随机干扰项的系数。通过引入随机干扰项,可以增加数值解的随机性,从而更加准确地模拟扩散过程。需要注意的是,离散化过程中可能存在数值稳定性问题,如当步长过大时可能会导致数值解不收敛或者发散。为了解决这个问题,可以采用更加稳定的数值求解器(如隐式方法或更高阶的 Runge-Kutta 法)来

提高数值稳定性。

3. 知识蒸馏

SDE 和 ODE 是两种无学习(训练)的采样生成方法。除了利用微分方程求解外,还可以利用有学习模型的方法提高采样生成的效率。

知识蒸馏(Knowledge Distillation)是一种基于"教师—学生网络思想"的训练方法,常用于模型压缩。做法是先训练一个教师网络(大模型),然后使用这个网络的输出和数据的真实标签去训练学生网络(小模型)。通过将"知识(包括概率分布、特征表示等)"从具有高学习能力的复杂教师模型转移到简单的学生模型中,从而获得高效的小规模网络。因此学生模型具备了模型压缩和模型加速方面的优势。

知识蒸馏的主要步骤如下。

(1)准备阶段:选择适当的教师模型和学生模型,并将它们进行预训练。教师模型通常选择在大规模数据集上进行训练的高性能模型,而学生模型则选择轻量级的模型,以便在资源受限的设备上运行。

(2)训练阶段:使用教师模型的预测结果和学生模型的预测结果之间的差异作为损失函数来训练学生模型。这个损失函数可以被看作教师模型和学生模型之间的"知识蒸馏"过程。

(3)蒸馏阶段:通过最小化损失函数来优化学生模型的参数,使得学生模型的预测结果尽可能地接近教师模型的预测结果。这个阶段通常使用 BP 算法来更新学生模型的参数。

(4)评估阶段:使用验证集或测试集来评估学生模型的性能。通常使用准确率、召回率、F1 分数等指标来衡量学生模型的性能表现。

需要注意的是,在知识蒸馏中,教师模型和学生模型之间的知识传递并不是单向的。学生模型不仅可以从教师模型中学习知识,还可以通过 BP 算法向教师模型反馈信息,从而更新教师模型的参数。这种"双向交互"的知识蒸馏方式可以进一步提高知识的传递效果。

Salimans 等将知识蒸馏的思想运用到扩散模型的改进中,将知识从一个采样模型逐步提炼到另一个。在每一个提炼步骤中,学生模型在被训练成与教师模型一样接近产生单步样本之前,从教师模型中重新加权。在每个蒸馏过程中,学生模型可以将其采样步骤减半。遵循与 DDPM 相同的训练目标,采用替代的参数化方法,渐进式蒸馏模型仅用 4 步就达到了 2.57 的 FID(越小越好详见 9.2.3)。运用知识蒸馏能够在显著减少计算量的同时保证生成结果有较高的精确度。

在扩散模型中应用知识蒸馏时,还需要考虑一些特殊的问题。例如,由于扩散模型的随机性干扰较强,可能会导致教师模型的预测结果和学生模型的预测结果之间存在较大的差异。因此,需要采取一些特殊的技术减小这种差异,例如使用随机性更大的教师模型来引导学生模型的训练过程。

9.5　稳定扩散模型

DDPM 基于分子运动特点,对训练数据逐步破坏,再学习逆向生成过程,从而实现数据重构。由于其强大的生成能力与灵活性,已经被用于解决各种具有挑战性的任务,包括机器视觉、自然语言处理、多模态学习等。处理扩散模型应用时,往往通过对其增加条件控制,以生成人们期望的内容,相比无条件控制的 DDPM,增加引导信息与条件机制即可实现文本生成图像、文本生成文本、图像生成图像、图像生成文本等。

2023 年以来,AI 作画技术以其效果吸引了很多人的目光,AI 作画结果的优质性已经受到多数人的公认,输入一句话后几秒即能生成一幅高质量画作,效果令人振奋,以至于有人提出 AI 是否已经具备了自我意识。目前 AI 的这种能力已经开始对人们的工作、生活以及生产活动带来深远影响。图 9-13 为 AI 绘制的图像。

图 9-13　AI 绘制的图像

AI 作画的基本方法是输入一段描述语言,然后生成与文字相关的图像,属于文本转图像的应用。近期 AI 绘画能够取得巨大进展,稳定扩散模型(Stable Diffusion Model)的发展贡献巨大。Stable Diffusion 是一个基于潜在扩散模型(Latent Diffusion Models,LDM)的文图生成(Text-to-Image)模型。由 Stability AI 公司提供计算资源,并采用大规模图文多模态数据集 LAION 进行训练,专门用于文图生成。该模型的相关理论发表于 CVPR 2022 会议的 *High-Resolution Image Synthesis with Latent Diffusion Models* 论文,第一作者是 Robin Rombach,他来自德国慕尼黑大学机器视觉与学习研究小组。LDM 通过在一个潜在表示空间中迭代"去噪"数据来生成图像,然后将表示结果译码为完整的图像,让文图生成能够在消费级 GPU 上 10s 左右生成图片,大大降低了应用门槛。本节将详细阐述其基本原理与方法。

9.5.1　LDM 隐式扩散

LDM 解决了图像尺寸增大时的计算量剧增问题,尤其是在增加了注意力机制下引起的计算量问题。一幅 128×128 的图像是 64×64 图像像素的 4 倍,注意力机制层增加以后需要 4^2 倍的内存和计算量,一幅普通的 1080×1080 图像将比之增加约 64^2 倍的内存与计算量,这是巨大的资源开销。

解决图像问题时,图像往往存在大量冗余信息。LDM 模型采用了 VAE 结构压缩图像到一个更小的维度,在不损失样本质量情况下简化了去噪扩散模型的训练和采样过程。LDM 使用预训练的自编码器,将扩散过程从像素空间转移到低维压缩的潜在空间中,极大地减少了扩散过程所需的计算消耗。并且,由于该方法在低维空间中扩散,所以 LDM 的条件机制和图像特征空间的交互将更加充分,其原理框图如图 9-14 所示。

LDM 模型结构由 3 部分组成,第一部分为像素空间,像素空间即为图像的像素,最终需要呈现给人来观察;第二部分为隐空间,在隐空间中实现扩散过程,隐空间编码 z 通过扩散转换为 z_T,z_T 经过 U-Net 逆向采样生成隐空间编码,再进一步转换为像素空间。第三部分

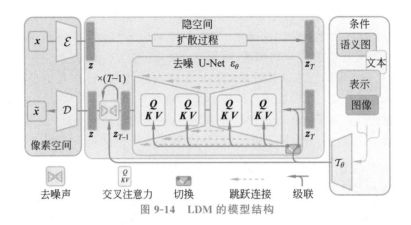

图 9-14　LDM 的模型结构

为条件控制,条件可以是特征图、文本、图像等,即通过条件生成指定需求的结果,通过连接开关实现交叉注意力的融合。最终通过译码实现高分辨率图像的生成,而不再需要更多内存空间和算力。

综上所述,稳定扩散模型中的 LDM 主要由以下 3 部分组成。

(1) VAE。

VAE 主要是将图像转换为低维表示形式,使得扩散过程是在这个低维表征中进行的。扩散完成之后,再通过 VAE 译码器将其译码成图片,降低内存使用和算力开销。

(2) U-Net 网络。

U-Net 网络是扩散模型的主干网络,其作用是对噪声进行预测,实现反向去噪生成图像。

(3) 文本编码器。

主要负责将文本转换为 U-Net 可以理解的表征形式,从而引导 U-Net 进行生成,属于条件控制作用。

9.5.2　文本与图像的关联方法——CLIP 模型

文本生成图像时存在文字与图像匹配问题,即什么文字对应什么图像,图像的接收往往采用编码器或 U-Net 结构,如此一来,需要将文字创建为数值表示形式,嵌入网络中,作为条件控制输入至 U-Net。稳定扩散模型使用文本编码器(Constrastive Language-Image Pre-training,CLIP)将文本描述转换为特征向量,它能够与图像特征向量进行相似度比较,令全噪声图像向着被控制方向生成结果。

自然语言处理和计算机视觉一直被视为两个独立的领域,这使得机器在两者之间进行有效沟通具有挑战性。将语言和图像建立关联,让机器能够同时理解语言和图像是一个亟待解决的问题。2021 年,*Learning Transferable Visual Models From Natural Language Supervision* 提出了 CLIP 文本编码器,且开源了代码。

CLIP 的处理简单且效果好,预训练好的模型能够在图像数据集上取得良好效果,而且 CLIP 是零学习(Zero-Shot)的,即完全没有在这些数据集上做训练就能得到高性能输出。Zero-Shot 的实现是利用已存储知识对新形象进行推理,从而能对新形象进行辨认。简单举例说明,首先已有知识如下:①驴和马的体态特征;②老虎和鬣狗所具有的条纹;③熊猫、企鹅等黑白相间的动物。当给出描述词"黑白相间条纹的马形动物",进而能以很高概率推出"斑马"这样的结果。CLIP 是多模态融合学习的成功模型,图 9-15 为 CLIP 的处理结构图。

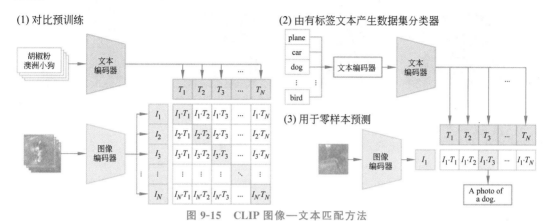

图 9-15　CLIP 图像—文本匹配方法

给定 N 个图像—文本对,即图像和文本建立对应关系数据,CLIP 被训练来预测其中 $N \times N$ 个可能的图像—文本的匹配。它通过联合训练编码器来学习多模态嵌入空间,对 N 个图像和文本嵌入进行余弦相似度的计算,最大化正确的匹配,最小化不正确的匹配。

9.5.3　其他条件下的生成模型

文字通过编码与图像编码嵌在一起时,能够控制图像向着与文字描述方向生成,尽管采用很多方法进行优化,然而生成结果有时并不理想,这是因为文字与图像的关联性很弱,生成模型具有不依赖文字仍能生成的特点,进而偏离了文字提示语的预期结果。为了解决此问题,一种无分类引导被提出,即训练时将文字条件去除,强制无条件生成,推理阶段建立两个预测结果,即有文字条件与无文字图像,进而利用两者差异形成最终预测版。

文字作为条件生成图像时,将文字进行编码后嵌入图像空间,同理,图像、语音等均可实现编码后嵌入图像空间,以控制图像生成方法与条件控制,图 9-16 显示了一种多模态嵌入的结构形式。

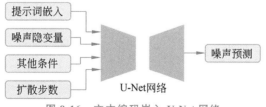

图 9-16　文本编码嵌入 U-Net 网络

由图像控制生成图像时,可以不必完全从图像编码开始,可以直接将输入条件的图像转换为隐变量,在此之上直接随机添加噪声进行扩散。噪声添加"强度"的次数影响最终"去噪"的效果,如果噪声添加强度大、次数多,则可能生成结果和给定图像条件完全不同,即对图像条件依赖较小。反之,在给定条件图像添加噪声强度不大且次数少,则最终生成结果就能够和给定条件相类似,图 9-17 给出了通过图像生成图像的结果。

以图像作为条件生成相似图像的应用还有一种图像修补技术,即已知图像是残缺不全

(a) 参考图　　　　　(b) 参考权重0.4　　　　(c) 参考权重0.3　　　　(d) 参考权重0.2

图 9-17　提示词为"使用计算机的人"在参考图不同权重下的生成结果

的,通过生成模型进行修补。RePaint＋是 2023 年发表在 arXiv 上名为 *A Theoretical Justification for Image Inpainting using Denoising Diffusion Probabilistic Models* 中的图像修复算法,核心思想是将有限的信息融合到 DDPM 的逆向过程中去,从而得到带有已知信息的新的采样,完成修复。已经存在 x_0^{know},通过加噪可获得 x_t^{know},从而完成融合回复,算法框架如图 9-18 所示。

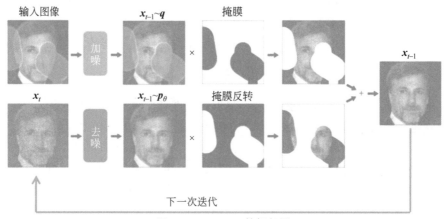

图 9-18　RePaint 的框架图

9.5.4　稳定扩散模型的应用

自 2022 年稳定扩散模型提出后,其优秀的生成性能使其在多个领域有所应用,如机器视觉、自然语言处理、跨学科的应用等。以下列出一些常见的应用方向。

1. 语义分割

在语义分割中,目标是将图像的每个像素分配给一个特定的类别。这个任务需要模型能够从整体到局部地理解图像,识别并分割出图像中的不同对象。传统的深度学习方法,如 CNN,已经在很大程度上解决了这个问题。但是,当遇到标注数据稀缺的情况时,这些方法往往性能下降。这就是扩散模型在语义分割中发挥作用的场景。利用扩散模型的分布扩散思路,在每一步扩散中,模型将一个随机变量(如像素)的条件概率分布更新为包含更多上下文信息的分布。这个过程可以看作一种"扩散"。

在语义分割中,应用扩散模型的一种方法是使用条件随机场(Conditional Random Field,CRF)。CRF 是一种可以捕获像素间相互关系的模型,通过将 CRF 与深度学习模型结合使用,可以在缺乏标注数据的情况下提高语义分割的性能。图 9-19 给出了一种利用扩散特性实现的语义分割示意图。通过聚类找出每个像素可能的类别,进而使用扩散思路逐步对像素进行分类、分割。该方法可视为一种优化过程,通过优化一个能量函数逐步改进模型的预测结果。在这种情况下,扩散过程可以看作是在优化过程中的一种迭代算法,每次迭代都会逐步改进模型的预测结果。

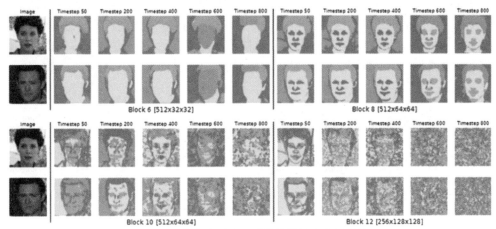

图 9-19　聚类类别为 5 时的扩散语义分割效果

另外,有研究将 DDPM 与预训练的 CNN 模型结合使用,以利用 CNN 在特征提取方面的优势,同时利用 DDPM 的扩散过程来提高预测精度。或与其他深度学习方法结合使用,例如与自编码器和 GAN 结合。这些方法首先使用 CNN 或其他深度学习模型对图像进行特征提取,然后将这些特征输入 DDPM 中进行进一步细化,以实现语义分割。

2. 图像去噪

由于扩散模型的训练过程就是一个去噪和加噪的过程,如果基于图像的先验知识,利用这种过程指导图像噪声去噪,则有望从低信噪比数据中恢复出有效信息。用于图像去噪的 DDPM 模型常采用高斯混合模型(Gaussian Mixture Model,GMM)。GMM 能够实现对图像像素的概率分布逼近,首先对噪声图像的像素值进行建模,然后将噪声图像中的像素逐步转换为原始图像中的像素。这个过程可以看作一种"扩散",其中噪声像素逐步被原始像素所取代。

该方法能够捕获图像的结构信息,如边缘、纹理等,从而在去噪过程中保持图像的细节和纹理。同时可根据不同的图像进行自适应调整,适用于不同类型的噪声污染。若结合其他方法,则进一步能实现图像超分辨率、增强等。

然而,DDPM 在图像去噪中的应用也存在一些挑战和限制。最主要的问题是计算复杂度较高,需要大量的计算资源和时间来处理大规模的图像。此外,DPM 通常需要大量的训练数据来建模,而在缺乏训练数据的情况下,其性能可能会受到影响。另外,DPM 的去噪效果受到模型参数的选择和调整的影响较大,需要进行精细的参数调整和优化。

总之,DPM 在图像去噪中具有广泛的应用前景和潜力,但是需要进一步研究和改进来克服其存在的限制和问题。未来可以通过改进 DDPM 的算法、优化计算效率、减少对训练数据的依赖等方法来进一步提高其在图像去噪中的性能和应用范围。

3. 自然语言生成

DDPM 在 NLP 中有着广泛的应用,与 Transformers 模型相结合,能够实现如自然语言生成、情感分析、主题建模和机器翻译等功能,并且在并行生成、文本插值、语法结构和语义内容方面具有鲁棒性更强的性质。进一步探索如何将 Transformers 模型整合到扩散模型中的可能组合将是有价值的追求。同时,开发多模态扩散模型和大规模扩散语言模型,对小样本学习也具有有效性,这将是推动 NLP 发展的重要方向。

将扩散模型融入 NLP 的主要挑战在于文本的离散性,扩散模型采用连续混合高斯概率模型,而语言文本是离散的。为了应对这个挑战,研究者们对模型进行了改进,将其分类为两种方法:一种是将扩散模型离散化,构建离散扩散模型;另一种则是将文本编码到连续空间,令文本连续化。图 9-20 展示了两种扩散模型的应用方法。

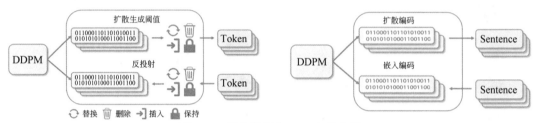

图 9-20　扩散模型在 NLP 中的应用

在扩散模型的离散操作方法中,数据通过在离散值之间切换来产生扩散效果。模型通过替换、删除、插入与保持等令牌中优化生成 Token。研究人员给出了一些具体的操作方法,如多项式扩散引入了一个专为非序数离散数据设计的生成模型。通过将数据扩散到均匀的类别分布来实现,从而有效地捕捉基础结构,且保持了随机性。该模型的过渡机制涉及独立决定是重新抽样还是保留值,重新抽样是从均匀的类别分布进行的。而 D3PMs 用马尔可夫过渡矩阵替换高斯噪声,以扩散现实数据分布。它结合了各种类型的过渡矩阵,如高斯核、最近邻、吸收状态等,以实现扩散过程。

4. 视频生成

2024 年 2 月,OpenAI 公司发布的文本—视频生成模型 Sora 是一种以文本为条件的、结合了 Transformer 架构的稳定扩散模型,能够实现文本到视频的生成,所生成的视频已达到逼真效果。

Sora 模型的基本结构基于 Transformer 变尺度扩散模型(Scalable Diffusion Models with Transformers,DiT),主体是稳定扩散模型,仅将其中的 U-Net 网络更换为 N 个改进的 Transformer。图 9-21 给出了 Sora 模型的总体结构。DiT 模型沿用了 ViT 的设计,即将图像编码转换为可变尺度的 Patch,以获得 Tokens,其中编码使用正余弦位置编码。

DiT 结构在 Sora 模型中的成功应用主要得益于如下几点改进:潜在空间编码,将扩散模型应用于图像、视频的潜在编码空间;Token 的使用,将图像、视频与文本等多种信息进行统一编码,随机变换 Patch 尺寸、数量,能够实现变尺度的生成结果,并且实现变尺度的输入。

Sora 从大语言模型中获取了文本处理灵感,使用 Transformer 作为编译码架构,通过对大规模的数据进行训练而具备文本通用性结果,同时使用 Token 将不同形式的文本统一在一起,包括文本、图像、视频,将图像首先进行自编后分成固定尺寸的补丁(Patch),再转为 Token,以统一输入。给定一个压缩的输入视频,通过调整不同的 Patch 尺寸与排列顺序能够实现控制生成的视频大小。

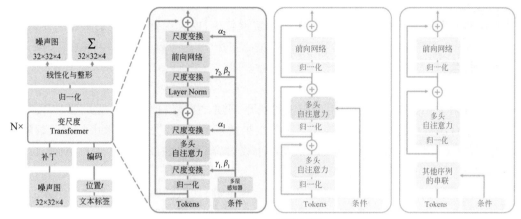

图 9-21　Sora 模型框架

5. 生物医学

DDPM 能够实现图像的生成，因此在医学影像和医药学中也具有广泛的应用，如医学影像分析、疾病诊断、药物研发等，从而为医疗保健提供更好的支持。

在医学影像方面，DDPM 能够对医学影像进行分割、特征提取和分类等。目前已经对肝脏病变检测、肺结节检测、脑部肿瘤检测等任务发挥了一定的辅助作用。在医药学方面，DDPM 可以应用于药物研发。通过建立分子模型生成药物分子的结构，并进行性质分析，如预测药物分子的药效和毒性等，以支持新药的研发和优化。华盛顿大学的 David Baker 研究团队和 AI 制药初创公司 Generate Biomedicines 的科学家团队基于扩散模型设计生成了全新蛋白质，且精确度更高。David Baker 研究团队搭建了一个基于扩散模型的蛋白质设计程序 RoseTTAFold Diffusion，该程序可以生成全新的蛋白质；Generate Biomedicines 开发了一个称为 Chroma 的程序，它被描述为生物学领域的 DALL-E 2。图 9-22 为利用扩散模型生成的蛋白质分子。

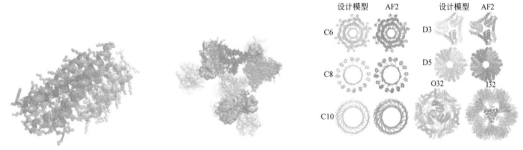

图 9-22　DDPM 架构下生成的蛋白质分子

目前，在实验室利用 AI 设计的蛋白质并不具备特定功能，即大多数实验室设计的蛋白质的应用价值并不明显。也就是说，在计算机中设计出蛋白质只是万里长征的第一步，真正的目标是将这些设计转化为具有特定功能或应用价值的蛋白质。然而，在深度学习技术不断发展的浪潮推动下，RF Diffusion 开发了一种通用策略，将蛋白质分子结构预测与扩散模型相结合。结构预测采用自注意力机制，加强结合序列和结构之间的关系，在序列空间中进行小步的反向传播迭代，让设计的结构满足目标设置等，逐步实现人为设计的目标函数，或通过模板机制和特定的训练实现功能片段生成。在计算设备需求上评估,扩散模型对蛋白分子的结构预测具有更快的推理速度,且占用资源较少,以实现更大体系的结构生成。

9.6　小结

本章针对人工智能技术中的生成模型进行了阐述,主要包括变分自编码器(VAE)、生成对抗网络(GAN)、流模型、扩散模型以及稳定扩散模型。人工智能技术中的生成领域,被认为是继 UGC(用户生成内容)和 PGC(专业生成内容)之后的新型内容生成方法,自然语言处理、图像生成和语音合成都属于该分支。

VAE 通过在潜在空间中学习数据的表示实现生成。GAN 通过生成器和判别器的对抗提高生成效果。流模型与扩散模型有着同根同源的相似生成思路,流模型通过直接设计可逆函数实现概率分布的逐步生成,而扩散模型则假设生成过程为马尔可夫链,使用高斯概率函数逐步扩散,进而学习扩散方式,反扩散以生成样本数据。

随着扩散模型的不断改进,逐步增加了条件控制扩散模型、多模态的扩散模型等,稳定扩散模型是将自然语言处理模型与图像生成模型相结合的生成模型,实现了高质量的文字生成图像任务,已经得到了广泛关注与应用,为人类打开一扇新的窗户。

生成模型的发展不仅带来了巨大的商业价值,也为人们的生活和工作带来了便利。它使得内容生产更加高效、快速、多样化,也潜移默化地改变着人们的工作、思维以及学习方式。随着人工智能技术的不断进步和发展,AIGC 将会在更多的领域应用和推广,为人类带来更多的惊喜和进步。

思考与练习

1. 尝试论述 VAE 模型结构与生成原理。
2. 尝试解释 VAE 的损失函数。
3. 解释 GAN 的工作原理。
4. 尝试分析 GAN 的优缺点。
5. 什么是扩散模型?
6. 举例说明扩散模型的应用领域。
7. 什么是 Stable Diffusion? 解释文字生成图像的基本原理。
8. 调查与分析最新 Stable Diffusion 的发展现状。

第 10 章

机 器 学 习

机器学习方法,本质上是利用数据确定模型参数的优化方法。类比人类的学习方法,可以简单分为 3 大类:有监督学习(Supervised Learning)、无监督学习(Unsupervised Learning)和强化学习(Reinforcement Learning)。有监督学习是指使用包含标签或期望值的数据集确定模型参数的方法,类似有教师教的学习方式,因此又被称为有教师学习方法。无监督学习是指使用没有标签或期望值的数据集确定模型参数的方法,类似从数据本身发现规律或提取特征的自学方法,因此也被称为无教师学习方法。强化学习本质上也是无监督学习,所用的数据也是没有标签或期望值的数据,但它通过评价机构来确定学习效果,常用于控制与决策的问题中。

有监督的学习方法主要采用传统优化理论中基于梯度的最速下降法实现模型参数优化,最常用的就是第 2 章介绍的 BP 算法。现实中可以获取的数据集绝大多数都是无标签的数据集,有标签或期望值的数据集大多都是靠人工在无标签数据集上打标签,但是利用人工打标签成本高、价格昂贵,因此有标签的数据集往往容量有限。此外,有标签的数据集大多都存在标签打错或不准确的问题。如何利用错误标签或不准确标签确定模型参数;如何利用无标签数据自身的特点或特性确定模型参数;如何利用已经训练好的模型或已掌握的经验或知识;如何利用少量样本甚至从零样本开始学习或训练确定模型参数;如何让模型像人一样具有不断学习的能力? 这些内容都是机器学习要解决的问题,也是机器学习方法的研究热点。

本章主要介绍近年新出现的机器学习方法:弱监督学习、自监督学习、迁移学习、深度强化学习、元知识学习、小(零)样本学习和持续学习。简要介绍随着大模型的诞生而出现的指示学习、提示学习和人类反馈的强化学习。对于传统的基于统计理论的方法,请读者查找相关书籍自行学习。

10.1　弱监督学习

有监督学习是最常见的机器学习方法,它要求使用的数据集必须是有标签的数据集。现实中很难保证每一个样本都有标签,也难以保证标签的准确性,这些情况下的监督学习方法称为弱监督学习(Weakly Supervised Learning)。根据数据样本标签的情况,弱监督学习又分为不完全监督、不确切监督和不准确监督学习 3 种类型。

不完全监督(Incomplete Supervision)学习:训练数据集中只有一小部分数据有标签,

而大部分数据没有标签,且这一小部分有标签的数据不足以训练一个好的模型。

不确切监督(Inexact Supervision)学习:训练数据集有一些监督信息,但是并不像我们所期望的那样精确。一个典型的情况是只有粗粒度的标注,例如,某张照片上出现的是一个动物,但具体是什么动物却说不清楚。

不准确监督(Inaccurate Supervision)学习:训练数据集中有些标签信息可能是错误的。

图 10-1 是弱监督学习示意图。图中的长方形表示特征向量,椭圆表示标签(Y、N 表示有标签,空白表示无标签),"?"表示标注可能是不准确的。中间的子图表示几种弱监督的混合情形。

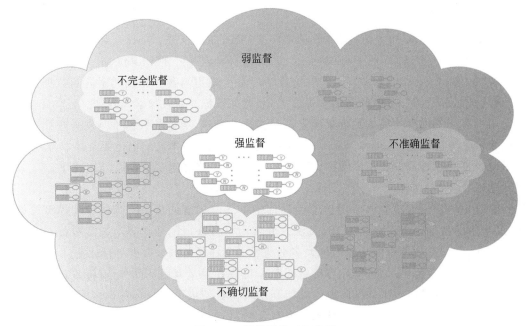

图 10-1　弱监督学习示意图

在 3 类弱监督学习方法中,对不完全监督的研究较多,后两种相对较少。本小节主要介绍不完全监督学习。

不完全监督学习是针对训练样本集中存在大量无标签样本的学习方法,它又可以分为主动学习和半监督学习两类。

10.1.1　主动学习

在某些情况下,没有类标签的数据相当丰富,而有类标签的数据相当稀少,并且人工对数据进行标记的成本又相当高昂。这时我们可以让学习算法主动提出要对哪些数据进行标注,之后将这些数据送到专家那里,让他们进行标注,再将这些数据加入训练样本集中,对模型进行训练。这一过程叫作主动学习(Active Learning)。图 10-2 展示了主动学习的过程。主动学习的目的是使用尽可能少的标注数据集训练一个模型,这个模型的性能可以达到一个由大量的标注数据集按照普通方法(随机选择训练数据)训练得到的模型的性能。

针对给定少量标注数据以及大量未标注数据的数据集,主动学习倾向选择最有价值的未标注数据来查询先知。衡量选择的价值,有两个广泛使用的标准,即信息量(Informativeness)

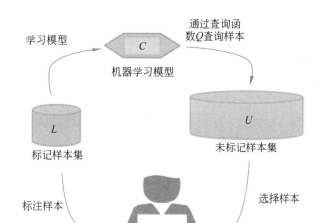

图 10-2　主动学习过程

和代表性(Representativeness)。信息量衡量一个未标注数据能够在多大程度上降低统计模型的不确定性,而代表性衡量一个样本在多大程度上能代表模型的输入分布。

主动学习有两种根据信息量衡量选择标准的实现方式。

(1) 不确定抽样(Uncertainty Sampling):训练单个学习器,选择学习器最不确定的样本,向先知询问问标签信息。

(2) 投票询问(Query-by-Committee):生成多个学习器,选择各个学习器争议最大的样本,向先知询问问标签信息。

基于信息量方法的主要缺点是为了建立选择查询样本所需的初始模型严重依赖标注数据,并且当标注样本较少时,其性能通常不稳定。

基于代表性衡量的主动学习采用聚类方法挖掘未标注数据的集群结构,进行标记。它的主要缺点是其性能严重依赖由未标注数据控制的聚类结果,当标注数据较少时尤其如此。

在庞大的数据集中,高质量的数据并不多,具有精确标记信息的数据尤其稀少。如何从海量数据中选择最有价值的部分数据进行人工标注已成为一个常见的重要步骤,这也恰是主动学习要解决的问题。人工智能面临的问题难度越来越高,许多学习任务仅仅依靠机器已经难以达到实用的效果。因此,人与机器在学习过程中进行交互成为一种更有效、更现实的方案。在这样的背景下,主动学习将会受到更多的关注。

10.1.2　半监督学习

半监督学习主要关注当训练数据的部分信息缺失(包括数据的类别标签缺失、数据的部分特征维缺失、噪声等)的情况下,如何获得具有良好性能和泛化能力的学习机器,即利用大量的未标记样本来辅助标记样本建立一个很好的模型学习方法。

半监督学习是 21 世纪前十年机器学习的研究热点,是在聚类假设(Cluster Assumption)和流形假设(Maniford Assumption)基础上设计具有良好性能的模型的方法。聚类假设是指处在相同聚类中的样本有较大的可能拥有相同的标签。流形假设是指处于一个很小的局部区域内的数据具有相似的性质,其标签也应该相同或相似。聚类假设着眼数据集的整体特性,流形假设主要考虑数据集的局部特性。

半监督学习方法主要有自训练和协同训练方法。自训练方法的本质是递归拟合算法：首先用有标签数据训练一个初始模型，然后用初始模型预测无标签数据的标签，确定标记置信度高的无标签数据的标签，再用有标签数据训练模型，直到所有无标签数据都给出标签为止。协同训练方法隐含地利用了聚类假设或流形假设，它使用两个或多个模型，在训练或学习过程中，这些模型挑选若干个置信度高的无标签数据进行相互标注，从而使得模型更新。协同训练方法不仅可以简便地处理标记置信度估计问题和对未见数据的预测问题，还可以利用集成学习（Ensemble Learning）来提高模型的泛化能力。

从诞生以来，半监督学习主要用于处理人工合成数据，还没在某个现实领域得到应用。由于实际数据都会受到各种干扰，并不纯净，因此半监督学习方法是否有实用价值还需更多的研究。

10.2　自监督学习

自监督学习（Self-Supervised Learning）是近年来机器学习的热门方法，也是解决如何利用无标签数据训练模型的学习方法，是大模型预训练的核心技术。

自监督学习是利用输入数据本身的特性，通过对数据进行一定的变换或生成得到新的数据，然后利用这些新的数据对模型进行有监督的训练。自监督学习不需要大量标注数据，因此能够降低对标注数据的需求，同时提高模型的泛化能力。

"自监督学习"最早出现在机器人技术中，是通过查找和利用不同输入传感器信号之间的关系来自动标记训练数据。著名人工智能学家、图灵奖获得者 Yann LeCun 将自监督学习描述为 the machine predicts any parts of its input for any observed part。

按照 Yann LeCun 的描述，可以将自监督学习概括为两个经典定义：

（1）通过"半自动"过程从数据本身获取"标签"；

（2）用数据的其他部分预测数据的一部分。

具体而言，此处的"其他部分"可能是不完整的、变换的、变形的或损坏的。换句话说，让机器学会了"恢复"原始输入的全部、部分或一些特征。

从上述定义可知，自监督学习是一种利用无标签数据进行有监督学习的机器学习方法。有监督学习需要的标签由无标签数据产生。标签的产生有两种方式：一种方式是利用部分缺失数据（包括不完整的、变换的、失真的、损坏的数据）恢复完整数据（完整数据作为标签）；另一种方式用一些数据预测当前数据（当前数据作为标签）。

广义上讲，任何不需要手工标记的任务都可以看作自监督学习完成的任务，例如利用音频信息寻找视频中的发声物体，因此自监督学习可以看作是无监督学习的一个分支。但是，无监督学习专注于检测特定的数据模式，例如聚类、社区发现或异常检测，而自监督学习旨在恢复，这却是有监督的范畴，因此它们还是有区别的。图 10-3 展示了有监督、无监督和自监督学习的区别。

自监督学习主要是利用辅助任务或预设任务，从大规模的样本数据中寻找与发现内在规律，寻找标签信息，以达到自监督的目的，进而通过这种特点构造监督信息，对学习模型参数进行训练，所得结果能够进一步为后续任务提供有价值的表征。目前大模型的预训练，如 6.2 节介绍的 BERT 所用的随机遮挡部分输入，输出恢复输入的预训练方法，GPT 采用掩膜输入的自回归预训练方法，都是自监督学习方法。

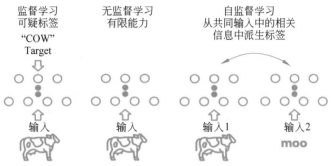

图 10-3 有监督、无监督和自监督学习的区别

图 10-4 展示了使用 CNN 完成视觉任务的自监督学习预训练和有监督微调过程。在图中,上游任务使用自监督学习,利用不针对任何任务的大规模无标签数据集训练 CNN 模型获取视觉特征,训练的伪标签自动从无标签数据中产生;下游任务以预训练模型为基础,利用针对特定的下游任务小规模有标签数据集使用有监督的训练方法微调 CNN 模型参数(有些任务需要在预训练模型基础上增加一个分类器,见 6.2 节)。预训练学习到的特征可以被迁移到下游任务中,提高模型性能并减少过拟合。微调仅是调整增加的分类器和预训练模型最后几层或特定位置的参数。在 CNN 模型中浅层捕获的是一些低级特征,如边缘、拐角和纹理,而较深层捕获与任务相关的高级特征。因此,在有监督的下游任务训练阶段,只是转移了前几层的视觉特征。预训练+微调目前已成为深层神经网络训练的范式。

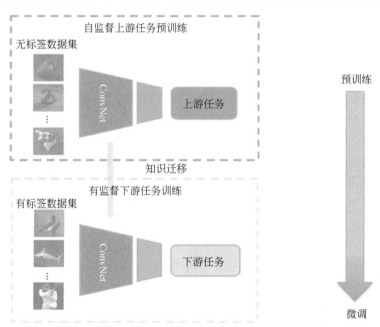

图 10-4 针对视觉任务的自监督预训练和有监督微调

自监督学习可粗略分为生成式自监督学习和判别式自监督学习。

10.2.1 生成式自监督学习

生成式自监督学习是最常见的自监督学习方法。它以生成模型和自回归模型为基础,采用随机遮挡输入和掩膜输入实现自监督学习。生成式任务的主要目的是恢复原始信息，一般包括屏蔽像素或标记以后预测所屏蔽的像素，或标记以后预测所屏蔽的序列。

自编码器（Auto-Encoder，AE）（编码器—译码器结构）是最常见的生成模型，目标是从（损坏的）输入中重建（部分）输入。在视觉应用中，用降噪自编码器实现图像恢复（输入为加入噪声或损坏的图像，输出为完整清晰的图像），在自然语言处理中，用的掩码语言模型（MLM）也可以被视为降噪 AE 模型（BERT 采用了此法，因为它的输入掩盖了要预测的输入）。

自回归（Auto Regressive，AR）模型的优点是可以很好地对上下文依赖关系进行建模，缺点是每个位置只能从一个方向访问其上下文。使用掩膜输入的 GPT 是典型的自回归模型。

Transformer 的编码器输入是遮挡掩码，译码器则是逐一放出的掩码输入，因此它是典型的 AE 和 AR 相结合的自监督预训练模型。

GAN 建立的生成模型也没有利用有标签数据，训练成功的生成器和判别器都可应用于一些下游任务，因此本质上 GAN 也是生成式自监督学习建立的模型。

使用 GAN 的图像和视频生成、图像超分辨率、图像和视频着色、图像修补等视觉任务都是通过生成式自监督学习完成的。

10.2.2　判别式自监督学习

判别式自监督学习主要指的是对比学习（Contrastive Learning）。许多对比学习模型，例如 Deep InfoMax、MoCo、SimCLR 已被提出，它们在 ImageNet 数据集的 Top-1 准确率已经达到甚至超过了有监督学习 ResNet50 的准确率。对比学习已成为机器学习方法研究的热点之一，许多成果已被应用。

对比学习根据增强创建的正负样本实现二元分类问题，其关键概念是基于数据的理解，以产生正负训练样本对。要求两个正样本具有较高的相似度分数，两个负样本具有较低的相似度分数。适当数量的样本对于确保模型学习数据的底层特征有直接关系。

图像领域的对比学习来自同一原始图像的两种不同的数据增强来生成正样本对，并使用两个不同的图像作为负样本对。两个增强的样本需要有恰当的强度，如果增强量太强，会失去两个增强样本之间的关系，则模型无法学习；如果增强量太弱，使模型相似程度过高，将导致模型无法为后续任务提供有效信息，从而失去了意义。选择负样本对时，可随机分配两个同一类图像，若负样本对很容易区分，则模型无法学习数据的底层特征。

对比学习框架分为两种类型：上下文—实例对比和上下文—上下文对比。它们在下游任务中，尤其是在线性协议下的分类问题上效果显著。

1. 上下文—实例对比

上下文—实例对比，或所谓的全局-局部对比，重点在于对样本的局部特征与其全局上下文表示之间的归属关系进行建模。当学习局部特征的表示形式时，希望它与整体内容的表示形式相关联，例如条纹对老虎、句子对段落以及节点对邻域。

上下文—实例对比主要有两种类型：预测相对位置（PRP）和最大化交互信息（MI）。它们之间的区别如下。

（1）PRP 重点学习局部成分之间的相对位置。全局上下文是预测这些关系的隐含要求

（例如了解大象的长相对于预测其头尾之间的相对位置至关重要）。

（2）MI关注学习局部和全局内容之间关系的显式信息。局部成分之间的相对位置将被忽略。

2．上下文—上下文对比

上下文—上下文对比学习直接研究不同样本的全局表示之间的关系。最初，研究人员借鉴了半监督学习的思想，通过基于聚类的判别产生伪标签，并在表示上取得了相当不错的效果。

已提出的对比学习方法CMC、MoCo、SimCLR和BYOL，通过上下文之间的直接比较，表现优于基于上下文—实例的方法，并在线性分类下获得了与监督方法相媲美的结果。

1）基于聚类的判别

基于上下文方法的先前任务常采用图像的上下文特征，将内容相似性、空间结构、时间结构作为监督信号，如图10-5的Deep Clustering网络将聚类分配和上下文相似度作为伪标签，来学习卷积神经网络的参数。

训练可以分为两个步骤。第一步，Deep Clustering使用K均值对编码（特征）表示进行聚类，并为每个样本生成伪标签。在第二步中，鉴别器预测两个样本是否来自同一群集，然后反向传播到编码器。这两个步骤是迭代执行的。

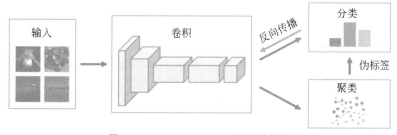

图 10-5 Deep Clustering 网络结构图

2）基于通道的上下文方法

如图10-6所示，不同通道间的数据也存在空间上的上下文关联规律，可以利用这种关系在不同通道间交叉监督、预测，进行图像着色。

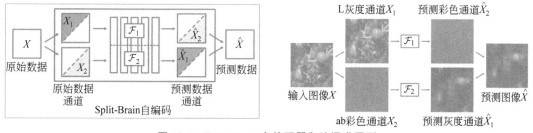

图 10-6 Split-Brain 自编码器和跨通道预测

3）基于图像空间上下文的方法

图像的空间上下文信息、连续性可用于设计自监督学习的先前任务，例如不同部分的相对位置或同一图像中不同部分间的次序。整个图像的空间上下文信息可作为识别图片旋转角度的监督信号。

4）基于时序信息的上下文方法

视频中蕴含着丰富的时空信息，内在的时间序列逻辑信息可以作为自监督学习的监督信号。先前任务包括时间顺序验证、时间顺序识别等。

相同的动作在不同视角下存在相同的特征，通过自监督方法学习比较不同视角下的时间序列不变特征，可以用于序列验证。

10.3 迁移学习

人都有利用已有经验和知识进行判断、推理和学习的能力。例如，会骑自行车的人比不会骑自行车的人学习骑电动车要快得多。让机器也有这种能力，就是迁移学习（Transfer Learning）要达到的目的，即如何充分利用相关域（即源域 Source Domain，比如小提琴、象棋和自行车……）的知识来提升学习表现或最小化目标域（Target Domain，比如钢琴、国际象棋……）知识的能力。图 10-7 展示了迁移学习的思想。

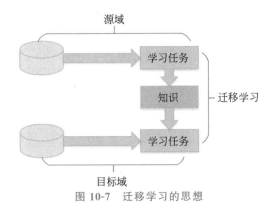

图 10-7 迁移学习的思想

对迁移学习的研究已有二十多年的历史，也是为了解决有标签数据少、建立的模型不易用于其他任务的问题。在基于深度神经网络的人工智能热潮来临之前，人们对迁移学习已有深入的研究，形成了基于实例、特征、关系和模型的多种迁移学习方法。

迁移学习里的常用源域表示已掌握的知识域，目标域表示要进行学习的域。它的定义可以描述为利用已掌握的源域上的学习任务帮助解决目标域上的学习任务，可以分为以下4类。

（1）基于实例的迁移学习：源域中的一些数据和目标域的数据会共享很多相同的特征，先在源域上筛选出与目标域相似度高的数据（实例），然后进行训练学习，解决目标域的学习问题。这类方法简单易实现，但是源域和目标域的分布往往不同，确定样本的相似度较难解决。

（2）基于特征的迁移学习：源域和目标域仅仅有一些交叉特征，通过特征变换将两个域数据变换到同一特征空间，再进行建模训练。这是最常采用的方法，但有时会较难求解。

（3）基于关系的迁移学习：源域与目标域是相似的，它们会共享某种相似关系，因此可以用源域建立关系模型，再用到目标域上。这类方法的域相似不好判断。

（4）基于模型的迁移学习：源域和目标域可以共享一些参数，由源域学习到的模型可以用到目标域上，再根据目标域学习新的模型。这种方法本质上就是预训练＋微调的方法。

将深度神经网络用于迁移学习被称为深度迁移学习,实质上其模型是深度神经网络,训练方法采用的是迁移学习方法。深度迁移学习也可以分为以下四类。

　　(1)基于实例的深度迁移学习。如图 10-8 所示,将在源域中的数据挑挑拣拣,选择符合目标域约束空间的数据,让这些挑出来的数据和目标域中的数据一起训练一个深度神经网络。这个做法其实类似做二次预训练,挑选源域中的一些实例和目标域中的实例一起做预训练。

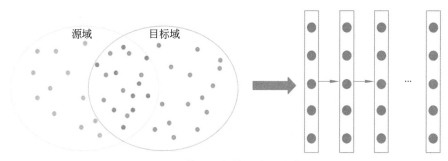

图 10-8　基于实例的深度迁移学习

　　(2)基于映射的深度迁移学习,如图 10-9 所示,目标域和源域具有不同的分布,基于映射的深度迁移学习是将实例从源域和目标域映射到新的数据空间。它的实质就是基于特征的迁移学习,仅仅最终的模型是深度神经网络。

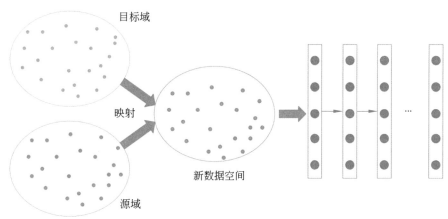

图 10-9　基于映射的深度迁移学习

　　(3)基于网络的深度迁移学习,如图 10-10 所示,将源域中预先训练好的部分网络(包括其网络结构和连接参数重新利用),将其转换为用于目标域的深度神经网络的一部分。它实质上就是前述的基于模型的迁移学习。这是实际中经常采用的方法,即直接利用已训练好的 VGG、ResNet50,针对特定问题进行微调(重新设计分类器,训练分类器和后几层的网络参数)。最常用的模型微调(Fine-Tune)、模型自适应(Model Adaptation)均属于这种类型。

　　(4)基于对抗的深度迁移学习,如图 10-11 所示,基于对抗的深度迁移学习是指在 GAN 的启发下引入对抗性技术,寻找既适用于源域又适用于目标域的可迁移表达。它基于这样的假设:为了有效地迁移,良好的表征应该是对主要学习任务的区别性,以及对源域

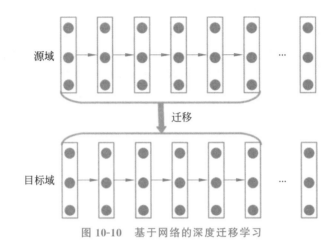

图 10-10　基于网络的深度迁移学习

和目标域的不加区分。在源域大规模数据集的训练过程中,将网络的前端层作为特征提取器。它从两个域中提取特征,并将其发送到对抗层。对抗层试图区别特征的来源。如果对抗网络的性能较差,则意味着这两类特征之间的差异较小,可迁移性较好,反之亦然。

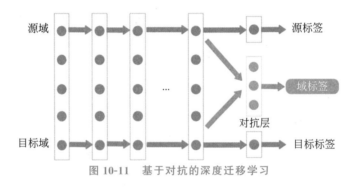

图 10-11　基于对抗的深度迁移学习

深度迁移学习,尤其是基于神经网络的深度迁移学习,已在实际中广泛应用。但是还缺乏统一的迁移学习理论,域之间的相似度通常依赖经验进行衡量,缺乏统一有效的相似度衡量方法。

10.4　深度强化学习

强化学习是一类特殊的机器学习算法,借鉴于行为主义心理学。与有监督学习和无监督学习的目标不同,算法要解决的问题是智能体(Agent,即运行强化学习算法的实体)在环境中怎样执行动作,以获得最大的累计奖励。例如,对于自动行驶的汽车,强化学习算法控制汽车的动作,保证安全行驶到目的地。对于围棋算法,算法要根据当前的棋局来决定如何走子,以赢得这局棋。对于第一个问题,环境是车辆当前的行驶状态(如速度)、路况这样的参数构成的系统的抽象,奖励是我们期望得到的结果,即汽车正确地在路面上行驶,到达目的地而不发生事故。

很多控制、决策问题都可以抽象成这种模型。和有监督学习类似,强化学习也有训练过程,需要不断地执行动作,观察执行动作后的效果,积累经验形成一个模型。与有监督学习不同的是,这里每个动作一般没有直接标定的标签值作为监督信号,系统只给算法执行的动作一个反馈,这种反馈一般具有延迟性,当前的动作产生的后果在未来才会完全体现,另外未来还具有随机性,例如下一个时刻路面上有哪些行人、车辆在运动,下一个棋子之后对手会怎么下,都是随机的而不是确定的。当前下的棋产生的效果,在一局棋结束时才能体现出来。

强化学习的应用广泛,被认为是通向强人工智能/通用人工智能的核心技术之一,所有需要做决策和控制的地方都有它的身影。

强化学习思想起源于心理学,其研究可追溯到 20 世纪 60 年代早期 Minsk 的工作,深度强化学习(Deep Reinforcement Learning,DRL)就是使用深度神经网络实现的强化学习。2016 年,DeepMind 公司的 AlphaGo 战胜韩国李世石,使其成为机器学习最重要的方法。经过几十年的发展,强化学习已有较完善的理论体系,本节仅对其思想方法作简要介绍,重点介绍 DRL 方案。

10.4.1 强化学习系统概述

图 10-12 展示了强化学习系统的工作过程,图中的大脑代表智能体,地球代表环境。在 t 时刻,智能体依据从环境中观察到当前的状态 S_t 和它的评价机构产生的奖励信号 R_t,通过它的决策机构做出行动决策 A_t,决策作用于环境后,环境的状态改变为 S_{t+1},此时智能体中的奖励评价机构根据决策 A_t 和观测到环境状态 S_{t+1} 给出对决策 A_t 的评价(奖励)R_{t+1}。下面介绍强化学习系统中的实体和信号。

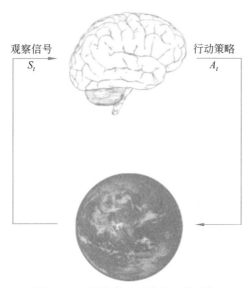

观察信号 S_t

行动策略 A_t

图 10-12　强化学习系统的工作过程

(1)智能体:强化学习系统的核心,充当着"人"的角色,它像现实世界中的人一样,观察周围的环境,并根据自己的判断做出相应的动作。

(2)环境:特定任务的决策对象或受控对象。例如下围棋,围棋就是环境。

(3)行动 A_t:由智能体的决策机构产生,作用于环境,使其状态发生改变。

(4)奖励 R_t:由智能体对环境的观测和自身的决策依据所设计的评价方法产生,表明

了智能体在时刻 t 时表现如何。智能体训练的目的就是最大化这个奖励的累积值。

奖励值是智能体的决策机构做出决策的核心要素。在一般情况下,智能体做出向着目标前进的动作或者完成任务时,给予智能体正数的奖励,鼓励智能体在当前情况下继续做出这样的决策;智能体做出远离目标的动作或任务失败时,给予智能体负数的奖励,惩罚智能体,使其减少当前情况下做出这样的决策。

由于智能体的目标是使得累积奖励值最大化,而有些动作获得的收益可能在将来的时刻才能表现出来,因此对于智能体来说,牺牲短期奖励来获取长期更多的奖励可能更好。

(5)观察 S_t:对环境的观测结果。下围棋,就是围棋当前的盘面展示战况;在玩 Flappy Bird 的任务中,就是当前的游戏界面展示的状态。

除了智能体、环境、决策、奖励和观察,强化学习系统还包含 3 个核心要素,策略(Policy)、值函数(Value Function)和模型(Model)。

1. 策略

策略定义了智能体在特定时间的行为方式,即策略是环境状态到动作的映射。策略可能是确定的策略,也可能是随机的策略,随机策略有助于探索未知的奖励。策略可能是一个简单的函数或查询表格,也可能是涉及大量计算的神经网络。策略本身是可以决定行为的,因此策略是强化学习智能体的核心。一般来说,策略是环境所在状态和智能体所采取的动作的随机函数。

确定性策略可以表示为: $a = \pi(s)$。

随机策略可以表示为: $\pi(a|s) = P[A_t = a | S_t = s]$

2. 值函数

前面所说的奖励,即收益信号,表明了在当前状态下什么是好的,而值函数表示了从长远角度看什么是好的。简单地说,一个状态的价值是一个智能体从这个状态开始,对将来累积的总收益的期望。尽管收益决定了环境状态的直接、即时、内在的吸引力,但价值表示了接下来所有可能状态的长期期望。智能体通过值函数进行动作的选择。

$$v_\pi(s) = \mathbb{E}\left[R_{t+1} + \gamma R_{t+2} + \gamma^2 R_{t+3} + \cdots \mid S_t = s\right]$$

3. 模型

智能体对环境建立的模型是另一个重要的要素,这是一种对环境反应模式的模拟。智能体根据模型对外部环境进行推断。例如,给定一个状态和动作,模型就可以预测外部环境的下一个状态和收益。环境模型可以被用来作规划。

智能体有着独立的对环境的认知,但是对环境的认识不一定完全与真实环境一模一样。这个认知中的环境包括执行动作将会对状态产生什么影响,以及在每个状态中可以获得什么样的奖励。认知中的模型可以是不完美的。

智能体的决策过程可以用一个由每时刻的状态、动作以及奖励组成的序列来表示,这一序列的核心特点是环境下一时刻的状态与奖励均只取决于当前时刻的状态与智能体的动作,也就是说,环境的状态转移概率是不变的,而这正是随机过程中最简单的马尔可夫过程的特性,因此智能体的决策过程就是马尔可夫决策过程。

强化学习的目标就是在环境的变化规律未知的情况下智能体学习到一个最优策略,使得智能体在任意状态下的价值最优,定义最佳策略下的动作价值函数为最优价值(Q 值)函数,也就是最优 Q 值。很显然,当已知了最优 Q 值时,每一状态下对应 Q 值最大的动作就是最佳动作,因此求解最优策略也就等价于求解最优 Q 值。

根据智能体组成部分的不同,存在两种强化学习智能体分类的方式。按照值函数、策略和模型分类。

在按照值函数、策略的分类方法中,把不依靠策略,仅依靠值函数的智能体称为基于值(Value Based)的智能体;把不依靠值函数,仅依靠策略的智能体称为基于策略(Policy Based)的智能体;把策略和值函数都考虑进来的智能体称为演员-评论家(Actor Critic)。

在按照模型的分类方法中,把依靠模型,需要学习环境组成的智能体称为基于模型(Model Based)的智能体;把不依靠模型,不需要学习环境组成的智能体称为无模型(Model Free)的智能体。

强化学习是以马尔可夫过程、动态规划和蒙特卡洛法为基础的优化方法,读者可以查阅相关书籍。下面将按照基于值函数、基于策略和基于演员—评论家的智能体分类来介绍深度强化学习方案。

10.4.2　基于值函数的深度强化学习

基于值函数的强化学习也就是基于价值估计的强化学习,10.4.1 提到求解最优策略等价于求解最优 Q 值,因此这一类算法的目标就是对所有状态—动作对下的最优 Q 值进行估计,最终任意状态下令最优 Q 值最大的动作即为最优动作。

Q-learning 算法是最经典的强化学习算法,它针对的是离散状态、离散动作的情况。这里的离散指的是马尔可夫决策过程中状态和动作的数量都是有限的,在这种情况下,Q-learning 直接用一个表格来描述所有的最优 Q 值。这里最优 Q 值的估计方法主要基于强化学习中一个重要的理论公式——贝尔曼方程,它描述了不同状态—动作对的 Q 值之间的确定性等式关系。根据这个公式,就可以在智能体与环境交互的过程中不断对表格中的值进行迭代更新,最终达到收敛状态。针对每一个状态,只需要选择每一行最大 Q 值对应的动作就可以了。这种方法的局限性在于状态空间和动作空间都必须是离散的,当状态和动作数量变多时,表格会越来越大,最终导致 Q 值难以学习出来。

Deep-Q learning(DQN)在 Q-learning 的基础上用一个深度神经网络来拟合状态到 Q 值之间的映射关系,此时状态作为神经网络的输入,可以在连续范围内取值,最终输出得到的是该状态下对应每个动作的 Q 值,然后在其中选择一个令 Q 值最大的作为最优动作。在 DQN 中,不需要像 Q-learning 一样把所有的 Q 值学习出来,而只需要学习一个神经网络,解决了 Q-learning 中状态必须连续且表格随状态数量增大这一问题。但是在这个算法中,动作依然要求是离散的,并且当动作维度增大时,神经网络的规模会以指数级增加,这是基于价值估计算法的主要缺陷。

DQN 提出之前,也有使用神经网络拟合 Q 值的方案,如图 10-13(a)的方式,输入为 s,a,输出 Q 值;DQN 采用图 10-13(b)的结构,即输入 s,输出是离线的各个动作上的 Q 值。之所以这样,是因为(a)方案相对(b)方案最大的缺点是对于每个状态(State),需要计算 a 次(动作次数)前向计算,而(b)方案则只需要一次前向计算即可,因此(a)方案的前向计算成本与动作(Action)的数量成正比。

DQN 是 DeepMind 公司解决 Atari 游戏问题时提出的,输入数据(状态 s)就是游戏原始画面的像素点,动作空间是摇杆方向等。DQN 具体的网络结构是实际输入游戏的连续 4

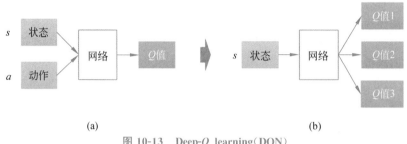

(a)　　　　　　　　　　　　(b)

图 10-13　Deep-Q learning（DQN）

帧画面,不只使用 1 帧画面。为了感知环境的动态性,接两层 CNN、两层 FNN,输出各个动作的 Q 值。

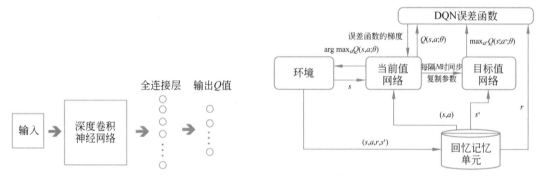

图 10-14　DQN 的结构与训练流程

由图 10-14 的 DQN 训练流程可知,DQN 在训练过程中除了使用深度卷积网络近似表示当前的值函数,还使用经验回放机制单独设计了另一个网络来产生目标 Q 值,将奖赏值和误差项缩小到有限的区间内,保证了 Q 值和梯度值都处于合理的范围内,提高了算法的稳定性。

虽然 DQN 取得了成功,但还有很大的优化空间,此后 DQN 出现了大量改进型算法,这些改进包括系统整体结构、训练样本的构造、神经网络结构等方面。

双 Q 网络（Double DQN,DDQN）有两组不同的参数,将动作选择和策略评估分离,降低了过高估计 Q 值的风险。基于优先级采样的深度双 Q 网络,用基于优先级的采样方式来替代均匀采样,提高一些有价值样本的采样概率,从而加快最优策略的学习。基于竞争架构的 DQN 将 CNN 卷积层之后的全连接层替换为两个分支,其中一个分支拟合状态价值函数,另外一个分支拟合动作优势函数,最后将两个分支的输出值相加,形成 Q 函数值。深度循环 Q 网络（DRQN）在 CNN 后面接入 LSTM 来记忆时间轴上连续的历史状态信息,此时模型的输入仅为当前时刻的一幅图像,减少了深度网络感知图像特征所耗费的计算资源。实验表明,在部分状态可观察的情况下,DRQN 的表现优于 DQN。

10.4.3　基于策略的深度强化学习

基于值函数的强化学习对最优 Q 值进行估计,而基于策略的强化学习则直接对最优策略进行估计。

在强化学习中,策略分为两种,一种策略为确定性策略,可以直接对状态到最优动作之间的映射进行估计;另一种是随机性策略,需要对状态到最优动作概率分布之间的映射进行估计,然后从该概率分布中进行采样,得到输出动作。

为了对策略进行优化,需要定义一个策略的性能函数作为优化目标。在强化学习中,这个性能函数通常被定义为一定策略下的平均收益。只需要依据优化目标对策略函数进行梯度上升,最终就可以得到最优策略。

策略梯度是一种常用的策略优化方法,它通过不断计算策略期望总奖赏关于策略参数的梯度来更新策略参数,最终收敛于最优策略。因此在解决 DRL 问题时,可以采用参数为 θ 的深度神经网络来进行参数化表示策略,并利用策略梯度方法来优化策略。值得注意的是,求解 DRL 问题时,往往第一选择是采取基于策略梯度的算法。原因是它能够直接优化策略的期望总奖赏,并以端到端的方式直接在策略空间中搜索最优策略,省去了烦琐的中间环节。因此与 DQN 及其改进模型相比,基于策略梯度的 DRL 方法适用范围更广,策略优化的效果也更好。

深度策略优化算法的特点是,深度神经网络的输出即为最优动作,因此这里的动作空间既可以是离散的,也可以是连续的。在优化过程中,这里的性能函数通常通过一定的估计方法得到。

区域信赖的策略最优化(Trust Region Policy Optimization,TRPO)方法是一种典型基于策略的强化学习方案,它的核心思想是:限制同一批次数据上新旧两种策略预测分布的差异(KL 散度),避免导致策略发生太大改变的参数更新。TRPO 算法使用深度神经网络来优化策略参数,在只接收原始输入图像的情况下实现了端到端的控制。

2017 年,OpenAI 对 TRPO 算法进行了改进,提出了近似策略优化(Proximal Policy Optimization,PPO)算法。PPO 简化了 TRPO 采用 KL 散度的限制,采用截断(Clip)方法将策略更新保持在一个范围内,效果很好并且实现容易。在 2018 年的 DOTA 2 比赛 TI 中,OpenAI 的人工智能算法就是采用 PPO 算法训练的,它能够超越 99% 玩家的水平。

深度策略梯度方法的另一个研究方向是通过增加额外的人工监督来促进策略搜索。例如著名的 AlphaGo 围棋机器人,先使用监督学习从人类专家的棋局中预测人类的走子行为,再用策略梯度方法针对赢得围棋比赛的真实目标进行精细的策略参数调整。然而某些任务是缺乏监督数据的,比如现实场景下的机器人控制,可以通过引导式策略搜索方法来监督策略搜索的过程。在只接收原始输入信号的真实场景中,引导式策略搜索实现了对机器人的操控。

10.4.4 基于演员—评论家的深度强化学习

基于演员—评论家的深度强化学习结合了值函数优化与策略优化方法的特点,同时对最优 Q 值以及最优策略进行学习,最终策略网络的输出即为最优动作,动作空间既可以是离散的,也可以是连续的。

这一类算法中存在两个深度神经网络,第一个网络称为 Actor 网络,完成状态到最优动作之间的映射,因此也被称为策略网络,Actor 网络的输出即为智能体的动作。第二个网络称为 Critic 网络,进行智能体的策略作用到环境后产生效果的评价,输出为任意状态—动作对的 Q 值。

基于演员—评论家的深度强化学习早在 1982 年就被提出,并用于倒立摆控制。20 世纪90年代初,有研究人员利用神经网络实现Actor和Critic,当时被称为自适应评判控制。2014年以后,多种基于AC框架的深度强化学习方案被提出。下面介绍几种典型方案。

深度确定性策略梯度(Deep Deterministic Policy Gradient,DDPG)算法,适用于解决连续动作空间上的DRL问题。DDPG分别使用两个深度神经网络来表示策略网络和值网络。策略网络用来更新策略,对应AC框架中的演员;值网络用来逼近状态—动作对的值函数,并提供梯度信息,对应AC框架中的评论家。实验表明,DDPG不仅在一系列连续动作空间的任务中表现稳定,而且求得最优解所需要的时间步也远远少于DQN。DDPG使用确定性的策略梯度方法。对于随机环境的场景,该方法并不适用。

随机值梯度(Stochastic Value Gradient,SVG)方法,使用"再参数化"(Re-Parameterization)技巧学习环境动态性地生成模型,将确定性策略梯度方法扩展为一种随机环境下的策略优化过程。

基于混合型演员-评论家指导(Mixture of Actor Critic Experts,MACE)的深度策略梯度方法,融合多个策略网络和对应的值网络,在自适应机器人控制任务中取得了良好效果。MACE相比于单个AC框架指导的深度策略梯度方法,有着更快的学习速度。循环确定性策略梯度(Recurrent Deterministic Policy Gradient,RDPG)和循环随机值梯度(Recurrent Stochastic Value Gradient,RSVG)方法,可以处理一系列部分可观察场景下连续动作的控制任务。

异步的优势演员-评论家算法(Asynchronous Advantage Actor-Critic,A3C)是在各类连续动作空间的控制任务上表现最好的深度强化学习方法,如图10-15所示。它利用CPU多线程的功能并行、异步地执行多个智能体,在任意时刻,并行的智能体都将会经历许多不同的状态,去除了训练过程中产生的状态转移样本之间的关联性,计算效率高,控制性能好。

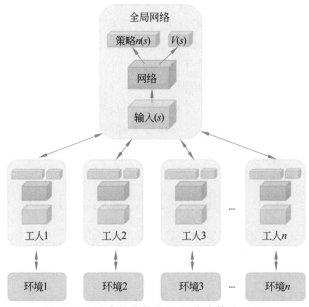

图10-15　异步的优势演员-评论家算法(A3C)

10.4.5　多智能体深度强化学习

前述的DRL都是针对单智能体的,但现实中存在大量需要多智能体决策的系统,例如机器人协作系统、无人机群等。每一个机器人、每一架无人机都可以看作一个智能体，它们之间的协作、控制和决策，都需要强化学习。

强化学习依据的马尔可夫决策过程最重要的特征就是环境下一时刻的状态只取决于当前时刻的状态和动作，也就是说，环境的状态转移概率是一个确定的值，它保证了环境的平稳变化，使得智能体能够学习出环境的变化规律，从而推理出状态的变化过程。而在多智能体系统中，每个智能体对应的环境包含了其他智能体的策略，此时智能体状态的改变不再只取决于自身的动作和状态，还会取决于其他智能体的策略，而这些策略在智能体学习的过程中会不断地发生变化，这也就导致了每个智能体的状态转移概率随着时间发生变化，使得环境非平稳变化，马尔可夫特性不再满足，给智能体策略的学习带来了困难。而在更加实际的情况中，每个智能体只能观测到部分环境状态信息，进一步恶化了智能体的学习性能。

一种最直接的解决环境非平稳性和局部可观性的方法就是对所有的智能体采取集中式学习的方法，将它们当作一个智能体，直接学习所有智能体状态到所有智能体动作之间的映射。但是一方面这种方法需要一个集中式控制中心与智能体之间进行大量的信息交互；另一方面神经网络的输入输出维度会随智能体数目指数增大，难以收敛。在这样的情况下，人们开始思考如何设计多智能体强化学习算法来解决这些问题。多智能体深度强化学习方法是强化学习领域的热门研究方向，有广阔的应用前景。目前已提出的多智能体 DRL 算法主要分为 3 大类，如图 10-16 所示。

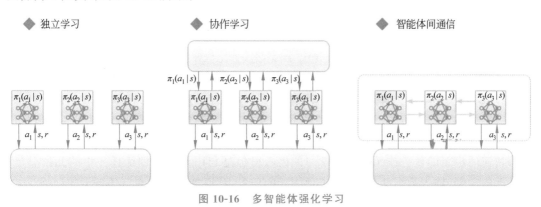

图 10-16　多智能体强化学习

第一类方法最简单，直接让各个智能体独立学习自己的策略。由于多智能体系统存在环境非平稳性与局部可观性等问题，这一类方法通常会在独立学习的基础上通过一些训练技巧来缓解非平稳性，例如在智能体之间共享同一套策略参数。这类方法操作简单，可扩展性强，通常也能获得不错的效果。已提出的经典方法有：IDQN—Multi-agent Cooperation and Competition with Deep Reinforcement Learning、Parameter Sharing—Cooperative Multi-agent Control with Deep Reinforcement Learning。

第二类方法称为基于协作的学习，它们利用每个智能体与环境交互获得的经验对所有智能体的策略进行集中训练，训练结束后的智能体可拥有分布式决策的能力。一方面，训练过程中全局环境信息的利用可以极大地缓解非平稳性带来的影响；另一方面，训练结束后每个智能体得到的策略是相互独立的，使得执行过程中智能体可以分布式地进行决策。因此，这种集中训练、分布式执行的方案几乎成了多智能体训练的标准方案。但是，由于这类方案中存在集中式训练的过程，因此它同样存在一定程度上的扩展性问题，当智能体数目较多时,可能会面临学不出来的风险。已提出的经典方法有 VDN、QMIX、QTRAN 和 COMA。

第三类算法主要通过在智能体之间增加信息的传递来进一步缓解环境非平稳性与局部可观性带来的影响,这一部分工作在独立学习或协作学习的基础上研究智能体之间如何进行自主通信来进一步提升系统性能,研究内容包括智能体之间的通信内容以及通信范围。已提出的经典方法有 RIAL/DIAL、ComeNet、BiCNet、ATOC、IC3Net、TarMAC、SchedNet 和 DGN。

除了上述介绍的 DRL 方法外,人们还提出了许多针对复杂问题的 DRL 方法。

分层 DRL:利用分层强化学习(Hierarchical Reinforcement Learning,HRL),将最终目标分解为多个子任务来学习层次化的策略,并通过组合多个子任务的策略形成有效的全局策略。

多任务迁移 DRL:在传统 DRL 方法中,每次训练完成后的智能体只能解决单一任务。然而在一些复杂的现实场景中,需要智能体能够同时处理多个任务,此时多任务学习和迁移学习就显得异常重要。DRL 中的迁移分为两大类:行为上的迁移和知识上的迁移,这两大类迁移也被广泛应用于多任务 DRL 算法中。

基于记忆与推理的 DRL:解决一些高层次的 DRL 任务时,智能体不仅需要很强的感知能力,也需要具备一定的记忆与推理能力,才能学习到有效的决策。因此赋予现有 DRL 模型主动记忆与推理的能力就显得十分重要。

10.5　元学习和小(零)样本学习

元学习(Meta-Learning)被称为学习如何学习(Learning to Learn),就是通过之前任务的学习,使得模型具备一些先验知识或学习技巧,从而在面对新任务的学习时,不至于一无所知。它类似人的学习过程,人会不断积累经验,面对新问题的时候,会自动借鉴之前相似问题的经验来解决新问题。元学习也是通过在许多不同的任务或领域中获取经验,使模型能够快速适应新的任务或领域。元学习的核心思想是利用模型在训练任务中的元信息(例如任务的类型、输入数据的分布等)来预测新的任务,从而加速模型在新任务上的训练。

元学习在许多领域都有着广泛应用,例如自然语言处理、计算机视觉、语音识别等。它可以帮助模型快速适应新的任务或领域,提高模型的效率和准确性。

小(零)样本学习(Few/Zero-Shot Learning,FSL),也可称作低样本学习(Low-Shot Learning,LSL),是通过有限的训练样本,甚至在缺乏训练样本的条件下训练模型的方法,是近年来机器学习方法研究中的热点之一。

小样本学习需要借助先前得到的经验,让模型学会解决给定的问题,因此也是一种元学习常用的学习方法。小样本学习的训练集和测试集被称为支持集和查询集。支持集是一个有 N 个类别(Way),每个类别有 K 个样本(Shot)的集合。图 10-17 是小样本学习的示例,以一种 3-Way-2-Shot 分类问题进行反复训练,每个任务支持集中有 3 种不同动物的 2 张图片,模型训练只有少量数据,进而实现小样本的目标分类。模型通过每个不相关的任务提高其将动物分类到正确类别的准确性,然后在一组不同的分类任务中测试该模型的性能。

元学习的思想起源于 20 世纪 80 年代的教育心理学,20 世纪 90 年代后被引入人工智能领域,但进展不大,成果不多。21 世纪人工智能再度兴起后,元学习方法也有了较大进

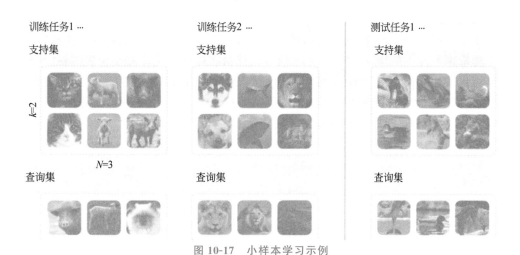

图 10-17　小样本学习示例

步,已提出了一些方法,形成了基于模型和与模型无关的两大类方法。基于模型的元学习是通过比较训练模型和测试模型之间的相似性来预测实例的标签,模型无关的元学习则是通过比较训练实例和测试实例之间的相似性来预测测试实例的标签。

本节主要介绍这两类元学习方法,先介绍基于模型的方法,然后介绍模型无关的方法。

10.5.1　基于模型的元学习方法

元学习的核心是对先验知识的利用,小样本学习作为一种元学习方法,所能用到的先验知识只能是少量的训练数据。近几年,小样本学习有较快发展,提出了多种方法,有直接利用变换的,有利用外部存储和生成模型的,但它们都是以各种模型为基础实现的,本质上都是基于模型的元学习方法。本小节就介绍这些小样本学习。

1. 基于度量学习的小样本学习

基于度量学习的元学习,通过学习训练一个模型(嵌入(Embedding)函数),将输入空间映射到一个新的嵌入空间,在嵌入空间中用一个相似性度量来区分不同类别。先验知识就是这个嵌入函数,遇到新任务的时候,只将需要分类的样本点用这个嵌入函数映射到嵌入空间里,使用相似性度量比较进行分类(图 10-18)。基于这种思想已经提出了多种元学习(小样本学习)结构,这里介绍 3 种结构。

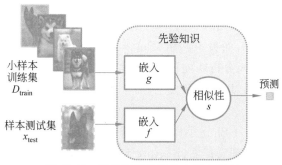

图 10-18　基于度量学习的小样本学习

1）孪生网络

基于孪生网络（Siamese Network）的小样本学习，使用两个具有相同模型参数值的相同网络来提取两个样本的特征，如图 10-19 所示。然后将提取出的特征输入鉴别器，判断两个样本是否属于同一类对象。例如，可以计算特征向量的余弦相似度 p。如果它们相似，p 应该接近 1。否则，它们应该接近 0。根据样本的标签和 p，对网络进行相应的训练。简而言之，希望找到使样例属于同一类或将它们区分开来的特性。

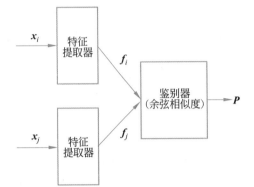

图 10-19　基于孪生网络（Siamese Network）的小样本学习

2）原型网络

孪生网络的缺点就是要对比目标和过去每个样本之间的相似度，从而分析目标的类别。如图 10-20 所示，原型网络（Prototypical Networks）则是先把样本投影（用深度神经网络实现）到一个空间（变换时同一类的向量之间的距离比较接近，不同类的向量距离比较远），然后计算每个样本类别的中心（即每个类别的均值，代表该类的原型）；分类的时候，通过对比目标到每个中心的距离，从而分析出目标的类别。

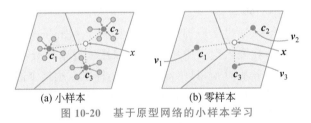

(a) 小样本　　　　　　(b) 零样本
图 10-20　基于原型网络的小样本学习

3）关系网络

不论是孪生网络还是原型网络，分析两个样本的时候都是通过嵌入空间中的特征向量距离（比如欧氏距离）来反映，而关系网络（Relation Network）则是通过构建神经网络来计算两个样本之间的距离，从而分析匹配程度。与孪生网络、原型网络相比，关系网络提供了一个可学习的非线性分类器，用于判断关系，而孪生网络、原型网络的距离只是线性的关系分类器。

图 10-21 给出了 5-Way-1-Shot 小样本学习的分类示例。首先查询集和样本集随机抽取样本，交给嵌入层处理，得到特征图（Feature Map），然后把两个特征图拼接在一起，再交给关系网络处理，并计算出关系得分。由于是一个 5-Way-1-Shot 问题，就可以得到 5 个得分，每个得分对应查询集样本属于每个分类的得分（概率）。由此概率判别查询样本属于哪

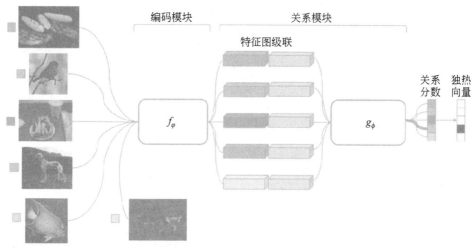

图 10-21 5-Way-1-Shot 的小样本学习关系网络

个类别。

也可以使用注意力机制进行判别,即先求查询样本映射后的特征与训练样本特征的相似度,进而求出注意力分布,属于哪类的注意力得分高就属于哪类。这时就不用关系网络了,重点是嵌入模型(深度神经网络)的训练,这被称作匹配网络(Matching Network)。

2. 基于外部存储的小样本学习

使用外部存储器的小样本学习从训练集(D_{train})中提取知识,并将其存储在外部存储器中(图 10-22)。然后,每个新样本(x_{test})由从内存中提取的内容的加权平均值表示。然后将加权平均值送入一个简单分类器(使用 Softmax)进行分类。

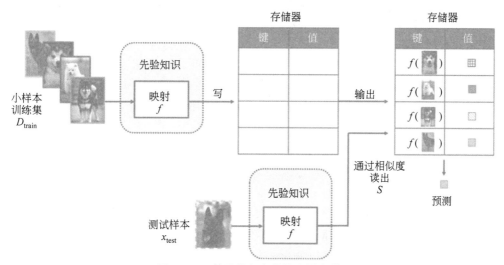

图 10-22 基于外部存储的小样本学习

这种方法对代表先验知识的映射要求比较高,对样本少的类别也要能提取出区分度高的特征,此外对外存的容量控制要求也比较高,这也是这类方法研究的弱点。

3. 基于生成建模的小样本学习

生成建模(Generative Modeling)方法借助先验知识(图 10-23),从观测到的 x 估计概

率分布 $p(x)$。$p(x)$ 的估计通常涉及 $p(x|y)$ 和 $p(y)$ 的估计。此类中的方法可以处理许多任务,例如生成、识别、重构和图像翻转。

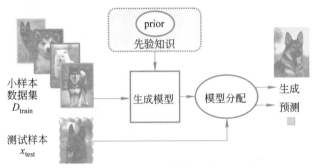

图 10-23　基于生成建模的小样本学习

在生成建模中,假定观察到的 x 是从由 θ 参数化的某些分布 $p(x;\theta)$ 得出的。通常,存在一个潜在变量 $z \sim p(z;\gamma)$,因此 $x \sim \int p(x|z;\theta)p(z;\gamma)\mathrm{d}z$。从其他数据集获得的先验分布 $p(z;\gamma)$ 带来了对小样本学习至关重要的先验知识。通过将提供的训练集 D_{train} 与此 $p(z;\gamma)$ 结合,约束了后验概率分布。通常使用一些大规模数据集对生成模型进行训练,训练完成后学习,可以直接应用于新任务。生成模型可以使用变分自编码器、自回归模型、生成对抗网络等。

10.5.2　模型无关的元学习方法

模型无关元学习(Model-Agnostic Meta-Learning,MAML)的思想是学习一组最好的初始化参数,使得它能够在任意一个新任务上只需要使用少量的样本(Few-Shot Learning)进行几步梯度下降就可以取得很好的效果,再针对具体的任务进行微调,使得模型在小样本上也能达到较好的效果。

模型的训练数据可以分成两部分,一部分是为了找出最好的初始化参数,另一部分是关于具体任务用于模型的微调,前者包含元训练类(Meta-train Class)和元测试类(Meta-test Class),后者包含有标签、用于调优的支持集(Support Set)和无标签、用于预测的查询集(Query Set)。

MAML 的中心思想是层次优化问题,并且是双层优化问题。其中一个优化问题嵌套在另一个优化问题中,图 10-24 给出了它的双层结构和初始参数优化算法。外层优化器为元学习器,内层是基学习器。外层的元学习器主要负责更新和优化内层模型,它的最优结果依赖基学习器的输出结果,内层基学习器需要根据训练数据自身的训练集和测试集进行优化与内部决策。两个层次有各自不同的目标函数、约束条件。

图 10-24 给出 MAML 算法可以分为 3 个步骤。

(1) 对于给定的任务,随机抽取少量样本组成训练集。例如,假设共有 10 个类别,从中随机抽 5 个样本构成一个任务的训练集,重复这个过程,得到多个任务的训练集。

(2) 内层优化:针对每个任务计算对应的损失函数,使用梯度下降法更新相应的模型参数。要注意的是,这个更新过程是相互独立的,比如现在一个批次(Batch)有 3 个任务,分别计算出 3 个不同的新参数,把新的参数代进模型,就能得到 3 个新的模型。

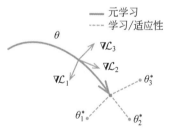

图 10-24 MAML 的双层训练结构和算法

（3）外层优化：用新模型分别计算每个任务的元测试类，得到 3 个损失函数，再加起来，作为一个批次（Batch）的总损失；基于总损失使用梯度下降更新模型参数，得到模型的初始化参数。

注意，在这个过程中，训练集或测试集可能包含了重复的样本，但是影响不大，只要最终的初始化参数得到的模型在面对大量任务时能够有足够强的泛化能力即可。

经过上述元学习过程，就能找到模型的最优初始参数点，接下来的任务就是针对具体情况进行微调。

微调比较简单，就是把最优初始参数代进模型后，利用测试类的支持集进行训练。这个训练过程就是常规的训练过程了，不需要两次梯度更新，只是常规地利用支持集进行梯度下降优化参数，最后再用查询集测试模型。3 个任务的 MAML 学习微调过程如图 10-25 所示。

分析 MAML 可知，其本质是双层多任务学习，也是小样本学习。MAML 算法有两次求导，第一次求导是针对各个任务分别进行参数更新；第二次求导是针对模型总的损失函数的求导，从而更新模型的初始参数，目的就是使得模型对各个任务都有较好的效果，又不会过于偏向某个特定

图 10-25 3 个任务的 MAML 学习和微调过程

任务，所以本质上说，MAML 的目的就是确定初始化参数，使得模型在各类任务都能取得较好效果。

从 MAML 的算法过程可知，它与模型无关指的是可以使用任意可以通过梯度下降进行优化训练的模型，这个模型一般都是深度神经网络模型，也可以是支持随机梯度下降的其他模型。因此使用 MAML 可以解决小样本的有监督的分类、回归问题，也可以解决小样本强化学习的决策问题。

元学习是正在发展的机器学习方法，由于它依据经验和小/零样本的特性与人的学习相近，已引起研究人员的广泛重视。新的元学习方法的提出将进一步提高元学习的泛化能力和效率，使其在更多的领域得到应用，促进人工智能技术的发展。

10.6　持续学习

让机器像人一样具有不断学习的能力是人工智能追求的终极目标之一。持续学习（Continual Learning）的目的正是如此。典型持续学习就是逐一学习一系列内容，这些内容可以是新技能、旧技能的新示例、不同的环境、不同的背景等，并包含特定的现实挑战。由于内容是在一生中逐步提供的，因此在许多文献中，持续学习也被称为增量学习（Incremental Learning）或终身学习（Life-long Learning），但没有严格的区分。

持续学习模拟了人类大脑的学习思考方式，本质上既能够对到来的新数据进行利用，并基于之前任务积累的经验，能在新的数据上很好地完成任务，又能够避免遗忘问题；对曾经训练过的任务依旧保持很高的精度（即避免灾难性遗忘的问题），即具有可塑性（学习新知识的能力）和稳定性（对旧知识的记忆能力）。

持续学习的各种算法与常规的方法一样，都是模型参数优化过程，但它是逐任务学习，追求不要学新忘旧，学好的模型要有良好的泛化能力。图 10-26 给出了持续学习的概念框架。

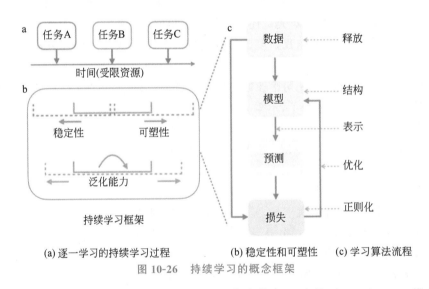

(a) 逐一学习的持续学习过程　　　(b) 稳定性和可塑性　　(c) 学习算法流程

图 10-26　持续学习的概念框架

持续学习是一个在多分布、多时刻上共用一套参数与一个骨干（Backbone）模型的学习任务。它需要在不同的时刻在线获取新分布的数据，并在线更新模型参数；而模型则需要同时适应所有的分布，在新知识的学习过程中不会忘记旧知识，它是各类机器学习方法中难度最大、最有价值的学习方法。

持续学习起源于 20 世纪 80 年代，研究的目的是让神经网络具有不断学习新知识的能力，且不会学新忘旧。1997 年 Ring 将持续学习定义为：持续学习是基于复杂环境与行为进行不断发展，并在已经学习的技能之上建立更复杂技能的过程。在深度神经网络上进行持续学习有两个目标：一是应对神经网络由于自身的设计天然存在的灾难性遗忘问题，二是使训练模型更为通用，即令模型同时具备可塑性（学习新知识的能力）和稳定性（对旧知识的记忆能力）。

经过三十余年的研究,特别是近几年的努力,尽管已经提出了许多持续学习方法,但是现实应用场景的复杂性和任务特异性,使持续学习仍然面临许多特殊的挑战。例如,训练和测试中可能缺少任务说明(即执行哪个任务),训练样本可能是小批量甚至一次引入的。由于数据标记的高成本和稀缺性,持续学习需要在少样本、半监督甚至无监督的场景中有效。持续学习的研究和应用进展主要集中在视觉分类、目标检测、语义分割和图像生成。NLP以及其他相关领域(决策、预测和伦理)中的持续学习也受到越来越多的关注,面临着更多的机遇和挑战。

本节首先介绍持续学习的应用场景和面临的主要挑战;然后按 5 种类型介绍典型持续学习方法,最后给出持续学习的发展前景。

10.6.1　持续学习的应用场景和主要挑战

1. 持续学习的应用场景

持续学习,本质上是逐任务学习。在应用中(使用持续学习训练模型过程中)会遇到各种情况,主要是各种任务是否事先已知,是同时到达,还是分批到达;任务的身份信息是否已知,即各任务的训练数据、测试数据是否有标签,这些都使持续学习面临的应用场景十分复杂。基于任务的到达和是否有身份信息,下面给出了 9 种持续学习的应用场景,为了有针对性,习惯上也将这些场景称为各种增量学习或持续学习。

(1) 实例增量学习(Instance-Incremental Learning,IIL):所有各类训练样本都属于同类的任务,且都在同批次中到达。这是最简单的场景,可以直接逐任务学习。

(2) 域增量学习(Domain-Incremental Learning,DIL):任务有相同的数据标签,但却有不同的输入分布。不同时刻到达的数据属于同一任务的相同类别,但是数据分批次到达,且输入数据的分布发生了变化,不同时间片上的数据属于不同的域,不再符合静态同分布假设。域增量学习不同于迁移学习中的域适应,域适应旨在将知识从旧任务迁移到新任务上,并且只考虑新任务上的泛化能力,而域增量学习需要应对灾难性遗忘,并同时保持旧任务以及新任务上的性能。

(3) 任务增量学习(Task-Incremental Learning,TIL):任务有不相交的数据标签空间,且训练集和测试集都给出了任务身份(标签)。任务增量学习是相对简单的持续学习场景,在该场景下,不同时刻收集的数据分属于不同的任务,而同一任务的数据能够在一个时刻全部到达。在该场景下,可以获得当前任务的全量数据,从而可以在独立同分布的假设下训练模型,如图 10-27 所示,不同时刻的任务标签来自不相交的空间,与不同的任务对应。

此外,在推断过程中,模型可以得到当前任务的具体信息(如分类的类别),因此可以为不同的任务设计特定的模型。利用不同任务的输出互相独立这一特点,一个典型的 Task-Incremental CL 模型可以通过多头网络的方式实现,即由一个在任务之间共享的骨干模型提取特征,再构建多个分类器解决对应的任务。

(4) 类增量学习(Class-Incremental Learning,CIL):任务有不同的数据标签空间,仅在训练集中有任务标签(图 10-28)。

不同于任务增量学习,在类增量学习的训练过程中,在不同时间段收集的数据均属于同一分类任务的不同类别,且类别没有交叉(如在手写数字分类任务中,第一次获得数字"0,1",第二次获得"2,3",直到获得所有数字)。在推断过程中,虽然模型可以获得完整获取泛

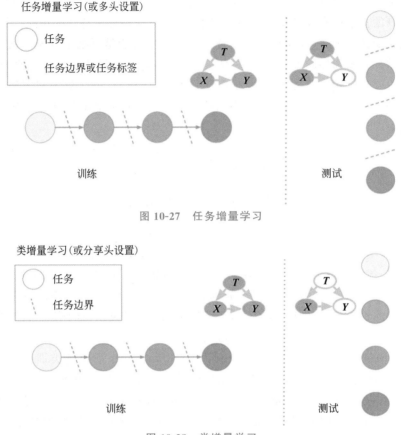

图 10-27　任务增量学习

图 10-28　类增量学习

化任务信息(如要求分类数字为"0-9"),但是无法得到当前任务的具体信息(如分类的类别),因此不仅需要对输入数据做出合理推断,还要对模型面临的任务进行推断(如需要推断当前收集的数据来自哪两类,然后对具体图片进行分类)。因此,类增量学习要求模型在学习过程中能够自适应地增加新分类的类别。

(5) 无任务持续学习(Task-Free Continual Learning,TFCL):任务有不相交的数据标签空间,但训练集和测试集均没有任务身份(标签)。这是难度最大的场景之一,由于任务无标签,针对这一任务的数据特性要采用不同的训练方法,例如各种自监督学习方法。

(6) 任务不可知持续学习(Task-Agnostic Continual Learning,TACL):任务不可知持续学习是泛化能力最强,也是最有挑战性的持续学习场景。在该场景下,不同时刻收集的训练数据的数据和标签分布不一致,在测试过程中,存在测试数据以及对应的分类标签完全不同于任意一个时刻的训练数据的场景。这种信息不对称带来了三大挑战:首先,训练时无法完整获取泛化任务信息,即模型在测试过程中可能会应对任意未知的任务;其次,由于持续学习中"过了这村就没这店"的特性,无法回溯以往的任务数据;最后,灾难性遗忘问题在这一类场景中更容易出现。

保留模型特征泛化能力的学习过程是元学习(Meta-Learning)的主要研究对象,因此任务不可知持续学习的主要解决思路是利用元学习的方法解决逐任务的训练过程。

(7) 在线持续学习(Online Continual Learning,OCL):任务有不相交的数据标签空间。

每个任务的训练样本来自一次通过的数据流到达。

（8）边界模糊持续学习（Blurred Boundary Continual Learning，BBCL）：任务边界模糊，数据标签空间有重叠。

（9）持续预训练（Continual Pre-training，CPT）：预训练数据按顺序到达，目的是改善下游任务的学习性能。

分析上面给出的各类应用场景，可以看到本章前面介绍的各种机器学习方法，如有监督的学习，自监督学习，元学习（多任务、小样本）等方法，都可以应用于持续学习中。

2. 持续学习中的主要挑战：灾难性遗忘以及稳定性—可塑性权衡

1）灾难性遗忘

灾难性遗忘是指模型在多个时间片分别学习不同任务时，在后来时间片中对新任务泛化的同时，在先前时间片的老任务上的表现断崖式下降。在多任务持续学习的过程中，应对灾难性遗忘是持续学习的核心问题。处理该问题前，先对多任务优化问题中的梯度进行分析。

采用随机梯度下降法对多任务进行分析中，动态梯度有一个拔河拉锯（Tug-of-War）现象，如图 10-29 所示。（a）、（b）两图展现了在单个任务上优化损失函数的轨迹，（c）图展现了同时优化两个损失函数时的轨迹。在这个轨迹中，两侧梯度以拔河的方式得到新梯度，而模型顺着新梯度的方向前进，从而保证在两个任务上都有较好的结果。

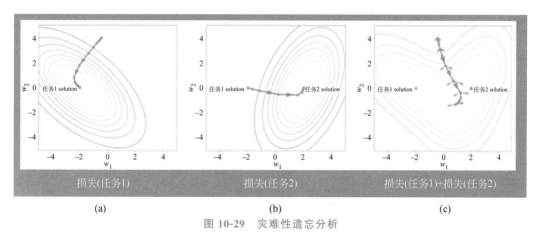

图 10-29 灾难性遗忘分析

但是，在持续学习的环境中，任务是在不同的时间段分别出现的，并且当前时间段无法获得上一个时间段的训练集信息，因此就会出现图 10-29 中（a）（b）图的情况。此时，模型先在任务 1 上达到了最优点，然后基于任务 1 的最优点进行继续训练，达到任务 2 上的最优损失。但是，任务 2 上的最优解决方案却在任务 1 上损失巨大；这就是持续学习中的灾难性遗忘问题，即按顺序对一组任务依次进行训练，可能会导致在先前训练的任务上表现不佳。类比于迁移学习，灾难性遗忘往往也会和负迁移有关。在迁移过程中，正向的迁移要求在任务 1 上的优化能够同时降低任务 2 的损失，但是负迁移则相反。因此，负迁移可能是灾难性遗忘的导火索。

为了解决灾难性遗忘，通常可以通过一些方法保留过去的知识，限制模型权重的改变。譬如，可以用一个存储器保留过去训练中的一些数据，或者一些梯度记录，从而在每次更新时对当前更新加以限制。但是,这样的方法也带来了一个新的问题:模型的稳定性和可塑性的平衡。

2) 稳定性—可塑性平衡

模型的稳定性定义为模型适应新场景的时候在旧场景上的表现;而模型的可塑性则指在旧场景中训练的模型是否能通过优化在新场景中表现优异。图 10-30 给出了持续学习可能出现的几种情景:①模型缺乏稳定性,即出现了灾难性遗忘的情景,此时模型接触的新场景越多,在旧场景上表现越差;②模型缺乏可塑性,即模型困于旧场景的参数结构,很难泛化到新场景,学到新特征;③是避免了灾难性遗忘的一般持续学习的情况,也就是同时具备稳定性和可塑性;④代表持续学习中不仅避免了灾难性遗忘,还具有良好的前向迁移能力的情况,即之前任务学到的特征能够用于之后的任务学习中,为之后的任务学习带来了更好的参数初始化以及模型特征;⑤代表最完美的同时具备前向和后向知识迁移能力的持续学习情况,之前任务学到的特征能够用于之后的任务学习中,而之后的学习任务学到的特征还能改善之前的任务。

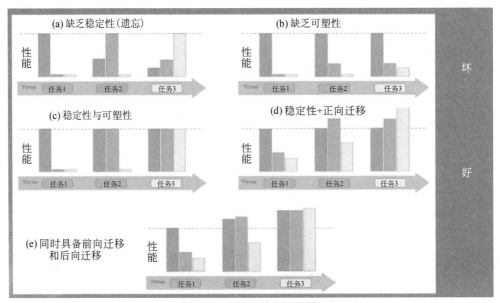

图 10-30　稳定性和可塑性

10.6.2　持续学习的主要方法

在 10.6.1 中对持续学习两大挑战的分析中,持续学习要求模型的优化方案既能考虑之前任务的影响,也能在当下的任务上表现良好。而在训练的过程中,负迁移是导致灾难性遗忘的可能问题:有一些数据学到的特征适用于所有的任务,而有些数据学到的特征则会对其他任务有负面影响。基于这些结论,可以在直觉上得到一些解决方案,比如可以通过构建一个存储器保留之前的梯度信息,从而重现"拔河拉锯";也可以对数据进行过滤,给予那些正迁移的数据较高的权重,过滤那些导致负迁移的数据。

基于上面的分析,可以将持续学习的方法划分为以下 5 类:基于正则化(Regularization)的方法、基于回放(Replay)的方法、基于优化(Optimization)的方法、基于表示(Representation)的方法和基于体系结构(Architecture)的方法。基于正则化和回放的范式受到的关注更多,也更接近持续学习的真实目标;基于优化和表示的方法也日益受到重视,尤其是基于表示的方法有力地促进了大语言模型的发展;而基于体系结构的方法由于需要引入较多的参数和计算量,通常只能用于较简单的任务。图 10-31 给出了持续学习的分类和相应细化的子方向。

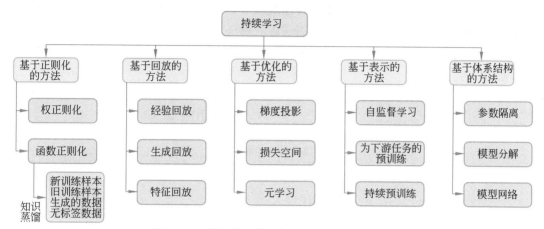

图 10-31 持续学习的分类和相应细化的子方向

1. 基于正则化的方法

基于正则化的方法(Regularization-based Approach)实质上就是在旧模型上添加正则化项来平衡新旧任务,这通常需要存储旧模型的冻结副本,以供参考(图 10-32),然后加入正则化损失,以在学习新数据时限制旧知识的遗忘。根据正则化的目标,这类方法又可以细分为权正则化和函数(数据)正则化法。权正则化方法在从新数据中学习时,使用模型参数的估计分布作为先验知识,当更改那些对于之前任务非常重要的参数时施加损失惩罚,即约束权的变化。函数正则化则是构造一些输入数据,或者从先前的任务中进行一些采样,构成一个记忆存储。然后将这些数据输入先前的模型,利用先前的模型进行推断,得到推断后的知识,然后利用这个输入数据与先前模型的推断知识在新训练的模型上进行知识蒸馏,从而实现知识保留。

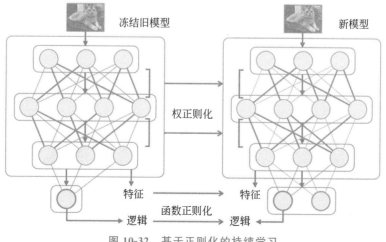

图 10-32 基于正则化的持续学习

2. 基于回放的方法

基于回放的方法（Replay-based Approach）基本思路为对之前的关键数据，或是模型梯度进行存储或压缩存储。学习新任务时，为减少遗忘，可以在训练过程中重放先前任务中存储的样本，这些样本/伪样本既可用于联合训练，也可用于约束新任务损失的优化，以避免干扰先前任务。基于回放的方法又可细分为经验回放、生成回放和特征回放。经验回放就是在存储器中存储一些旧任务的样本参与新任务的训练，生成回放则是训练一个生成模型提供生成样本，参与新任务的训练，而特征回放则是保存一些模板、统计信息或生成模型参与新任务的训练（图 10-33）。

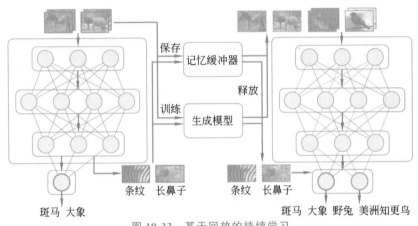

图 10-33　基于回放的持续学习

3. 基于优化的方法

持续学习不仅可以通过向损失函数添加额外的项（如正则化和回放）来实现，还可以通过显式的设计和操作优化程序来实现。例如参考旧任务和新任务的梯度空间或输入空间的梯度投影，采用双层元学习方法在内环训练顺序到达的任务，外环再次对它们进行优化（详见 10.5.2），即基于优化的方法（Optimization-based Approach）使各任务在梯度空间和损失空间的交集都有较低错误的综合最优学习结果。基于优化的持续学习如图 10-34 所示。

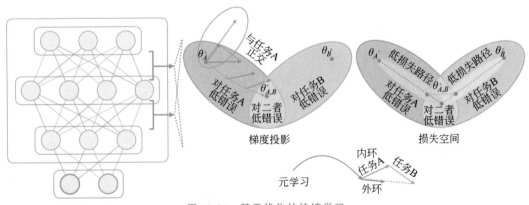

图 10-34　基于优化的持续学习

4. 基于表示的方法

基于表示的方法(Representation-based Approach)指的是近几年流行的大模型的预训练＋微调的方法(图 10-35)。因为分为两个步骤,预训练＋微调可看作连续学习,也就是持续学习。这类方法的预训练通常采用自监督学习完成,微调则采用有监督学习和无监督学习(如指示学习和提示学习)、多任务学习、小样本和零样本学习(元学习)及人类反馈的强化学习来进行。这类方法在针对特定的下游任务训练时,有选择地固定了预训练模型的参数。这种两阶段的持续学习充分利用了自监督学习挖掘无标签数据自身特性的能力实现上游任务的特征提取,针对下游任务的数据标签情况,采用上面提到的学习方法微调模型参数,使大语言模型的能力不断提高,已初显通用人工智能的能力。由于这类方法能解决 10.6.1 节中多种持续学习应用场景的学习训练问题,因此成为当前最重要的机器学习方法。

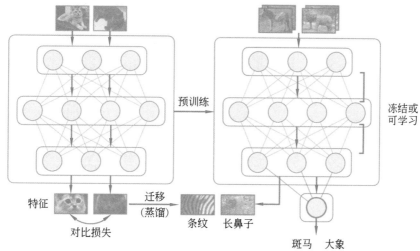

图 10-35　基于表示的持续学习

5. 基于体系结构的方法

前述的持续学习主要集中在学习所有具有共享参数集的增量任务(即单个模型和一个参数空间),这是导致任务间产生干扰的主要原因。显然,能够构造针对特定任务的参数模型可以显式地解决这个问题。该类方法的特点是使用设计合理的体系结构构造任务特定/自适应参数,即基于体系结构的方法(Architecture-based Approach),例如为每个任务分配专用参数(参数隔离法),构造针对任务的自适应子模块或子网络(动态体系结构法),和将模型分解为任务共享和任务特定组件(模型分解法)。图 10-36 给出了基于体系结构的持续学习方案,展示了分别对应于参数和表示的两种模型分解方案。

参数隔离法的基本思想是构建一个足够大的模型,而对每个任务构建大模型的子集,通过对每个任务使用不同的参数来避免遗忘。学习新任务时,用于先前任务的网络部分会被屏蔽掉,主要在神经元级别或参数级别进行屏蔽。

动态结构法的基本思想是不固定模型结构,在学习新任务时扩大模型,增加新分支,同时固定以前的任务参数,独立的模型专门用于每个特定的任务。

模型分解法则是将针对多任务的大模型,根据任务的不同遮挡相应的参数(神经网络中的连接权)和表示(神经元的输出),如图 10-36 中识别斑马和大象,要遮挡识别野兔和美洲

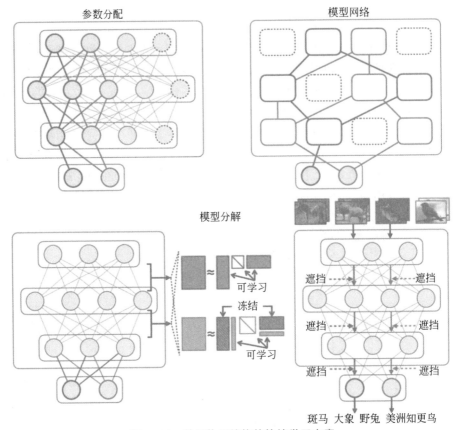

图 10-36   基于体系结构的持续学习方案

知更鸟的连接权(参数)或神经元(表示)的输出,即图中蓝线部分,反之亦然。

持续学习的理想目标是使所训练的模型具有前向迁移的能力,即当前训练得到的特征具有通用性和可塑性,能够容易地泛化到未来的任务;具备后向迁移的能力,即在新任务上学到的特征具有稳定性,能够保留先前任务的知识;具有扩展性,能够在未知任务、未知分类上扩展。这一目标也是人工智能系统追求的目标,任重而道远。

10.7   大语言模型中的机器学习方法

大语言模型的成功,使人工智能从专用开始走向通用。机器学习方法在这一过程中功不可没。2021 年之前,大语言模型建模训练都采用预训练+微调技术,即 10.6.2 节中的基于表示的持续学习方法。2021 年之后,随着提示学习和指示学习的提出,大模型的能力快速提高。2022 年 11 月 30 日,ChatGPT 的横空出世震惊了世界,使人工智能进入了大模型时代。

现已提出的大模型都是以 Transformer 为基础,它们对上游任务的预训练都是采用 10.2 节介绍的自监督学习方法,本节不再重复。本节将重点介绍大模型在针对下游任务训练中采用的提示学习(Prompt Learning)和指示学习(Instruction Learning),以提示学习为基础的上下文学习和思维链提示技术,以及基于人类反馈的强化学习方法。

10.7.1 提示学习和指示学习

2018 年预训练大模型出现后,模型体量不断增大,对其进行微调的硬件要求、数据需求和实际代价也在不断上涨。除此之外,丰富多样的下游任务也使得预训练和微调阶段的设计变得烦琐复杂,因此研究者们希望探索出更小巧轻量、更普适高效的方法,提示学习和指示学习就是针对这一问题提出的解决方法。

1. 提示学习

提示学习是 2021 年 OpenAI 提出的微调方法。在这一方法中,下游任务被重新调整成类似预训练任务的形式。例如,通常的预训练任务有 Masked Language Model,在文本情感分类任务中,对于 I love this movie。这句输入,可以在后面加上提示(Prompt):The movie is _____,然后让预训练语言模型用表示情感的答案填空,如 great、fantastic 等,最后再将该答案转化成情感分类的标签。这样通过选取合适的 Prompt 可以控制模型预测输出,从而一个完全无监督训练的预训练语言模型可以被用来解决各种各样的下游任务。

提示学习将所有下游任务统一成预训练任务,以特定的模板将下游任务的数据转成自然语言形式,充分挖掘预训练模型本身的能力。本质上就是设计一个比较契合上游预训练任务的模板,通过模板的设计挖掘上游预训练模型的潜力,让上游的预训练模型在尽量不需要标注数据的情况下比较好地完成下游的任务。它包括以下 3 个步骤:

(1)设计预训练语言模型的任务;

(2)设计输入模板样式提示工程;

(3)设计标签(Label)样式及模型的输出映射到标签(Label)的方式回答工程。

因此,合适的 Prompt 对于模型的效果至关重要。大量研究表明,Prompt 的微小差别,可能会造成效果的巨大差异。研究者们就如何设计 Prompt 做出了各种各样的努力——自然语言背景知识的融合、自动生成 Prompt 的搜索、不再拘泥于语言形式的 Prompt 探索等。

2. 指示学习

指示学习是 DeepMind 在 2021 年的 *Finetuned Language Models Are Zero-Shot Learners* 文章中提出的思想。针对每个任务,单独生成 Instruction(Hard Token),通过在若干全样本(Full-Shot)任务上进行微调,然后在具体的任务上进行泛化能力评估,其中预训练模型参数是解冻(Unfreeze)的。

指示学习实质上就是像人一样直接告诉模型如何进行分类任务,让模型学习一些分类规则和标准的指导,例如"如果文章中有比赛得分,那么很可能是体育类"等。这些指导将会用于训练模型,从而帮助模型更好地完成分类任务。

再比如,判断这句话的情感:给女朋友买了这个项链,她很喜欢。选项:A=好;B=一般;C=差。

3. 对比分析

提示学习倾向使用 Prompt(提示)作为输入,让模型自行学习如何完成某项任务,而指示学习倾向直接告诉模型如何完成某项任务。

提示学习更加灵活,可以适应不同的任务和场景,且不需要做大量的预先准备工作。指示学习的优点是可以传授更多的知识给模型,但需要花费更多的时间和精力来准备教学所需的指导和材料。

提示学习更倾向处理小数据集的情况,而指示学习通常用于大规模数据集的训练。

简单通俗点就是:Prompt 提示模型要怎么做;Instruction 直接告诉模型如何完成某项任务。

提示学习和指示学习的目的都是去挖掘语言模型本身具备的知识。不同的是,Prompt 是激发语言模型的补全能力,例如根据上半句生成下半句,或是完形填空等。Instruct 是激发语言模型的理解能力,它通过给出更明显的指令,让模型去做出正确的行动。指示学习的优点是它经过多任务的微调后,也能够在其他任务上做零样本,而提示学习都是针对一个任务的。

图 10-37 显示了模型微调、提示学习和指示学习的区别。

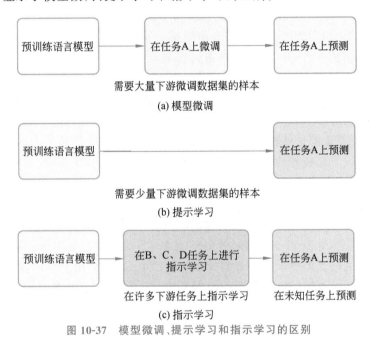

图 10-37　模型微调、提示学习和指示学习的区别

10.7.2　上下文学习和思维链提示

Prompt 学习提出后,研究人员基于人具有根据示例学习的能力和人在解决问题时都是分步骤一步一步进行的习惯,进一步提出了上下文学习和思维链提示。

1. 上下文学习

2021 年初,提示学习(Prompt learning)出现后,2021 年底,演示学习(Demonstration learning)被提出。2022 年初,情境学习/上下文学习(In-Context Learning,ICL)被提出。

ICL 的核心思想是:从类比中学习,从示例中学习。即像人一样从题目示例中学习解题方法。这种方法并不需要调整模型参数,仅用几条下游任务的示例就可以取得极佳的结果。

上下文学习属于提示学习,它不需要对模型参数进行更新,使用下游任务的演示信息学习并推理,形式为"实例-标签"。

ICL 的学习过程很简单:首先,给 ICL 一些示例,形成演示上下文。示例是用自然语言模板编写的。然后,ICL将查询问题(即input)和一个上下文演示(一些相关cases)连接在一起,形成带有提示的输入,并将其输入到语言模型中进行预测。

隶属于小样本学习的情境学习/上下文学习有3种类型:

(1) 多个示例(few-shot learning)。

输入:这个任务要求将中文翻译为英文。你好->hello,再见->goodbye,购买->purchase,销售->

要求模型预测下一个输出应该是什么,正确答案应为"sell"。

(2) 一个示例(one-shot learning)。

输入:这个任务要求将中文翻译为英文。你好->hello,销售->

要求模型预测下一个输出应该是什么,正确答案应为"sell"。

(3) 没有示例(zero-shot learning)。

输入:这个任务要求将中文翻译为英文。销售->

要求模型预测下一个输出应该是什么,正确答案应为"sell"。

上下文学习在许多NLP任务测试中达到甚至超过全资源微调的方法。

上下文学习的实验表明,大模型可以通过展示示例中的输入、输出及输入+输出的语言表达风格来提升能力。在一定程度上,这种利用前缀输入激活大模型语言表达建模能力的方式也算是一种学习。

2. 思维链(Chain-of-Thought,CoT)提示

2021年,提示学习浪潮兴起后,以离散式提示学习(提示词的组合)为起点,连续化提示学习(冻结大模型权重+微调较小参数达到等价性能)为复兴,几乎是在年末达到了研究的一个巅峰。

2022年初的上下文学习(即不训练,将例子添加到样本输入前面,让模型一次输入这些文本,并完成特定任务),通过 $x_1, y_1, x_2, y_2, \cdots, x_{\_test}$ 作为输入,来让大模型补全输出 y_{test}。

在上下文学习中,多个示例、一个示例和没有示例的问题相对简单,不需要什么逻辑推理,靠大模型背答案就能做得不错。但是对于一些需要推理的问题,如简单的算术应用题,上下文学习大概率效果不佳。

同样是2022年初提出的思维链(Chain-of-Thought,CoT)提示不同于上下文学习,它增加了中间过程,即思维链不直接预测 y,而是将 y 的"思维过程" r(学术上统称为relational)预测出来。这些"思维过程"只是用来提示,获得更好的答案,实际使用时不需要展示。

思维链不再是死板地提供问题和答案样例,而是给出中间推理环节,让模型学习到中间过程的推理逻辑和思考方式。

正是思维链的出现,大语言模型的能力开始呈指数级增长。思维链提示使大模型随着规模扩大而出现了涌现能力(Emergent Abilities)。思想链提示性能明显优于其前的微(精)调方法。

思维链提示作为利用语言模型推理能力的方法,有几个吸引人的性质:

- CoT允许模型将多步推理问题分解为中间步骤,这意味着额外的计算可以分配到需要推理的问题上;
- CoT为模型的行为提供了一个可解释的窗口,并提供了调试推理路径错误的机会;

- CoT 推理能够被用于数学应用题、常识推理和符号操作等任务,并且可能适用任何人类需要通过语言解决的问题;
- CoT 可以通过将其加入到 few-shot prompting 示例中,从而在足够大的语言模型中引导出推理能力。

(1) 基本思维链(Few-shot-CoT)提示。

在标准的 Prompting 中,总是让模型一步到位地解决一个复杂多步(multi-step)问题,而人类的认知方式则是分步骤解决复杂推理问题。思维链提示提出了一个简单有效的 Prompting 方法,把人类思考问题的过程,所谓 Chain of Thought,用自然语言的形式显性地放在 Prompt Message 中。图 10-38(a)是标准的 Prompting,图 10-38(b)是采用思维链的 Prompting。

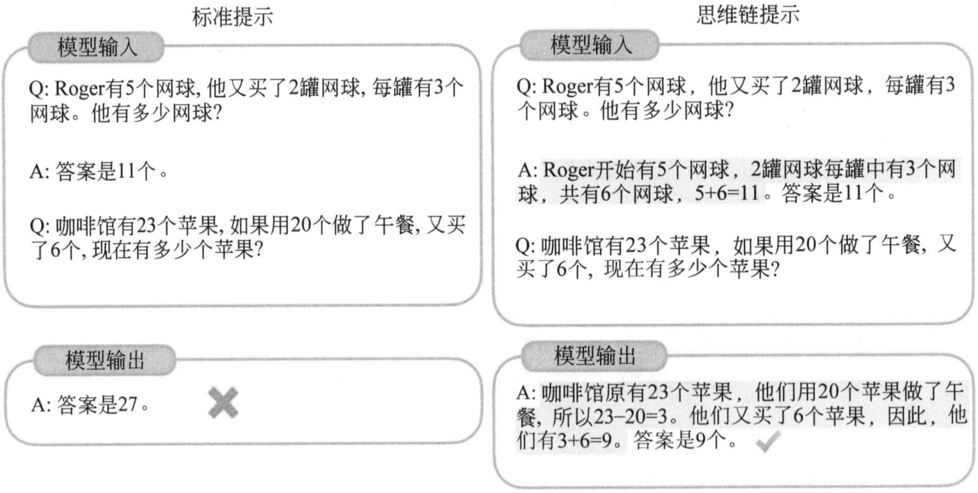

标准提示

模型输入

Q: Roger有5个网球, 他又买了2罐网球, 每罐有3个网球。他有多少网球?

A: 答案是11个。

Q: 咖啡馆有23个苹果, 如果用20个做了午餐, 又买了6个, 现在有多少个苹果?

模型输出

A: 答案是27。

(a)

思维链提示

模型输入

Q: Roger有5个网球, 他又买了2罐网球, 每罐有3个网球。他有多少网球?

A: Roger开始有5个网球, 2罐网球每罐中有3个网球, 共有6个网球, 5+6=11。答案是11个。

Q: 咖啡馆有23个苹果, 如果用20个做了午餐, 又买了6个, 现在有多少个苹果?

模型输出

A: 咖啡馆原有23个苹果, 他们用20个苹果做了午餐, 所以23-20=3。他们又买了6个苹果, 因此, 他们有3+6=9。答案是9个。 ✓

(b)

图 10-38　思维链提示(CoT Prompting)示例

问题:Roger 有 5 个网球,他又买了 2 罐网球,每罐有 3 个网球。他有多少个网球? 答案:11 个。

问题:咖啡馆有 23 个苹果,如果用 20 个做了午餐,又买了 6 个,现在有多少个苹果? 答案:9 个。

图 10-38 的示例表明标准提示没有分步的思维过程,模型输出的结果是错误的;而 CoT 提示有思维过程的示例,模型给出了正确的答案。

思维链提示中 prompt 的 message 形式由标准的<input,output>转换为<input, chain of thought,output>。

当 Chain of Thought 被放在 prompt 中时,会强制大语言模型 LLM 在给出答案前输出 Chain of Thought,使答案准确的可能性更大。

如果将"智慧涌现"定义为"由量变引起的质变"。实验证明经过 CoT＋大模型的推理能力在超过 1000 亿的超大模型上得以涌现。

(2) 零样本思维链(Zero-shot-CoT)提示。

最初的 CoT 是手动设计的,属于 Few-shot-CoT,需要一定的人工成本。后来的研究人员进一步简化了 CoT 的过程,简单地将(Let's think step by step)放进 prompt message,让

LLM 自动生成 CoT，即 Zero-shot-CoT。图 10-39 给出了 Zero-shot-CoT 示例。

Zero-shot CoT

模型输入

Q：一个杂要演员一次可以玩16个球，一半的球是高尔夫球，其中一半的高尔夫球是蓝色的。蓝色高尔夫球有多少个？

A：让我们一步步思考(Let's think step by step)。

模型输出

答：一共有16个球，一半的球是高尔夫球，这意味着有8个高尔夫球，一半的高尔夫球是蓝色的。这意味着有4个蓝色高尔夫球。✓

图 10-39   Zero-shot-CoT 示例

Zero-shot-CoT 是一个通道(pipeline)，也就是说，Let's think step by step 这句话只是通过这个 prompt 让 LLM 尽可能生成一些思考过程，然后再将生成的 rationale(理由)和 question 拼在一起，重新配合一个 answer 指向的 prompt 如 The answer is，来激励模型生成答案。

完整的零样本思维链(Zero-shot-CoT)涉及两个单独的提示/补全过程。在图 10-40 中，(a)图生成一个思维链，(b)图接收来自第一个提示(包括第一个提示本身)的输出，并从思维链中提取答案。这个第二个提示是一个自我增强的提示。

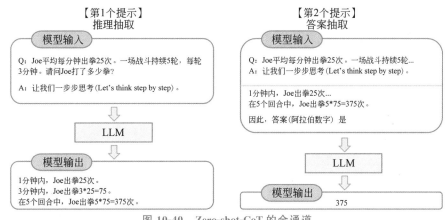

图 10-40   Zero-shot-CoT 的全通道

（3）思维链提示的改进及与微调技术的结合。

思维链提示提出后，应用中发现仅一个 CoT 有时可能出现错误，然后开始尝试让它发散，尝试多种思路来解决问题，然后投票选择最佳答案，这就是 2022 年 3 月提出的 CoT 的自洽性(Self-consistency)方案 CoT-SC，它不仅仅生成一个思维链，而是生成多个思维链，然后取多数答案作为最终答案。但是对于更复杂的问题，CoT-SC 的效果也不佳，研究人员提出了最少到最多提示(Least to Most，LtM)过程，将思维链提示(CoT Prompting)过程进一步发展，首先将问题分解为多个子问题，然后逐个解决，解决时它会将先前子问题的解决方案输入提示中，以尝试解决下一个问题。Princeton 和 Deep Mind 的研究人员进一步推广了这一思想，于 2023 年 5 月提出了思维树(Tree of Thought，ToT)，它会根据当前的问题分解为多个可能，每一个树节点就是父节点的一个子问题，逐层扩散，直到遍布整个解空间，一些不合适的节点会被直接终止掉，具有剪枝功能。ToT 不能用于解决需要分解后再整合的问题，比如排序问题，可能需要分解和排序，然后再合并。为了解决这个问题，苏黎世联邦理工的研究人员提出了一种名为思维图(Graph of Tree,GoT)的方法,它既可以分解,也可以合并。图 10-41 给出了各种思维链的区别。

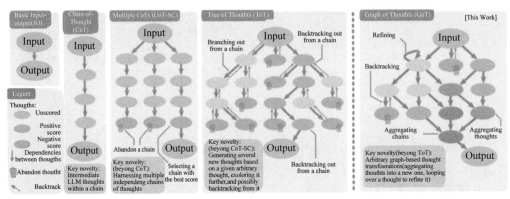

图 10-41　各种思维链的区别

思维链提示也可以和微调结合起来,对大模型进行微调,这时只需在提供给原来的训练样本对中加入 Let's think step by step。没有加入思维链的微调数据格式为:输入:指令+问题,输出:答案。加入思维链提示的微调数据格式为:输入:指令+CoT 引导(by reasoning step-by-step)+示例问题+示例问题推理+示例问题答案+指令+CoT 引导+问题,输出:推理+答案。图 10-42 给出了有和没有 CoT 的微调数据示例。加入 CoT 的微(精)调技术能够大幅度提高模型体积和解决任务的数量和质量。

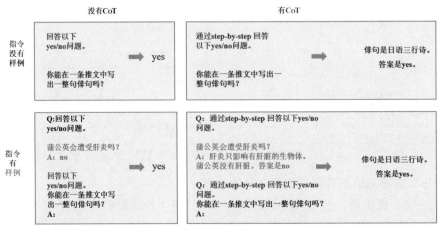

图 10-42　加入 CoT 的微调数据结构

(4) 提升小模型推理能力的 Fine-tune-CoT。

基于 CoT 方法的主要缺点是它需要依赖拥有数百亿参数的巨大语言模型。由于计算要求和推理成本过于庞大,这些模型难以大规模部署。韩国科学技术院的研究人员在论文 *Large Language Models Are Reasoning Teachers* 中提出了一种利用非常大的语言模型的思维链推理能力来指导小模型解决复杂任务的方法:Fine-tune-CoT。

图 10-43 给出了该方法的思想。即应用 Zero-shot-Cot,从大的教师模型中生成推理,并使用它们来微调小的学生模型。例如,可以用 ChatGPT 这样的大模型在不同的温度 T 下生成 CoT 数据,然后再用小模型进行微调。

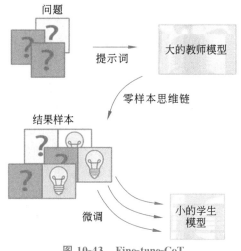

图 10-43　Fine-tune-CoT

10.7.3　基于人类反馈的强化学习

OpenAI 推出 ChatGPT 之前的大语言模型通常采用预测下一个单词的方法,使用简单的损失函数(如交叉熵)进行建模。由于没有考虑人类的偏好和主观意见,其结果难以让人满意。

基于人类反馈的强化学习(Reinforcement Learning Human Feedback,RLHF)使用强化学习的方式直接优化带有人类反馈的大语言模型,使得在通常的文本数据语料库上训练的语言模型能够与复杂的人类价值观相契合,其生成的结果符合人的偏好是 ChatGPT 成功的主要原因。

在 RLHF 中,人类提供关于大语言模型生成结果的反馈,如哪些结果符合人的偏好,哪些不符合。根据这些反馈,强化学习改进行动策略,提高大模型生成结果的质量。这种方法减轻了传统强化学习中需要进行大量试错的问题,使得被训练的大语言模型能够更高效、更快地完成学习任务。

RLHF 在以下两种场景下特别有效。

第一种情况是无法创建一个好的损失函数时。在某些情况下,任务本身可能非常复杂或主观,很难显式地定义一个可用作损失函数的标准。例如,在语言生成任务中,人们很难明确定义"正确"的输出是什么,因为它具有很大的灵活性和多样性。在这种情况下,通过人类反馈进行强化学习可能是一种更合适的方法,因为人类可以直接提供关于系统行为的反馈,而无须定义一个复杂的损失函数。这样大语言模型可以根据人类反馈逐步改进自己的行为,从而更好地适应复杂任务的需求。

第二种情况是使用无标签数据训练模型时,强化学习与人类反馈也可以用作一种有效的无监督学习方法。通过与无标签数据交互,并利用人类反馈进行学习,模型可以逐渐提高其性能。例如,可以让模型生成一些文本,并请求人类阅读、理解该文本,并向模型提供反馈。通过这种方式,模型可以在实际场景下学习,并根据人类反馈不断改进,提高性能。

RLHF 是一项涉及多个模型和不同训练阶段的复杂概念,可以按 3 个步骤分解:预训练一个语言模型(LM),聚合问答数据并训练一个奖励模型(Reward Model,RM),以及用强化学习方式微调 LM。

1. 预训练一个语言模型

使用 RLHF 方法进行文本生成之前,需要获得一个 LM。可以选择从头开始训练模型,也可以使用预训练的模型,如 GPT-3。

拥有预训练 LM 后,有一个额外的可选步骤,称为监督式微调(SFT)。这个步骤是指先获取一些人工标注的(输入、输出)文本对,然后对已有的 LM 进行微调。监督式微调可以提高模型在特定任务上的性能表现,并为 RLHF 提供高质量的初始化(冷启动)。使用 SFT 进行微调时,可以使用标准的监督学习方法,即将人工标注的(输入、输出)文本对作为训练样本,通过 BP 算法来更新模型参数。这样,可以使模型更好地理解每个输入与其对应的输出,并对其执行相应的操作。此外,SFT 还能有效减少模型在顺序执行时出现的错误,提高生成结果的质量。详见图 10-44。

图 10-44　监督学习微调大模型

进行完监督式微调和其他必要的步骤后,得到一个训练好的 LM。这个训练好的 LM 将作为主模型,并将用于使用 RLHF 方法进行进一步的微调。由于已经使用了人工标注的数据对 LM 进行微调,因此现在的 LM 已经可以更好地理解每个输入与其对应的输出。因此我们可以更加高效地使用 RLHF 方法进行微调。在后续的步骤中,将使用 RLHF 算法进一步训练这个已经微调好的 LM,从而生成更高质量、更准确的文本生成结果。

2. 聚合问答数据并训练一个 RM

在这一步中,需要收集一个数据集,其中包含(输入文本、输出文本、奖励)三元组。如图 10-45 所示,数据收集的流程如下:首先使用输入文本数据,将其通过 LM 生成相应的文本输出;然后,让人类专家对这个生成的输出结果进行评估,并为其打分,或给予奖励信号。这些奖励信号用来指导强化学习算法的学习过程,从而帮助进一步微调模型,生成更好的文本输出结果。

图 10-45　RM 训练

为了确保数据集的质量,需要选择高质量、多样化的输入文本,并且尽可能地避免使用重复的或过于简单的语句。同时,也应该选择具有代表性的人类专家来评估生成的输出结果,并为其提供准确的评价或奖励信号。这样可以确保收集到的数据集可以在后面的 RLHF 微调中有效地提高模型的性能表现。

在通常情况下,奖励信号使用 0~5 的整数表示,其中 5 表示最高的奖励,0 表示最低的奖励。这种奖励信号可以让 RLHF 算法更好地理解生成的文本输出结果,并且在后续的微调阶段中提高模型的性能表现。当然,有时候也可以使用简单的二元奖励信号,例如使用"+"或"-"符号来表示给予的奖励或惩罚。虽然这种方法可能比使用整数奖励信号更加简化,但它可能会降低收集数据集的可靠性,因为仅仅给出一个简单的奖励信号往往无法充分反映生成的文本质量的差异。

可以使用这个新的数据集来训练一个 RM。RM 可以是另一个经过微调的 LM，也可以是根据偏好数据从头开始训练的 LM。该模型可以将（输入文本、输出文本）作为输入，并返回一个奖励的标量值作为输出。这个 RM 可以模拟人类专家对生成的文本质量的评价和奖励，从而可以在没有人类参与的情况下进行 RLHF 训练。使用这个 RM，可以设计一个离线的 RLHF 算法，该算法可以通过先使用语言模型生成一组文本输出，然后使用 RM 评估这些输出的质量，最后使用 RL 算法，根据奖励信号微调模型。这样就可以在没有人类参与的情况下自动地对模型进行优化和微调，以提高其生成的文本质量。

当然，训练 RM 时，需要保证数据集的质量和多样性，从而确保模型可以准确地学习到人类专家的评价和奖励行为。此外，还需要确保 RM 具有足够的泛化能力，从而可以在不同领域和任务中进行有效的模型微调。

3. 用 RL 方式微调 LM

使用 RM 返回的奖励信号来训练主模型，也就是训练好的语言模型。然而奖励信号是非可导的，需要使用 RL 算法来构建一个可以反向传播到语言模型的损失函数。

在 RLHF 算法中，把语言模型看作"智能体"，其任务是产生高质量的文本输出，RM 将根据人类专家的评价和反馈来分配奖励信号。在每次迭代中，都会计算 RM 返回的奖励信号，将其作为强化学习算法 PPO（近似策略优化）的输入，来更新语言模型的策略，以便在下一次生成文本时产生更好的结果。通过不断地迭代这个过程，可以逐步优化语言模型的性能，使其在生成文本时更加准确和自然，如图 10-46 所示。同时，借助强化学习算法的强大功能，可以有效地解决传统优化方法无法解决的问题，例如生成文本中的不连贯性和模型的过拟合问题。

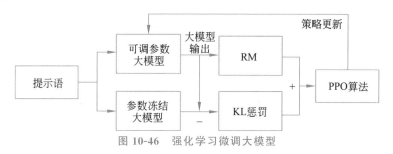

图 10-46　强化学习微调大模型

图 10-46 给出的使用强化学习微调 LM 的核心是 PPO 算法，该算法中的策略是一个接受提示并返回一系列文本（或文本的概率分布）的 LM。策略的行动空间（Action Space）是 LM 的词表对应的所有词元（一般在 50KB 数量级），观察空间（Observation Space）是可能的输入词元序列（词汇量 $\wedge$ 输入标记的数量，比较大），奖励函数是偏好模型和策略转变约束（Policy Shift Constraint）的结合。

PPO 算法确定的奖励函数具体计算过程如图 10-47 所示，将提示 x 输入初始 LM 和当前微调的 LM，分别得到了输出文本 y_1、y_2，将来自当前策略的文本传递给 RM，得到一个标量的奖励 r_θ。将两个模型的生成文本进行比较，计算差异的惩罚项，惩罚每个训练批次中生成大幅偏离初始模型的 RL 策略，以确保模型输出合理连贯的文本。

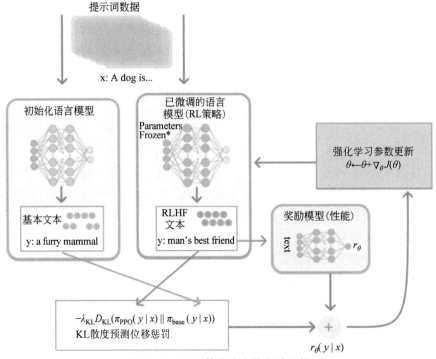

图 10-47　PPO 算法确定的奖励函数

10.8　小结

机器学习方法是确定模型参数的核心技术，也是正在发展中的技术。本章重点依据数据集中的数据有无标签、标签的多少和质量，重点介绍了当前人工智能研究中确定模型参数的各种机器学习策略——弱监督学习、自监督学习、迁移学习、深度强化学习、元学习和小样本学习以及持续学习的各种方法，最后介绍了大语言模型中的各种学习方法。

通过本章的介绍，期望读者对当前的机器学习方法有一个全面的了解。

思考与练习

1. 什么是监督学习和无监督学习？阐述它们的区别。
2. 简述半监督学习的原理及其应用场景。
3. 自监督学习的监督信息来自何处？都有什么类型的自监督学习方法？
4. 迁移学习的应用场景能够解决什么问题？
5. 说明强化学习的基本概念及其主要应用领域。
6. 元学习的定义及其在机器学习中的应用。
7. 解释小样本学习的基本概念及其重要性。
8. 说明持续学习的概念及其在人工智能领域的应用情景。
9. 请说明思维链提示的使用方法。
10. 基于人类反馈的强化学习在大语言模型训练中有什么作用？

参 考 文 献

[1] McCulloch W S,Pitts W. A logical calculus of the ideas immanent in nervous activity[J]. The Bulletin of Mathematical Hiophysies,1943,5(4):115-133.

[2] Hebb O O. The organization of behavior[M]. New York:Wiley&Sons,1949.

[3] Rosenblatt F. The Perceptron:A perceiving and recognizing automaton project para[R]. Cornell Aeronautical Laboratory Report,1957.

[4] Rumelhart D E,Hinton G E,Williams R J. Learning representations by back-propagating errors[J]. Nature,1986,323(6088):533-536.

[5] Hinton G E,Osindero S,Teh Y W. A fast learning algorithm for deep belief nets[J]. Neural Computing,2006,18(7):1527-1554.

[6] LeCun Y,Boser B,Denker J S,et al. Back-propagation applied to handwritten zip code recognition[J]. Neural Computing,1989,1(12):1097-1105.

[7] Elman J L. Finding structure in time[J]. Cognitive Science,1990(14):179-211.

[8] 王科俊,王克成. 神经网络建模、预报与控制[M]. 哈尔滨:哈尔滨工程大学出版社,1996.

[9] LeCun Y,Bottou L,Bengio Y. et al. Gradient-based learning applied to document recognition[J]. Proceedings of IEEE,1998:2278-2324.

[10] Krizhevsky A,Sutskever I,Hinton G E. ImageNet classification with deep convolutional neural networks[C]//Advances in neural information processing systems(NIPS 2012):South Lake Tahoe,2012:1097-1105.

[11] Simonyan K,Zisserman A. very deep convolutional networks for large-scale image recognition[J]. arXiv preprint,arXiv,2014:1409-1556.

[12] Szegedy C,Liu W,Jia Y,et al. Going deeper with convolutions[C]//2015 IEEE Conference on Computer Vision and Pattern Recognition(CVPR2015):Boston,MA,OSA,7-12 June 2015:1-9.

[13] He K,Zhang X,Ren S,et al. Deep residual learning for image recognition[C]//Proceedings of the IEEE Conference on Computer Vision and Pattern Recognition(CVPR 2016):Las Vegas,Nevada,USA,27-30 June 2016:770-778.

[14] Huang G,Liu Z,Van Der Maaten L,et al. Densely connected convolutional networks[C]// Proceedings of the IEEE Conference on Computer Vision and Pattern Recognition(CVPR 2017):Honolulu Hawaii,USA,21-36 June 2017:4700-4708.

[15] Goodfellow I,Bengio Y,Courville A. Deep learning[M].Cambridge:MIT Press,2016.

[16] Ding X,Wang K,Wang C,et al. Sequential convolutional network for behavioral pattern extraction in gait recognition[J]. Neurocomputing,2021(463):411-421.

[17] Vaswani A,Shazeer N,Parmar N,et al. Attention is all you need[J]. Advances in Neural Information Processing Systems,2017(30):5998-6008.

[18] Hu J,Shen L,Sun G. Squeeze-and-excitation networks[C]//Proceedings of the IEEE Conference on Computer Vision and Pattern Recognition(CVPR 2018):Salt Lake City,USA,June 18-22 ,2018:7132-7141.

[19] Woo S,Park J,Lee J Y,et al. CBAM:Convolutional block attention module[C]//Proceedings of the European Conference on Computer Vision(ECCV 2018):Munich,Germany,September 8-14 ,2018:3-19.

[20] Lyu C，Ning W，Wang C，et al. A multi-branch attention and alignment network for person re-identification [J]. Applied Intelligence，2022，52 (10)：10845-10866.

[21] 王昊奋，漆桂林，陈华钧. 知识图谱：方法、实践与应用[M]. 北京：电子工业出版社，2019.

[22] Halilaj L，Luettin J，Monka S ，et al. Knowledge graph-based integration of autonomous driving datasets[J]. International Journal of Semantic Computing，2023，17(2)：249-271.

[23] Zhu H. A graph neural network-enhanced knowledge graph framework for intelligent analysis of policing cases[J]. Mathematical Biosciences and Engineering，2023，20(7)：11585-11604.

[24] Wu Z，Pan S，Chen F，et al. A comprehensive survey on graph neural networks[J]. IEEE Transactions on Neural Networks and Learning Systems，2021，32(1)：4-24.

[25] Levie R，Mont F，Bresson X，et al. Cayleynets：Graph convolutional neural networks with complex rational spectral filters[J]. IEEE Transactions on Signal Processing，2017，67(1)：97-109.

[26] Li R，Wang S，Zhu F，et al. Adaptive graph convolutional neural networks[C]//Proceedings of Conference on Artificial Intelligence（AAAI 2018）：New Orleans，USA，2-7 February 2018：3546-3553.

[27] Yu B，Yin H，Zhu Z. Spatio-temporal graph convolutional networks：A deep learning framework for traffic forecasting[C]//Proceedings of International Joint Conference on Artificial Intelligence(IJCAI 2018)：Stockholm，Sweden，13-19 July 2018：3634-3640.

[28] Goodfellow I J，Pouget-Abadie J，Mirza M，et al. Generative adversarial networks[C]//Advances in Neural Information Processing Systems（NIPS 2014）：Montreal，Canada，7-14 December 2014：2672-2680.

[29] Arjovsky M，Chintala S，Bottou L. Wasserstein generative adversarial networks[C]//Proceedings of the International Conference on Machine Learning(ICML 2017)：Sydney，Australia，6-11 August 2017：214-223.

[30] Liu M，Wang K，Ji R，et al. Pose transfer generation with semantic parsing attention network for person re-identification[J]. Knowledge-Based Systems，2021(223)：107024.

[31] George P，Eric N，Danilo J R，et al. Normalizing flows for probabilistic modeling and inference[J]. Journal of Machine Learning Research，2021(22)：1-64.

[32] 杨灵，张志隆，张文涛，等. 扩散模型：生成式 AI 模型的理论、应用与代码实践[M]. 北京：电子工业出版社，2023.

[33] Rombach R，Blattmann A，Lorenz D，et al. High-resolution image synthesis with latent diffusion models[C]//Proceedings of the IEEE Conference on Computer Vision and Pattern Recognition (CVPR 2022)：New Orleans，Louisiana，USA，19-24 June 2022：10674-10685.

[34] 李忻玮，苏步升，徐浩然，等. 扩散模型从原理到实战[M]. 北京：人民邮电出版社，2023.

[35] Zhou Z H，Li M .Semi-supervised learning by disagreement [J].Knowledge & Information Systems，2010，24(3)：415-439.

[36] Jing L，Tian Y. Self-supervised visual feature learning with deep neural networks：A survey[J]. IEEE Transactions on Pattern Analysis and Machine Intelligence（PAMI），2021，43（11）：4037-4058.

[37] Tan C，Sun F，Tao K，et al. A survey on deep transfer learning[C]//Proceedings of the International Conference on Artificial Neural Networks(ICANN 2018)：Wellington，New Zealand，10-12 December 2018：270-279.

[38] Ying L，Luo L，Huang D，et al. Knowledge transfer in vision recognition：A survey[J]. ACM Computing Surveys（CSUR），2020，53(2)：1-35.

［39］ Lemke C，Budka M，Gabrys B. Metalearning：A survey of trends and technologies ［J］. Artificial Intelligence Review，2015(44)：117-130.

［40］ Snell J，Swersky K，Zemel R. Prototypical networks for few-shot learning[C]//Advances in Neural Information Processing Systems(NIPS 2017)：Long Beach，California，USA，3-9 December 2017：4077-4087.

［41］ Vinyals O，Blundell C，Lillicrap T，et al. Matching networks for one shot learning[C]//Advances in Neural Information Processing Systems（NIPS 2016）：Barcelona，Spain，5-10 December 2016：3630-3638.

［42］ Wang W，Zheng V W，Yu H，et al. A survey of zero-shot learning：Settings，methods，and applications[J]. ACM Transactions on Intelligent Systems Technology，2019，10(2)：1-37.

［43］ SuttonR S，Barto A G. Reinforcement learning：An Introduction[M]. Cambridge：MIT press，2018.

［44］ Chen W，Qiu X，Cai T，et al. Deep reinforcement learning for internet of things：A comprehensive survey[J]. IEEE Communications Surveys & Tutorials，2021(23)：1659-1692.

［45］ Thrun S. Lifelong learning algorithms. In learning to learn[M]. Springer，Boston，MA，1998：181-209.

［46］ Parisi German I，Kemker R，Part J L，et al. Continual lifelong learning with neural networks：A review[J]. Neural Networks，2019 (113)：54-71.

［47］ Wei J，Wang X，Schuurmans D，et al. Chain of thought prompting elicits reasoning in large language models[J].arXiv preprint，arXiv：2201.11903，2022.

［48］ Liu P，Yuan W，Fu J，et al. Pre-train，prompt，and predict：A systematic survey of prompting methods in natural language processing[J]. ACM Computing Surveys ，2023，55(9)：1-35.

［49］ Zhou C，Li Q，Li C，et al. A comprehensive survey on pretrained foundation models：A history from BERT to chatGPT[J/OL].[2023-05-01]. http://arXiv/abs/2302.09419.

［50］ OpenAI，Gpt-4 technical report[R/OL].[2023-12-19]. http://arXiv/abs/2303.08774.

图书资源支持

感谢您一直以来对清华版图书的支持和爱护。为了配合本书的使用，本书提供配套的资源，有需求的读者请扫描下方的"书圈"微信公众号二维码，在图书专区下载，也可以拨打电话或发送电子邮件咨询。

如果您在使用本书的过程中遇到了什么问题，或者有相关图书出版计划，也请您发邮件告诉我们，以便我们更好地为您服务。

我们的联系方式：

清华大学出版社计算机与信息分社网站：https://www.shuimushuhui.com/

地　　址：北京市海淀区双清路学研大厦 A 座 714

邮　　编：100084

电　　话：010-83470236　010-83470237

客服邮箱：2301891038@qq.com

QQ：2301891038（请写明您的单位和姓名）

资源下载：关注公众号"书圈"下载配套资源。

资源下载、样书申请

书圈

图书案例

清华计算机学堂

观看课程直播